松辽盆地及外围上古生界油气资源战略选区研究丛书

松辽盆地及外围重磁连片处理解释

周锡明 何委徽 刘益中 李爱勇等 著

科学出版社
北京

内 容 简 介

本书系统收集整理了松辽盆地及外围地区的钻井资料、测井资料、地震资料和全区 1/20 万重力、航磁等资料，通过对比、确定处理解释思路和多种方案，对收集到的重力和航磁资料，按统一技术要求进行了数据处理和拼图工作，对编好图的重力、航磁数据进行全平面数据处理和综合地质解释，控制面积约 155 万 km^2，测网 2.0km×2.0km，近 40 万个物理点。完成了松辽盆地内外的重磁联片处理解释工作；系统划分了研究区内主要构造单元，明确了骨架断裂的分布特征；预测了研究区中新生代盆地基底深度和岩性特征；预测了研究区上古生界分布及主要盆地上古生界顶、底面深度和厚度。

本书是对整个中国东北部地区（含内蒙古自治区东段）重力、航磁资料到目前为止最为全面的一次拼图工作，并且编绘了重磁力异常、延拓、小波变换异常等基础图件，为东北地区空白区的油气资源勘探和构造研究提供了基础性资料，可供东北地区油气勘探和构造研究相关地质工作者、教学科研人员及高校学生使用。

图书在版编目(CIP)数据

松辽盆地及外围重磁连片处理解释 / 周锡明等著. —北京：科学出版社，2016.11

（松辽盆地及外围上古生界油气资源战略选区研究丛书）

ISBN 978-7-03-050727-3

Ⅰ.①松… Ⅱ.①周… Ⅲ.①松辽盆地–重磁数据–研究 Ⅳ.①P31

中国版本图书馆 CIP 数据核字（2016）第 279398 号

责任编辑：张井飞 韩 鹏 / 责任校对：张小霞
责任印制：赵 博 / 封面设计：耕者设计工作室

科 学 出 版 社 出版
北京东黄城根北街16号
邮政编码：100717
http://www.sciencep.com

北京中科印刷有限公司印刷
科学出版社发行 各地新华书店经销

*

2016年11月第 一 版　开本：787×1092 1/16
2025年 2 月第二次印刷　印张：14
字数：332 000

定价：168.00元
（如有印装质量问题，我社负责调换）

本书主要作者

周锡明　何委徽　刘益中　李爱勇

乔德武　贺君玲　赵理芳　詹少全

王佩业　袁　杰　包　怡　杨　伟

王　尹　余云春　丁梅花　郝红蕾

前　言

"全国油气资源战略选区调查与评价国家专项"设立了"松辽盆地及外围上古生界油气资源战略选区"项目，项目的课题之一是开展"松辽盆地及外围重磁连片处理解释"，由江苏省有色金属华东地质勘查局八一四队负责实施，其目标是调查研究松辽盆地外围上古生界分布和岩性特征，了解区内主要盆地上古生界顶、底面和厚度特征，分析上古生界油气地质条件，开展战略选区调查评价。

东北地区上古生界含有丰富的海相古生物化石、海陆交互相及陆相化石，是一套以海相沉积物为主，逐步过渡为海陆交互相至陆相的沉积。据目前掌握的资料分析，上古生界在松辽盆地下部有较大面积分布，厚度约8000m。东北地区绝大部分上古生界未遭受区域变质作用，在泥质岩及碳酸盐岩中未发现新生界变质矿物，虽然部分晚古生代地层遭受过动力-热接触变质作用，但影响范围不大。晚古生代地层除分布大量碳酸盐岩外，还发育四套暗色岩系：一是早泥盆世泥鳅河组；二是早石炭世红水泉组和鹿圈屯组；三是中二叠世哲斯组；四是晚二叠世林西组。因此，东北地区晚古生界具有良好的油气资源前景。

松辽盆地内外的上古生界展布、岩相古地理、盆地形成机制等问题都有待深入研究。本书旨在通过开展已有重磁资料的重新整理和拼接，对东北地区的构造格架、古生界分布情况进行探索和预测，为东北地区古生界油气战略选区提供坚实的基础性资料。

课题从2010年4月开始至2012年12月结束，完成了松辽盆地内外的重磁连片处理解释工作。主要是对松辽盆地及外围地区有关资料进行补充收集，包括工区钻井的测井资料、地震资料和全区1/20万重力、航磁等资料，在整理和综合分析各类资料的基础上，对比、确定处理解释思路和多种方案，对收集到的重力和航磁资料，按统一技术要求进行数据处理和拼图工作，对编好图的重力、航磁数据进行全平面数据处理和综合地质解释，控制面积约155万km^2，测网2.0km×2.0km，近40万个物理点。

本书取得的主要成果如下：

（1）系统完成了研究区物性参数资料的收集及采测，完成了松辽盆地内和松辽盆地外围东、西部共约155万km^2重磁连片处理和解释；

（2）划分了研究区主要构造单元，明确了骨架断裂的分布特征；

（3）预测了研究区中新生代盆地基底深度和岩性特征；

（4）预测了研究区上古生界分布及主要盆地上古生界顶、底面深度和厚度。

在此要特别感谢梁如洗、杨生和朱春生等专家的辛勤付出，如果没有他们在东北地区数十年的工作积累，在短期内完成如此大范围的拼图和解释工作是不可想象的。本书得到了国土资源部油气资源战略研究中心领导和专家的支持及指导。中国石油吉林油田公司、吉林大学、中国石油大庆油田公司、中国石化东北石油局等单位的领导和专家也给予了有力的支持。在此一并表示衷心的感谢！

由于编著者水平有限，书中难免存在疏漏和不妥之处，敬请读者和业内同仁指正。

作 者

2016 年 5 月

目　　录

前言
第一章　研究区概况 ·· 1
　第一节　研究区范围 ·· 1
　第二节　自然地理概况 ·· 1
　第三节　研究区地质概况 ·· 2
　　一、区域地质特征 ·· 2
　　二、区域地层 ·· 3
　　三、上古生界地层 ·· 4
　　四、前中生代构造及演化 ·· 4
　　五、火成岩发育特征 ·· 6
　　六、松辽盆地地层特征 ·· 6
　第四节　工作区研究现状 ·· 6
　　一、地层层序 ·· 6
　　二、岩相古地理 ·· 6
　　三、基本石油地质特征 ·· 7
　　四、存在问题 ·· 7
第二章　资料来源情况分析 ·· 9
　第一节　布格重力异常资料 ·· 9
　　一、区内涉及黑龙江省布格重力异常数据 ······················ 9
　　二、区内涉及吉林省布格重力异常数据 ·························· 11
　　三、区内涉及辽宁省北部地区布格重力异常数据 ·········· 11
　　四、区内涉及内蒙古自治区布格重力异常数据 ·············· 11
　　五、区内涉及河北省北部地区布格重力异常数据 ·········· 12
　第二节　航磁资料 ·· 13
　　一、涉及黑龙江省的航磁资料 ·· 13
　　二、吉林省航磁资料 ·· 16
　　三、辽宁省高精度航磁资料 ·· 17
　　四、内蒙古自治区高精度航磁资料 ·································· 18
　　五、河北省航磁资料 ·· 18
　　六、其他航磁资料 ·· 19
第三章　数据处理方法 ·· 20
　第一节　数据拼接 ·· 20

一、布格重力异常拼图 ··· 20
　　二、航磁异常图的拼接 ··· 20
　　三、拼接图件质量分析 ··· 20
 第二节　磁数据处理方法 ··· 21
　　一、重磁异常数据处理内容、目的和方法 ··· 21
　　二、数据处理原理和方法简介 ··· 22
　　三、数据处理的步骤 ··· 25
 第三节　大地电磁测深处理方法 ··· 26
　　一、大地电磁测深法简介 ·· 26
　　二、二维介质中的大地电磁场 ··· 26
　　三、二维反演算法 ··· 28
 第四节　CEMP 资料处理解释流程 ·· 28
　　一、数据预处理方法 ··· 30
　　二、定性分析 ··· 32
　　三、资料反演 ··· 35

第四章　区域物性特征研究 ··· 38
 第一节　佳蒙地层大区 ·· 39
　　一、兴安地层二级区 ··· 39
　　二、内蒙古草原−吉中地层二级区 ·· 53
　　三、宝清−密山地层二级区 ·· 104
 第二节　华北地层大区 ··· 113

第五章　重磁电场特征与成果解释 ·· 125
 第一节　重力异常特征与地质认识 ·· 125
　　一、重力异常总特征 ··· 125
　　二、上延处理后布格重力异常特征分析 ·· 126
　　三、布格重力小波变换异常特征分析 ··· 130
　　四、布格重力剩余异常特征分析 ··· 133
　　五、重力垂向二阶导数异常特征分析 ··· 134
 第二节　航磁（ΔT）异常特征与地质认识 ····································· 135
　　一、航磁（ΔT）化极 Za 异常特征与地质认识 ··························· 135
　　二、航磁（ΔT）化极 Za 异常上延不同高度异常特征分析 ············ 136
　　三、航磁（ΔT）化极 Za 异常 5 阶小波变换异常特征分析 ············ 138
 第三节　大地电磁剖面综合地质解释 ··· 141
　　一、松辽盆地 ·· 141
　　二、松辽盆地外围 ·· 149

第六章　松辽盆地及外围主要断裂与构造单元划分 ······························ 153
 第一节　重磁电异常综合地质解释的思路 ·· 153
 第二节　骨架断裂的划分 ·· 154

一、骨架断裂在重磁异常上的标志 …………………………………………… 154
　　二、利用重力异常划分骨架断裂的原理 ……………………………………… 154
　　三、划分骨架断裂的思路和方法 ……………………………………………… 155
　　四、综合各类标志和已知地质资料划分骨架断裂 …………………………… 155
　　五、骨架断裂特征分析 ………………………………………………………… 158
第七章　上古生界分布与构造单元划分 ……………………………………………… 183
　第一节　上古生界顶面分布 ………………………………………………………… 184
　　一、研究上古生界顶面埋深的思路和方法 …………………………………… 184
　　二、上古生界顶面埋深特征分析 ……………………………………………… 184
　第二节　上古生界顶面岩性分布 …………………………………………………… 187
　第三节　主要盆地上古生界顶、底面构造特征 …………………………………… 189
　　一、松辽盆地上古生界顶、底面构造特征 …………………………………… 189
　　二、三江盆地上古生界顶、底面构造特征 …………………………………… 194
　　三、海拉尔盆地上古生界顶、底面构造特征 ………………………………… 199
　　四、东北地区上古生界底面等深图和等厚图 ………………………………… 205
　第四节　构造单元划分 ……………………………………………………………… 209
　　一、全区上古生界构造单元划分 ……………………………………………… 209
　　二、松辽盆地上古生界构造单元划分 ………………………………………… 209
　　三、三江盆地上古生界构造单元划分 ………………………………………… 210
　　四、海拉尔盆地上古生界构造单元划分 ……………………………………… 212
参考文献 ………………………………………………………………………………… 213

第一章 研究区概况

第一节 研究区范围

松辽盆地及外围地区位于中国东北部，地理位置为：东经105°00′~135°30′，北纬40°00′~54°00′，横跨黑龙江、吉林、辽宁全省和河北、内蒙古自治区五个省（自治区），全区控制面积约$155×10^4 km^2$（图1.1）。

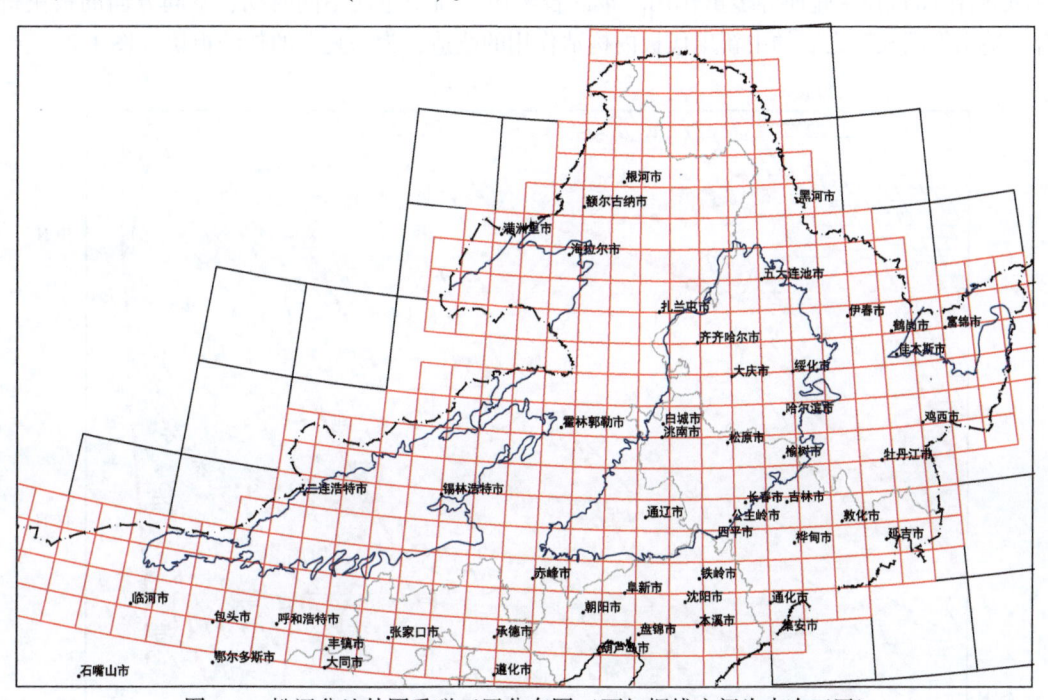

图1.1 松辽盆地外围重磁工区分布图（两红框线之间为本次工区）

第二节 自然地理概况

区内主要盆地有松辽盆地、二连盆地、三江盆地和海拉尔盆地；松辽盆地呈菱形，长约750km，宽330~370km，总面积约$26×10^4 km^2$，长轴走向呈北北东向。松辽盆地内部由嫩江-松花江和辽河两大水系的大片平原组成，平均海拔为100m左右，相对高差一般在30m之内，地势相对平坦。松辽盆地周围为山脉和丘陵所环抱，东部为张广才岭，西邻大兴安岭，南接康平-法库丘陵，北与小兴安岭为界。

工作区年平均气温3.1℃，年降水量为414.8mm，无霜期约135天；区内交通条件较便利，铁路、公路、油田公路网十分发达。

第三节　研究区地质概况

一、区域地质特征

中国东北地区（吉林、黑龙江、辽宁、河北北部及内蒙古自治区东部等地区）大地构造位置隶属于西伯利亚板块与华北板块（中朝板块）之间。北部的西伯利亚板块、南部的华北板块及额尔古纳、岗仁、马门、伊勒呼里山脉、松嫩、布列亚-佳木斯、兴凯、谢尔盖耶夫等多个大小不等的微板块主体于前中生代拼合成统一的复合板块，并在中新生代时期，复合板块的东缘受到环太平洋板块的拼贴和洋壳俯冲作用，而复合板块的北缘受到蒙古-鄂霍茨克海缝合带的俯冲-碰撞等多重作用。本区曾经历了前中生代不同时期、不同方向的板块拼合、造山作用及其之后的中新生代板内构造作用的改造，为一复合的佳蒙板块（图1.2）。

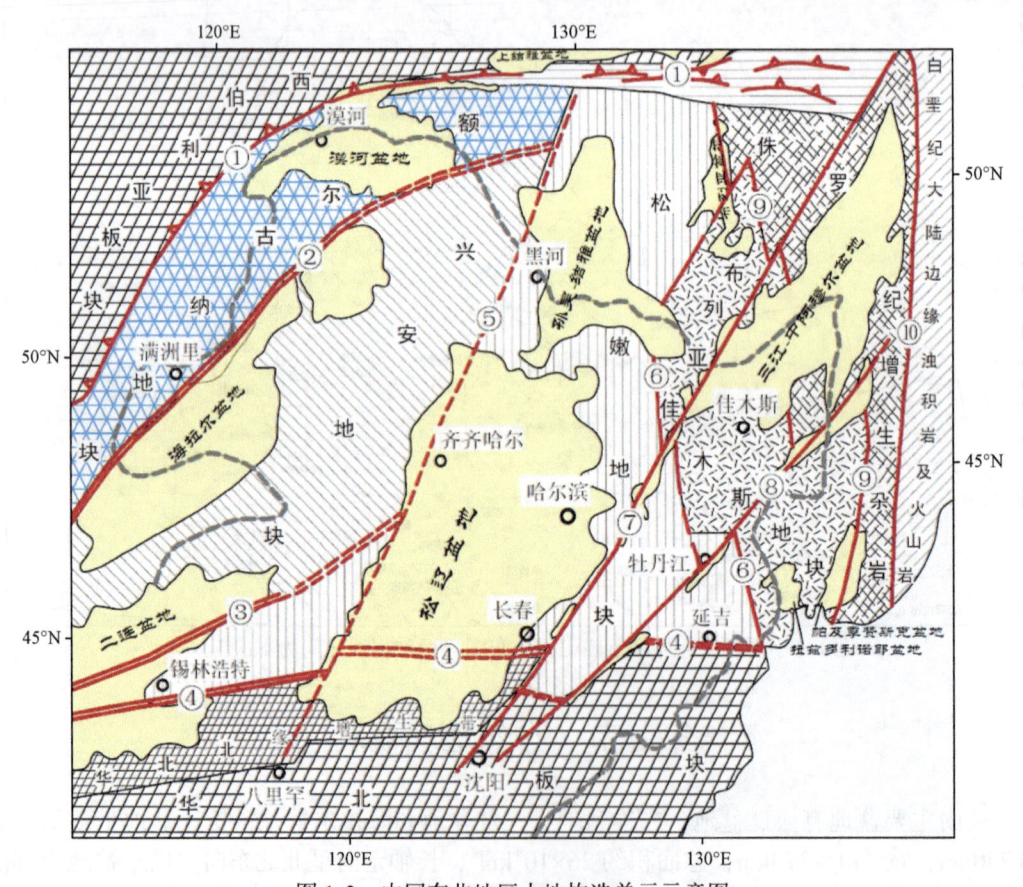

图1.2　中国东北地区大地构造单元示意图

长期以来，东北地区被认为是以海西期褶皱带或碰撞造山带为主，中新生代盆地基底被认为是以变质结晶基底为主，而成为深部油气勘查的"禁区"；但是，近年来新的研究成果表明：东北地区上古生界是一个具有广泛分布的区域性准盖层沉积；晚古生界以海陆交互相沉积为主，化石丰富，保存完好，岩石没有遭受区域变质作用，其主体处于高级成岩阶段。岩相古地理特征显示，晚石炭纪—二叠纪沉积环境是一个规模巨大、南部与古亚洲洋相连的海相盆地。鉴于晚古生界潜在的烃源岩发育和叠合盆地特征，东北地区具有巨大的油气资源潜力，应成为深部油气勘探的重要新层系。

松辽盆地是我国较大的中、新生代陆相伸展裂陷型含油气盆地，总体呈北东向展布。松辽盆地是一个中新生界大型河湖相沉积盆地，经历了热隆张裂、断陷、拗陷和萎缩四个发展阶段，形成了具断陷层-拗陷层的双层结构，沉积盖层厚度超过10000m；发育了中、浅层和深层多套含油气组合，是目前我国主要的油气勘探区之一。松辽盆地中、浅层含油气组合以油为主，深层含油气组合以气为主（登娄库组及以下）。其他地区还分布数十个中新生界盆地，东北地区是我国主要的油气勘探基地。

二、区域地层

依据同一板块的不同构造部位或不同微板块相异的活动性和由岩石地层体（层序及建造）所反映的古地理、古气候和古生态环境等诸方面的差异性，可在区内将地层进一步划分出南北两大地层大区和北部三个地层二级分区。

以西拉木伦河断裂为界将本区分为北部佳蒙地层大区、南部华北地层大区。北部佳蒙地层大区大致以黑河-贺兰山和佳木斯-伊春两大岩石圈断裂为界，划分出三个地层二级分区。其中，西部为兴安地层二级分区，中部为内蒙古草原-松花江地层二级分区，自西而东包括松辽、滨东、吉中三个地层小区，东部为佳木斯-宝清地层二级分区，如图1.3和表1.1所示。

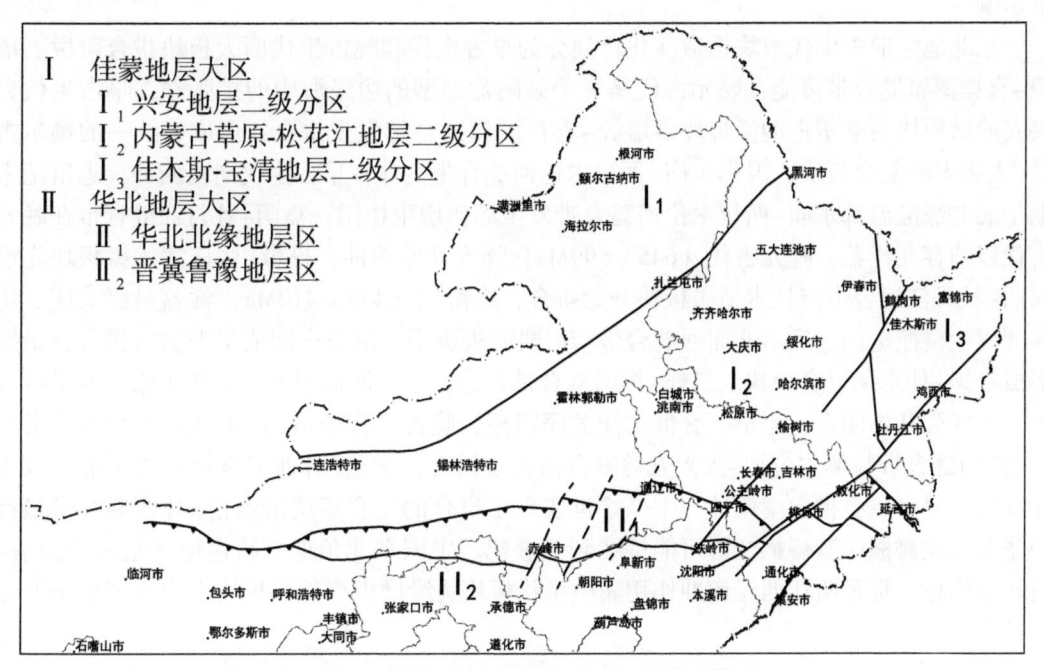

图1.3 松辽盆地外围晚古生代地层区划简图

那丹哈达岭地层大区，只在中生代蛇绿混杂岩堆积带中见石炭纪—二叠纪外来岩块，未进一步分区和研究。

表1.1 中国东北三级地层区划简表

佳蒙地层大区（Ⅰ）	兴安地层二级分区（I₁）	额尔古纳地层小区（I_1^1）	那丹哈达岭地层大区（Ⅲ）	中生代蛇绿混杂岩中见石炭纪—二叠纪外来岩块
		兴安地层小区（I_1^2）		
	内蒙古草原-松花江地层二级分区（I₂）	松辽地层小区（I_2^1）	华北地层大区（Ⅱ）	开山屯地层分区（Ⅱ₂）
		吉中地层小区（I_2^2）		
		滨东地层小区（I_2^3）		
	佳木斯-宝清地层二级分区（I₃）	密山地层分区（I_3）		赤峰地层分区（Ⅱ₁）

三、上古生界地层

表1.2为松辽盆地外围晚古生代地层-构造格架简表，这里不作赘述。

四、前中生代构造及演化

震旦纪开始，在西伯利亚板块和华北板块之间，存在一浩瀚的古大洋，即古亚洲洋，随着古大洋洋脊的扩张，洋壳分别向西伯利亚板块和华北板块北缘俯冲。在古生代时期，所有本区微板块都是作为西伯利亚板块边缘而存在。该块体的东缘和北缘在中新生代时期分别受到环太平洋地体拼贴与洋壳俯冲作用和蒙古-鄂霍茨克海缝合带俯冲-碰撞作用的多重影响。

东北地区前中生代板块构造演化可划分为早古生代和晚古生代两大板块拼合阶段。塔源-喜桂图旗缝合带可能在晚元古代是一个裂陷盆地型的边缘海中的扩张脊，早古生代大兴安岭微板块与额尔古纳微板块沿塔源-喜桂图旗缝合带发生拼合，形成了统一的额尔古纳-大兴安岭复合板块；温都尔庙-西拉木伦河缝合带主体在早古生代向南俯冲，志留纪末期华北北缘沿温都尔庙-西拉木伦河缝合带发生岛弧增生作用；嘉荫-牡丹江缝合带在晚元古代以前存在洋盆，晚元古代（645~599Ma）洋壳开始俯冲，松嫩-张广才岭微板块先沿嘉荫-牡丹江缝合带与佳木斯微板块开始拼合，志留纪（445~410Ma）洋盆最终关闭，块体间发生碰撞造山，后沿八面通缝合带与兴凯微板块于志留纪末期或早泥盆世拼合，最终形成松嫩-佳木斯复合板块。二连-黑河缝合带在志留纪、泥盆纪变为大洋扩张，从早石炭世该区洋壳开始闭合，至早二叠世大洋关闭碰撞，晚古生代松嫩-佳木斯复合微板块沿二连-黑河缝合带与额尔古纳-大兴安岭复合微板块拼合；索伦-林西缝合带洋壳可能形成于泥盆纪，早中二叠世向南俯冲，中二叠世实现了拼合的复合板块沿索伦-林西缝合带最终与华北板块碰撞，其碰撞变形可能持续到三叠纪。中国东北角那丹哈达地区是一个构造-沉积杂岩体，那丹哈达西缘俯冲作用属中生代板块边缘增生事件，板块在中侏罗世末开始俯冲。

表 1.2　松辽盆地外围晚古生代地层-构造格架简表

五、火成岩发育特征

东北地区中生代火山岩构成规模宏大的火山岩带，其延伸到蒙古国和俄罗斯境内。中生代火山岩在时空分布上可划分为三个带：西部大兴安岭环状火山带、南部北东向火山岩带和东北部北北东向火山岩带。

东北地区是我国新生代火山活动最强烈的地区之一。新生代火山 500 多座；火山熔岩主要是玄武岩，少量粗面岩和碱流岩。东北地区新生代火山岩形成时代分为两个时期：古近纪和新近纪，主要形成时期为新近纪。古近纪火山岩少见，而且多隐伏于地下，火山岩主要沿北北东向断裂分布，呈北北东向延伸。在新近纪火山岩中含有大量的上地幔岩包体和高压巨晶。

六、松辽盆地地层特征

松辽盆地基底地层自下而上主要包括：前古生界，下古生界，上古生界中二叠统杜尔伯特板岩组、一心组、上二叠统林甸蚀变火山岩组、四站板岩组、中生界侏罗系中统大庆群碎屑岩组、蚀变火山岩组等。盆地盖层深层系指白垩系下统泉头组泉二段及其以下地层，即由下至上包括火石岭组、沙河子组、营城组、登娄库组，以及泉一段、泉二段等。深层地层中存在 8 个区域分布的角度不整合面和局部不整合面，角度不整合面分别是海西期基岩顶面、中侏罗统顶面、营一段底面、营一段顶面和登娄库组底面；火石岭组顶面、登三段底面为局部不整合面。浅层地层自下而上主要由青山口组、姚家组、嫩江组等组成。

按地震构造层分，T_5（即中生代盆地的基底）以下，根据钻井资料分析，主要为石炭系—二叠系浅变质岩所组成的地层，石炭系由通气沟组（C_1t）、鹿圈屯组（C_1l）及磨盘山组（C_2m）组成，二叠系由大石寨组（P_1ds）、哲斯组（P_2z）及林西组（P_3l）组成。盆地内少数钻井尚见有太古界、元古界，以及下古生界岩心。此类地层分布零散，这里不作赘述。

第四节　工作区研究现状

松辽盆地及外围地区上古生界地层的研究始于 20 世纪 30 年代，目前已具有一定的厘定基础，表现在一些公开出版的总结性论著中。

一、地层层序

1978 年之后，出版的《中国地层概论》、《中国的石炭系》、《东北区区域地层》、《辽宁省岩石地层》、《吉林省岩石地层》、《内蒙古自治区岩石地层》、《中国地层典——石炭系》和《中国地层典——二叠系》，对本区上古生界的岩石地层单位进行了清理和重新厘定。

二、岩相古地理

已出版的《东北地区古生物图册》、《辽宁省古生物图册》、《吉林省古生物图册》、

《内蒙古自治区古生物图册》、《内蒙古-东北地槽区古生代生物地层及古地理》、《大兴安岭地区石炭、二叠系及植物群》、《辽宁省区域地质志》、《吉林省区域地质志》、《内蒙古自治区区域地质志》等论著，对松辽盆地石炭纪——二叠纪地层的沉积环境和古气候环境方面的研究是薄弱的，各自认识也不一致，目前仍处于早期研究水平，本书对上古生界地层的认识主要依据吉林大学研究成果。

三、基本石油地质特征

各系统油田单位和有关院校，对关于松辽盆地基本石油地质特征的研究发表了数百篇论文和文献，在此将目前观点较一致的和最新研究的成果归纳如下。

1) 上古生界地层在东北地区广泛分布

上古生界地层含有丰富的海相古生物化石、海陆交互相及陆相化石，反映的是一套以海相沉积物为主，逐步过渡为海陆交互相至陆相沉积。据目前掌握的资料表明，上古生界地层在松辽盆地之下有较大面积分布，并有约8000m厚度。

2) 东北地区绝大部分上古生界地层未遭受区域变质作用

通过上古生界地层的变质作用研究，泥质岩及碳酸盐岩中未发现新生变质矿物；伊利石结晶度范围在0.26~0.93，多数大于0.42，反映为高级成岩-极低级变质作用阶段；测试镜质体反射率为0.64%~3.60%，属于成岩-极低级变质作用范畴。部分晚古生代地层遭受过动力-热接触变质作用，但影响范围不大，故说明东北地区绝大部分上古生界地层未遭受区域变质作用。

3) 上古生界地层发育四套烃源岩

晚古生代地层发育四套暗色岩系：①发育于早泥盆世泥鳅河组，典型剖面分布于内蒙古牙克石市乌奴耳镇新矿采石厂及北矿老采石厂东侧附近，暗色泥岩、灰岩厚91.43m。②发育于早石炭世红水泉组和鹿圈屯组，分布于额尔古纳红水泉农场、伊敏地区、西尼气镇及吉林明城镇七间房-钢岔山、磐石市靠山屯和亮子河屯等地，暗色岩系厚800余米。③中二叠世哲斯组，在内蒙古科尔沁右翼前旗索伦镇及东西乌珠穆沁旗附近分布，索伦镇暗色泥岩、粉砂质泥岩厚1919.75m。④晚二叠世林西组，在索伦附近和西乌珠穆沁旗石林附近出露，其中，索伦附近暗色泥质粉砂岩、泥岩、粉砂质泥岩厚度为509.8m。西乌珠穆沁旗石林附近出露的黑色碳质页岩、暗色泥岩、粉砂质泥岩厚度为122.6m。

4) 多处剖面证实了上古生界烃源岩曾经发生过油气生成—运移—聚集

关德师等（1999）在野外剖面实测过程中在上古生界地层中发现的4处油苗，以及龙江地区济沁河乡老龙头山二叠系孙家坟组二段粉-细砂岩裂缝中赋存的干沥青，刘晓艳等（1997）经油源对比分析认为是由石炭系——二叠系烃源岩本身生成的。这都证实了上古生界烃源岩曾经发生过油气生成—运移—聚集。

四、存在问题

目前，松辽盆地内上古生界地层的研究尚处于起步阶段，研究程度较低，根据已掌握的资料分析，还存在如下亟待解决的问题。

1）松辽盆地上古生界地层的地震反射特征有待深入研究

松辽盆地岩相变化剧烈，地表地层剖面连续性差，盆地内钻遇上古生界地层的井太少，且无钻穿二叠系地层的钻井，上古生界地层的地震反射特征大多不清楚，故对刻画地层层序格架存在一定难度，亟待建立盆地内部的地层层序格架。

2）松辽盆地内、盆缘及邻区的上古生界地层缺乏全局性和系统性研究

虽然大庆油田应用钻井、重磁、松深地震剖面等资料，对松辽盆地北部的基底岩性特征、上古生界地层分布范围及厚度变化进行了初步研究，但是还存在如下两个方面的问题：一是盆内钻遇上古生界地层的岩心、岩屑没有进行系统的观察和取样分析；二是盆内和盆缘及邻区缺乏以多重地层划分理论为指导的上古生界地层柱状剖面。另外，区域地层对比研究精度远不能满足生产和科研需要。以上问题导致上古生界地层的发育特征和空间展布等缺乏全局性和系统性研究。

3）松辽盆地盆内、盆缘及邻区上古生界岩相古地理有待深入系统研究

对松辽盆地石炭纪—二叠纪地层的沉积环境和古气候环境方面的研究很薄弱，各自认识很不一致，仍处于早期研究水平。故松辽盆地盆内、盆缘及邻区上古生界岩相古地理有待深入系统研究。

4）松辽盆地上古生界盆地成因机制不清

古生界盆地形成的大地构造环境不明，众说纷纭，究竟是西伯利亚大陆南部大陆边缘盆地，还是欧亚大陆内部的裂谷盆地，盆内晚二叠世岩相带展布为北北东向，与南北碰撞挤压的构造格局是不符的；盆地的类型是逃逸盆地，还是走滑拉分盆地，盆地后期经历多期构造运动，盆地是如何形成、发展、叠加和改造的，残留机制是什么，上述问题均有待系统的深入研究。

5）多期构造热事件对油气成藏的影响程度

松辽盆地上古生界烃源岩发育时代老、埋藏深度大、构造活动期次多，经历了多次构造热事件，导致有机质热演化程度普遍较高，属于高–过成熟烃源岩。多期构造热事件是否是上古生界地层变质的主要因素，构造热事件对烃源岩生烃影响程度如何，能否影响到油气成藏，均有待系统的研究。

6）现有的地震资料不能满足上古生界地层的评价和勘探需求

松辽盆地的地震剖面主要是针对中浅层和深层勘探，导致基底的上古生界反射特征不清楚，这给上古生界油气成藏条件分析、有利区带优选和勘探部署带来了困难。

7）盆地的基本石油地质条件还不明确

虽然前期多家单位做了一些烃源岩方面的评价工作，但是烃源岩特征、分布、热演化史及生烃史的研究缺乏系统性，还没有开展相关的储集条件、盖层条件、圈闭条件、保存条件及配套史方面的研究，油气资源勘探潜力如何，油气成藏控制因素有哪些，有利成藏区带在哪，这些还都不明确，有待更深入研究。

总之，松辽盆地上古生界地层勘探和研究程度还较低，本书旨在通过对研究区现有重磁资料的拼合整理，研究本区构造格架，探索上古生界地层分布，为实现松辽盆地及外围上古生界油气勘探的新发现和突破，提供坚实的基础资料。

第二章　资料来源情况分析

区内重力和航磁数据资料范围涉及内蒙古自治区东北部、黑龙江省和吉林省全区、辽宁省和河北省北部五个省（直辖市，自治区），控制面积达 155 万 km²；其施工单位之多、资料内容之多、存在问题之多，是前所未有的。

松辽盆地及外围重磁连片处理解释课题组克服种种困难，多次派专业人员去内蒙古自治区、黑龙江省、吉林省、辽宁省等国土资源厅资料馆和国家数字地质资料馆收集资料，多次派专业人员去中国石油大庆油田公司和吉林油田公司、中国石化东北石油局、吉林大学等单位收集资料，行程数千公里，耗时两月余，才基本收集到符合全区的 1/20 万重力、航磁精度要求的重磁资料。随后，将收集到的重力和航磁图件进行数值化（耗时三月余），最终按统一参数要求完成调平、拼接和成图工作。

按重力和航磁资料来源及有关技术，具体分述如下。

第一节　布格重力异常资料

布格重力异常资料主要来自以下三个方面：

（1）1987~2011 年，江苏省有色金属华东地质勘查局八一四队在东北地区研究 20 余年，为中国石油大庆油田公司和吉林油田公司、中国石油东北裂谷新区事业经理部、中国石化东北新区事业经理部等单位开展的高精度重磁测量工作所实测和综合研究课题工作积累的资料。

（2）历年来，从黑龙江省、吉林省、内蒙古自治区、辽宁省等国土资源厅资料馆和国家数字地质资料馆重力数据中心等有关单位收集的重磁力资料。

（3）中国石油大庆油田公司、华北油田公司和吉林油田公司，中国石化东北石油局，吉林大学等单位提供的有关重磁力资料。

各省（直辖市，自治区）主要重力资料情况说明如下。

一、区内涉及黑龙江省布格重力异常数据

（1）2004~2010 年，中国石油东方地球物理公司承担中国石油大庆油田公司和吉林油田公司在松辽盆地实测的 12 个重磁工区内 9 万余平方千米高精度重磁测量成果（表 2.1）；比例尺为 1/10 万，网度为 1.0km×0.5km、1.0km×1.0km、2.0km×1.0km 三类，中间层密度选取为 $2.0~2.30 g/cm^3$，重力异常总精度均小于 $±0.040×10^{-5} m/s^2$，为目前松辽盆地重力精度最高的基础重力资料之一。

表 2.1　高精度重磁数据要素一览表

地区	年份	工区	控制面积/km²	重力物理点	重力精度/(10⁻⁵m/s²)	磁力物理点	磁力精度/nT	中间层密度/(g/cm³)
松北地区	2005	中央隆起	5292	24474	±0.031	24357	±1.63	2.10
	2006	古龙	7873	32346	±0.030	32346	±1.50	2.00
	2007	徐东	4554	19679	±0.032	19584	±1.55	2.00
	2007	双城	5514	23839	±0.026	23710	±1.33	2.00
	2009	林甸	4900	10030	±0.030	10030	±2.7	2.00
松南地区	2005	长岭试验区	906	4006	±0.033	4030	±1.52	1.70
	2006	长岭	15013	64593	±0.023	64306	±1.68	1.70
	2007	德惠	9523	40952	±0.026	40814	±1.55	2.30
	2008	榆树	7630	17484	±0.025	17430	±1.58	2.30
	2008	双辽	13040	27404	±0.029	27123	±1.55	2.30
	2009	西部斜坡	6603	26125	±0.026	26125	±1.66	2.30
	2009	洮南	5550	8655	±0.026	8577	±1.69	2.30
统计		12 个工区	86466		<±0.032		<±1.69	

（2）江苏省有色金属华东地质勘查局八一四队分别在松辽盆地北部扎龙、依安、北安、三站、铁力-绥化、哈尔滨东-五常、宾县-木兰等工区，以及漠河盆地、大杨树盆地、孙吴-逊克-嘉荫盆地、汤元山盆地、伊春盆地、鹤岗盆地、三江盆地、勃利盆地等地区进行的高精度重磁测量工作和综合研究工作，为目前松辽盆地及外围重力资料最全、精度最高、石油地质效果最好的基础重力地区。

（3）2005 年，中国地质大学（北京）许德树、管志宁等承担中国石化东北新区经理部《东北新区航磁连片综合解释成果报告》的编制，其中，《松北、泛三江地区布格重力异常图（图号 43）》主要包括：嫩北-德都测区、海伦-伊春测区、绥化-铁力测区、哈尔滨-五常测区（使用了中国石化 2004 年 1/5 万和 1/10 万高精度重力测量数据）；三江地区使用了黑龙江省物探队 1/20 万重力图数字化资料，松北北部辰清一带和三江西北部萝北一带使用了黑龙江省物探队 1/20 万区域重力测量数据，虎林盆地七虎林河凹陷使用了 1/10 万重力测量数据。其他空白区的数据来源于黑龙江省区域重力数据库。坐标采用高斯克吕格 6°带坐标系统，中央经线为 129°，22 带；重力为 1957 年波斯坦重力网，中间层密度为 2.67g/cm³。

（4）来自黑龙江省国土资源厅和国家数字地质资料馆重力数据中心数据库收集的 1/20 万区域重力资料，包括：黑河市幅 M-52-14、白石砬子幅 M-52-8、孙吴县幅 M-52-20、逊克县幅 M-52-21、常胜乡幅 M-52-22、乌云镇幅 M-52-28、嘉荫县幅 M-52-29、太平沟乡幅 M-52-35、萝北县幅 L-52-5、沐河屯幅 M-52-19、三道卡幅 M-50-7、25 站、连崟幅、额尔木幅 N-51-23、开库康幅 N-51-29、漠河幅 N-51-21、老沟幅 N-51-27、满归幅、十八站幅 N-51-36、兴华幅 N-51-31、大营幅、依西肯幅、兴隆镇幅等。

二、区内涉及吉林省布格重力异常数据

（1）2006~2010年，江苏省有色金属华东地质勘查局八一四队分别在吉林油田松辽盆地南部长岭、十屋、榆树、鄂武断陷，以及吉林东部伊通盆地、舒兰断陷、蛟河盆地、辉桦-柳河盆地、鸭绿江盆地等地区进行的高精度重磁测量工作和综合研究工作，为目前松辽盆地南部及吉林省精度较高的基础重力资料最全的地区。

（2）松辽盆地和开鲁地区1/20万重力测量资料，为中国石油地调五处1958~1980年进行重磁普查时测量成果。

（3）来自吉林省国土资源厅和国家数字地质资料馆重力数据中心数据库收集的1/20万区域重力资料，包括：舒兰市幅、蛟河县幅、敦化县幅、大兴沟镇幅、珲春县幅、怀德县幅、四平市幅、榆树市幅、长春市幅、辽源市幅、磐石市幅、桦树林子幅、明月镇幅、海龙县幅、靖宇县幅、抚松县幅、白头山幅、通化市幅、浑江市幅、漫江镇幅、桓仁县幅、集安县幅等。

三、区内涉及辽宁省北部地区布格重力异常数据

区内涉及辽宁省北部地区布格重力异常主要来自国家数字地质资料馆重力数据中心数据库十余幅1/20万重力区调数据。

四、区内涉及内蒙古自治区布格重力异常数据

（1）1996~2010年，江苏省有色金属华东地质勘查局八一四队分别在内蒙古根河盆地、大杨树盆地、拉布达林盆地、呼伦湖等地区进行的高精度重磁测量工作和二连盆地卫井断陷综合研究、海拉尔-塔木察格盆地综合研究等工作，为目前松辽盆地外围精度较高的基础重力资料地区。

（2）1989年8月1日，地矿部第2综合物探大队编写了《内蒙古自治区大兴安岭中段煤田及有色金属矿产远景区区域重力报告》。该报告根据物化探局下达的任务，对大兴安岭中段煤田、有色金属成矿远景区进行了1/20万区域重力调查。完成1/20万图幅19幅，面积109639.42km^2。布格重力异常总精度小于±0.800×10^{-5}m/s^2（实达±0.538×10^{-5}m/s^2）；中间层密度为2.67g/cm^3。该报告以重力资料为主，综合利用了区内地质、航磁、化探、遥感等成果，划分了区内断裂构造，推断了隐伏的中酸性岩体，圈出33个中新生代沉积盆地，对大兴安岭梯级带作了简单的计算和分析，预测了8个一级含煤远景区，18个内生金属矿产成矿远景区。

（3）1986年9月1日，地矿部第2综合物探大队编写了《内蒙古自治区大兴安岭南段1/20万区域重力工作报告》。地矿部第2综合物探大队根据地球物理勘探局指示，在赤峰市地区大兴安岭南段开展1/20万区域重力调查，涉及1/20万图幅14个。采用4km×2km测网，两个作业队完成区域重力测量面积75573km^2，长剖面3条共660km。布格重力异常总精度达±0.729×10^{-5}m/s^2；中间层密度为2.67g/cm^3。报告不仅综合了区域重力资料、地质资料，还综合利用航磁、卫片、地震、测深、化探等多种资料，作了许多计算机

数据处理，信息量大。识别断裂73条，圈定岩体异常34个，确定局部重力异常212个，圈出中新生代盆地18个。报告对区域构造、大兴安岭重力梯级带，找煤远景，内生多金属矿预测等进行了论述。

（4）1983年5月，石油物探局普查大队研究队蔡鑫等编制了《二连地区1/50万布格重力异常编图》，布格重力异常图由石油物探局历年实测的1/20万布格重力异常图缩制而成。其中，东、西苏旗及贺根山一带的重力资料来源于内蒙古地质局物探大队1965年和1969年所编的1/20万成果图。因拼图需要，上述两地区的重力值分别减去220mgal①和266mgal。该图资料采用统一的布格校正密度（$\sigma=2.40\text{g/cm}^3$），测点高度校至海平面，纬度校正采用1901~1909年赫尔默特正常公式计算，绝对重力值引自银黄旗国家基点517号（$g=979935.1\text{mgal}$）。

（5）1984年7月，内蒙古自治区第一物探化探队鞠长顺等编制了《内蒙古中部地区1/50万布格重力异常编图》。其中，采用1954年北京坐标系，1956年黄海高程系；重力值均从国家一等重力基点包头（$g=979864.300\text{mgal}$）引出，布格改正计算公式：$\delta_b=(0.3086-0.04196)H$，$\sigma$取$2.67\text{g/cm}^3$，正常重力公式采用赫尔默特（1901~1909年）公式：即$\gamma_0=97803(1+0.005302\sin^2\varphi-0.000007\sin^22\varphi)$（mgal）。地形改正分近、中和远三区，均采用方域，在1/5万地形图上读取节点高程，远改到10km。其中，部分收集资料未作统一地形改正计算，布格改正公式为：$\sigma_b=(0.3086-0.04186)H$，$\sigma$取$2.67\text{g/cm}^3$。重力总精度为$\pm 0.830\times 10^{-5}\text{m/s}^2$。

（6）1965~2003年，内蒙古地质局物探大队、内蒙古国土资源勘查开发院、吉林省地质调查院、天津地质矿产研究所、黑龙江省地质调查研究总院等，曾先后在内蒙古地区完成大量1/20万区域重力测量工作，主要有：锡林郭勒盟本巴图幅K-49-5、苏尼特左旗幅K-49-6、呼和浩特幅K-49-5、苏尼特右旗幅K-49-11、苏尼特左旗幅K-49-6、商都幅、上护林幅、喀喇林场幅M-51-9、呼和浩特幅K-49-28、卓资县幅K-49-29、三道沟幅K-49-23、正蓝旗幅K-50-14、康保县幅K-50-19、太仆寺旗幅K-50-20（内蒙古境内地区）、乌力吉幅K-48-27、阿拉坦敖包幅K-48-33，以及白云鄂博-四子王旗幅K-49-15下1/2、K-49-16幅下1/2、K-49-20幅、K-49-21幅、K-49-2幅等。

五、区内涉及河北省北部地区布格重力异常数据

区内涉及河北省北部地区布格重力异常数据来自国家数字地质资料馆重力数据中心数据库。其中，主要为2004年河北省地质调查院编制的《河北省冀北地区1/20万区域重力调查成果报告》。本报告是中国地质调查局实施项目《华北区国土资源综合调查》的子项目。通过对冀北地区（东经114°~117°，北纬40°~42°）1/20万区域重力资料的研究，结合航磁、遥感、化探等资料对本区内的重力场进行了分区，划定了区内的断裂构造68条，其中新推断了3条北西向的大断裂；对区内分离出的96个局部异常逐个进行了推断解释；圈出了隐伏、半隐伏岩体18处，并对岩体的空间分布状况进行了推断解释；圈定

---

① $1\text{mgal}=0.001\text{cm/s}^2$。

出盆地12处，并对盆地边界、产状、中新生界厚度、盆地底界起伏进行了推断解释。在充分研究本区内区域重力资料和主要矿产分布特征的基础上对区内构造、岩浆岩空间分布特征建立了新的认识，再结合地质和其他物化探资料，总结出本区内内生金和铅、锌、银等多金属成矿规律，建立了找矿标志，依据找矿标志在区内圈定出金成矿带2条，远景区3处；多金属成矿带4条，远景区8处。

综上所述，本区共收集到1/5万~1/10万高精度重力资料21.55万 km²，占14.26%；1/10万~1/20万高精度石油系统重力资料22.57万 km²，占14.94%；1/20万地矿系统区域重力调查资料86.37万 km²，占57.15%；其他空白区采用1/50万或1/100万国家数字地质资料馆重力资料13.65万 km²，占13.65%；总计控制面积为151.13万 km²，符合1/20万重力精度和技术要求的占86.35%。详见松辽盆地及外围重力工作程度图（图2.1）。

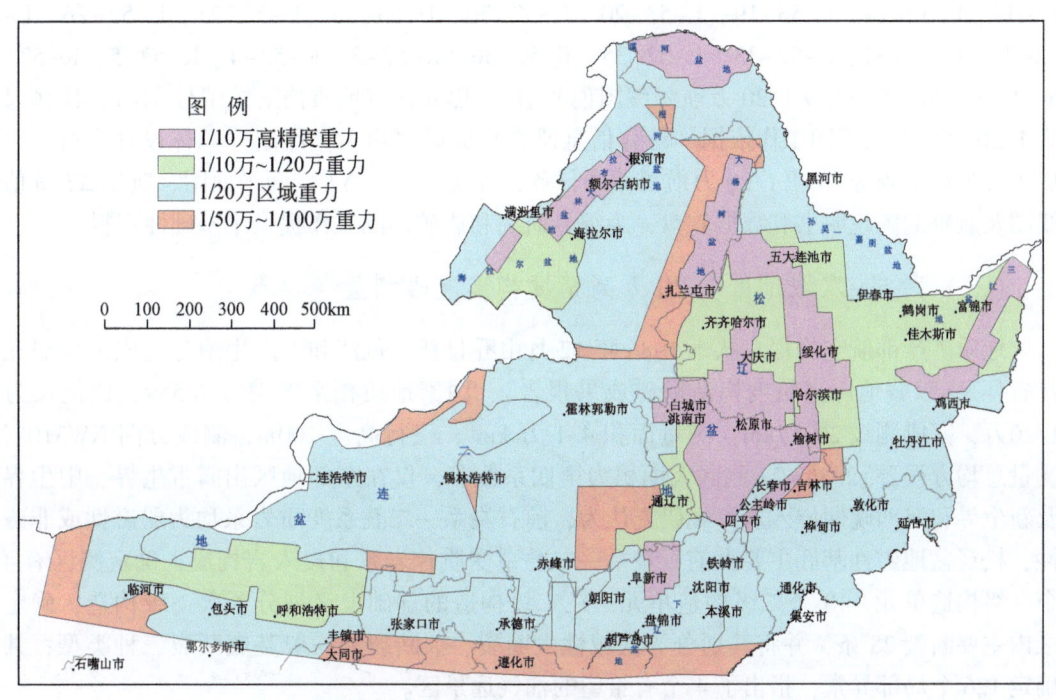

图2.1　松辽盆地及外围重力工作程度图

第二节　航磁资料

一、涉及黑龙江省的航磁资料

涉及黑龙江省的航磁资料主要包括：漠河地区、牡丹江地区、拜泉-双城地区、明水-嫩江地区、松辽盆地、勃利-鸡西盆地、大兴安岭东部地区和松北-三江地区等航磁资料，其比例尺大多数为1/20万，个别地区比例尺为1/5万或1/10万，主要从黑龙江省国土资源厅资料馆、中国石油大庆油田公司、中国石化东北新区经理部、吉林大学和国家数字地质资料馆等处收集。

（一）漠河地区 1/20 万航磁编图

黑龙江省地质矿产局地球物理探矿大队于 1991 年 4 月由任惠芳编写了《黑龙江省塔源幅等 18 幅 1/20 万航磁编图说明书》，黑龙江省地质档案馆编号 4042，比例尺为 1/20 万。本次编图区在黑龙江省北部北纬 50°20″以北地区，共包括 18 幅 1/20 万图。

（二）牡丹江地区 1/20 万航磁编图

黑龙江省地质矿产局地球物理探矿大队于 1993 年 6 月由任惠芳等编写了《黑龙江省牡丹江市幅 L-52-34 等二十五幅 L-52-11、L-52-12、L-53-7、L-53-8、L-53-13、L-53-14、L-52-24、L-53-19、L-53-20、L-52-30、L-53-25、L-52-25、L-52-26、L-52-27、L-52-32、L-52-33、L-52-35、L-52-36、K-52-3、K-52-4、K-52-5、K-52-6、L-53-26、L-53-9 1/20 万航磁编图说明书》，黑龙江省地质档案馆编号 4141，比例尺为 1/20 万。本次编图工作依据"综合信息研究与成矿预测工作计划"总体设计进行，完成了牡丹江市幅等 25 幅 1/20 万航磁编图任务，提交了航磁 ΔT 剖面平面图、航磁 ΔT 等值线图及航磁编图说明书和数据软盘，为综合研究和成矿预测工作提供了基础性资料。

（三）拜泉-双城地区 1/20 万高精度构造航磁测量

地质矿产部航空物探总队于 1986 年 12 月由乔日新、范江和王广生编写完成了《黑龙江省拜泉-双城地区高精度构造航磁成果报告》，国家地质档案馆编号 73559，比例尺为 1/20 万，完成测线 26317km，测量面积 4.1 万 km^2，飞行高度 200m，测线方向 NW310°，测量总均方误差±2.36nT。测区大面积为第四系覆盖，仅在东部地区出露古生界、中生界及新生界和海西晚期侵入岩。经研究认为，前石炭系—二叠系变质岩系均为弱磁性或非磁性，松辽盆地磁性基底主要由前石炭系—二叠系变质片岩系和侵入岩构成；确定测区有 4 个一级构造单元，18 个二级构造单元，在二级构造的基础上又划分了次一级构造；确定区内主要断裂 28 条，并将其划分为区域性大断裂、大断裂和一般基底断裂三种类型；共确定 126 个局部异常，指出了 4 个有希望的油气远景区。

（四）明水-嫩江地区 1/20 万高精度构造航磁测量

地质矿产部航空物探遥感中心于 1987 年 8 月由张润德和郑广如等编写完成了《黑龙江省明水-嫩江地区高精度构造航磁成果报告》，国家地质档案馆编号 73562，比例尺为 1/20 万，完成测线 23403.97km，测量面积 38667.94km^2，飞行高度 500m，主测线为东西向，测量总均方误差±1.97nT。测区内绝大部分为新生界覆盖，在东西边缘及隆起部位有中生界及古生界零星出露，还有不同时期的侵入岩分布。经研究认为，松辽盆地基底性质较复杂，可能存在前寒武纪强磁性基底；依安凹陷基底深度大于 7.0km。本次工作共确定 3 个一级构造单元，3 个二级构造单元，10 个次级构造单元；圈出 30 条断裂，划分为深大断裂、大断裂、基底断裂三类；圈出 87 个局部异常。

（五）松辽盆地1/20万高精度构造航磁测量

地质矿产部航空物探总队于1982年6月由蔡振京、张德润和孙国明编制完成了《松辽盆地高精度构造航磁成果报告》，国家地质档案馆编号69429，比例尺为1/20万，飞行高度200m，测线距2000m，测线方向东西向，面积60000km^2，测量总均方误差±2.1nT。利用实测资料计算出全盆地磁性岩体埋藏深度共8451点，对盆地磁性基底埋藏深度及构造提供了新内容，而且发现沉积盖层内与油藏构造有关的局部弱磁异常147个，为松辽盆地开展第二轮石油普查提供了重要信息。综合其他地质及地球物理资料，指出松辽盆地发育四组隐伏基底断裂带（共45条），盆地的形成及侏罗系火山岩发育与断裂带关系十分密切，提出盆地基底主要由古生代褶皱带组成，前寒武纪结晶基岩为一些残留断块，此次新圈定出四个凹陷（林甸凹陷、太平凹陷、东辽河凹陷、双辽断陷），为大庆外围找"大庆"指出了重要方向。航磁测量在松辽盆地中发现147处局部异常，可划分为四种类型：第一类为基岩凸起的反映；第二类为火山岩系引起的异常；第三类为下白垩统泉头组、登娄库组局部构造引起的异常；第四类为表层中磁性物体或自然电流感应产生的异常。

（六）勃利-鸡西盆地1/20万航磁测量

勃利-鸡西盆地1/20万航磁分别为大庆石油管理局勘探部根据各盆地地质需要，由国家航空测量队实测。报告名称为《黑龙江省勃利盆地高精度构造航磁ΔT等值线平面图》、《黑龙江省鸡西盆地高精度构造航磁ΔT等值线平面图》。比例尺为1/20万，飞行高度400m，测量均方根误差±2.19nT。

（七）大兴安岭东部地区高精度航磁资料

大兴安岭东部地区高精度航磁资料来自大庆石油管理局勘探项目经理部，比例尺为1/20万。

（八）松北-三江地区1/20万航磁资料

2005年，中国地质大学（北京）许德树、管志宁等承担中国石化东北新区经理部《东北新区航磁连片综合解释成果报告》编制，其中《松北、三江地区航磁异常图（6幅图）》。主要包括：嫩北-德都、海伦-伊春测区、绥化-铁力测区、哈尔滨-五常测区；主要由图2.2中五部分资料组成。

1985~1987年黑龙江省地矿局物探大队航磁测量分队以中国石油东方地球物理公司的名义，先后在三江盆地完成了三期1/20万高精度构造航磁普查任务：黑龙江西三江、勃力、鸡西地区构造航磁测量，黑龙江东三江盆地高精度构造航磁测量和黑龙江虎林盆地高精度构造航磁测量。三期航磁测量使用的仪器、方法技术相同，三块面积彼此相连，覆盖了大半个三江盆地，所以三江盆地的航磁资料质量特别有保证。整个松北-三江区块各片航磁数据的质量评价，如图2.2所示。

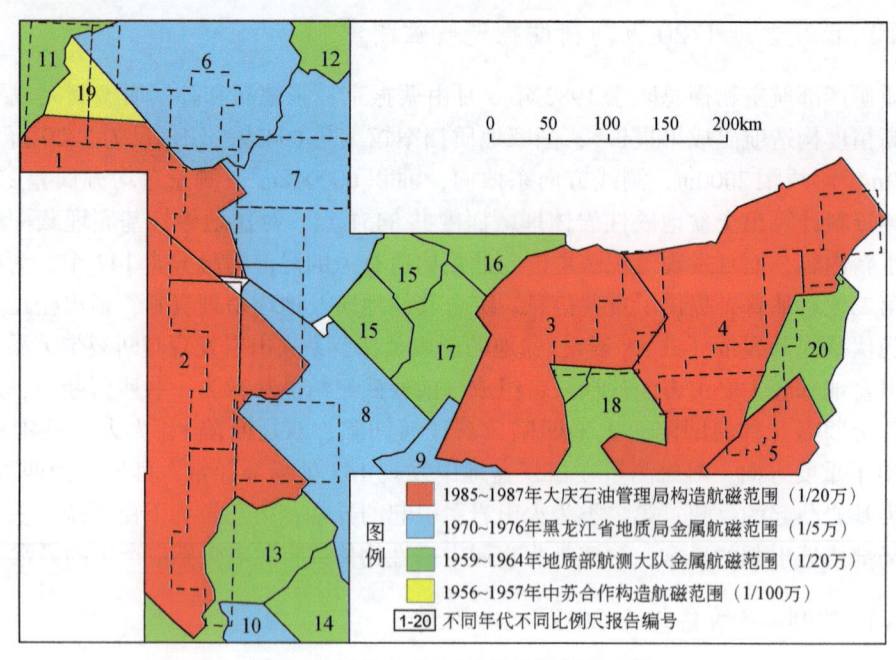

图 2.2　松北-三江区块航磁资料分布图

二、吉林省航磁资料

吉林省航磁资料主要包括：吉林全省、开鲁地区、延边中北部地区、四平-长春地区和舒兰盆地等资料，比例尺为1/5万、1/10万和1/20万，从吉林省国土资源厅资料馆、吉林油田、中国石化东北石油局、吉林大学、中国国土资源航空物探遥感中心和国家数字地质资料馆等处收集。

（一）吉林全省航磁编图

吉林省地质矿产勘查开发局物探大队于1984年12月由陈柏英和杨献德编制完成了《吉林省航磁图编制说明书》，国家地质档案馆编号74487，比例尺为1/20万。编图所用12个工区资料，其中10个工区为金属航磁资料，松辽平原东部和松辽平原地区选用构造航磁资料。各工区资料测量均方误差小于±30nT有8个工区，大于±30nT有4个工区，最大均方误差为张广才岭南部工区，为±75nT。共计47幅航磁图，有航磁异常1116个。

（二）开鲁地区航磁资料

地质矿产部航空物探总队地质成果部九〇九队于1984年11月由刘元生、范江和乔日新等编写完成了《（松辽盆地）开鲁地区构造航磁普查成果报告》，国家地质档案馆编号69428，比例尺为1/20万，测量均方误差为±3.9nT。高精度构造航磁测量面积65940km^2，完成测线32970km，取得了较详细的航磁资料，发现了沉积厚度大于2km的凹陷20余个。提出最有利油气远景区是哲中凹陷，其中东营土凸起、余唐庙凸起、额勒顺断裂区等是重点勘探目标。划分出 70 余条断裂，对某些断裂的位置和延伸提出了不同的认识，以上成果为在该区进一步寻找含气矿产指明了方向，并对开鲁地区构造格架和断裂系统划分具有重要的指导意义。推断了若干隐伏的含煤盆地，扩大了航磁资料的应用范围。

（三）延边中北部地区航磁资料

国家计委地质总局航空物探大队九〇一队于 1979 年 3 月由冯秀轩、王德发和段殊明编写完成了《吉林延边北部地区航空磁力测量成果报告》，国家地质档案馆编号 60659，比例尺为 1/5 万。测区位于吉林省延边的中北部地区，在敦化、安图、延吉、图们、汪清、珲春县境内。完成测线 24224.1km，测量面积 12112.1km²。划分出磁异常 217 个，在对每个局部异常进行初步推断解释后，提出对找铁、铜多金属矿床有远景的异常 24 个，并划分出一个寻找沉积变质型铁磷矿远景区，以及四个寻找铁、铜多金属远景区。该报告对航磁资料中明显的地质构造做了分析叙述，对金属矿产分布远景进行了初步分析研究，提出了一个沉积变质型铁磷矿成矿远景区和四个夕卡岩型铁、铜多金属矿成矿远景区。

（四）四平-长春地区航磁资料

地矿部物化探研究所一室于 1992 年 3 月由张敬华、王汉威和李兆凯等编写完成了《吉林省四平-长春地区航空物探（电/磁）综合测量成果报告》，国家地质档案馆编号 80709，比例尺为 1/5 万，测量总均方根误差±2.94nT。测区以大黑山-四楞山条垒为主体，开展 1/5 万航空物探（电磁）综合测量工作。完成测线 18000km，提出 51 个航电异常，进行了航磁、航电基础底图和航磁数据的转换处理。经过对 26 处航电异常和 15 处航磁异常的地面检查，航电和航磁异常达一级查证的各一处、航电异常达二级查证的五处，其余均为三级查证。在全区异常中筛选出有找矿意义异常 103 处，其中激电异常 15 处，化探金、银、铜、铅、锌多元素套合异常 9 处，推断为金属硫化物富集或伴有金、银元素的含矿断裂破碎带。指明了已知贵金属矿床外围的找矿方向，推断了 34 个具一定规模的隐伏侵入岩体，为本区 1/5 万区域地质调查提供了一套较系统的电、磁基础图件。推断了 40 条区域性断裂，预测了 12 个贵金属、多金属成矿远景区。

（五）舒兰盆地航磁数据

舒兰盆地航磁数据来自中国国土资源航空物探遥感中心，比例尺为 1/10 万。

三、辽宁省高精度航磁资料

辽宁省高精度航磁资料在区域上主要包括辽宁省、下辽河地区（由地矿部航空物探 962 队测量，异常精度为 3~5nT）和辽西吉南地区的资料，比例尺为 1/5 万~1/20 万，主要来自国家数字地质资料馆。

（1）辽宁省地质矿产勘查局物探大队于 1983 年 10 月由陈占元编写完成了《辽宁省 1/20 万航磁图编制说明书》，国家地质档案馆编号 7200，比例尺为 1/20 万。编制全省 1/20 万航磁图及说明书是"中国东部区域物探资料在地质构造和矿产预测中应用的研究"的组成部分。截至 1978 年全省已基本用各种比例尺（1/5 万、1/10 万）的航磁测区覆盖。

先后飞行 8 个测区，完成 1/10 万航磁面积 128620km²，1/5 万航磁面积 57442km²。1980 年进行了全省航磁联测，飞测 14 个联测框，测线总长 4848.6km。1/20 万航磁图是第一代较系统、较完整的基础性地球物理图件，系统、清晰地提供了辽宁省磁场的分布规律，在研究辽宁省区域地质构造、地磁场与成矿规律关系以及进行矿产区划和矿产预测等方面都有较高的应用价值。1/20 万航磁图由剖面平面图、等值线平面图组成，各套图件包括 1/20 万国际分幅图 39 张和一份接图表。

（2）下辽河地区航磁资料由地矿部航空物探 962 队提供，胡先金等编制，比例尺为 1/20 万，名称为《下辽河地区航空磁测 ΔT 等值线平面图》，面积 10476.9km²，测量均方误差 ±5nT。

（3）辽西吉南地区资料由国家计委地质总局航空物探大队九〇一队于 1974 年 4 月由欧介甫、王德胜和沈兴德编写完成了《辽西吉南地区航空物探结果报告》，国家地质档案馆编号 53126，比例尺为 1/5 万。测量面积 20083.6km²，完成测线 40166.7km。飞行高度平原区一般为 60~90m，山区一般为 90~120m，观测均方误差为 ±22nT。初步圈定磁异常 468 处，放射性异常 6 处。通过对磁场的分析研究，提出了本区铁、铜多金属矿，以及基性-超基性和煤田等成矿远景区，为地面普查找矿提供了宝贵的资料。

四、内蒙古自治区高精度航磁资料

内蒙古自治区高精度航磁资料比例尺主要为 1/5 万、1/10 万、1/20 万和 1/25 万，主要来自中国国土资源航空物探遥感中心及国家数字地质资料馆。

（1）内蒙古东部及黑龙江吉林地区航磁资料来自中国国土资源航空物探遥感中心，名称为《内蒙古东部及黑龙江吉林地区 1/25 万航磁系列图编制与初步解释》，由王乃东 2003 年编制，比例尺为 1/25 万。包括内蒙古额尔古纳、大兴安岭北段、大兴安岭南段等 16 幅 1/25 万面积范围，编图精度较高。

（2）内蒙古二连盆地近 32 万 km² 范围航磁资料来自中国国土资源航空物探遥感中心，已经统一调平，比例尺为 1/20 万，网度为 2km×2km 一个点，编图精度较高。

（3）2008 年江苏省有色金属华东地质勘查局八一四队在海拉尔盆地地区，为大庆油田进行综合研究课题所收集的资料，报告名称为《海拉尔-塔木察格盆地及其邻区深部地质结构及与上覆层的关系研究》。

（4）大兴安岭南段航磁资料来自《内蒙古自治区大兴安岭南段航磁异常 ΔT 平面图》，比例尺为 1/20 万。

（5）二连北部地区航磁测量于 1980 年前后完成，采用的仪器主要为核旋仪器，比例尺为 1/2.5 万~1/5 万，飞行高度 100~150m，观测精度 6~10nT。

（6）二连南部地区航磁资料由地质部航空物探大队于 1958 年实测，比例尺为 1/20 万，所用磁力仪为 ACTM-25 磁力仪，飞行高度 100~200m，磁测总精度为 ±20~40nT，可以覆盖整个二连南区块，无需拼接。

五、河北省航磁资料

（1）河北省航磁资料主要来自中国国土资源航空物探遥感中心，已经统一调平，比例尺为 1/20 万，网度为 2km×2km 一个点，编图精度较高。

（2）东北部地区航磁资料来自华北冶金地质勘探公司于 1979 年 10 月编制的《河北省东北部地区航磁异常平面图》，比例尺为 1/50 万。

六、其他航磁资料

松辽盆地东北部零星地区缺失的航磁资料，主要由吉林大学提供的比例尺为 1/20 万的航磁数据资料来填补。

综上所述，本区收集到 1/5 万~1/10 万高精度航磁资料 13.6 万 km^2，占 10.236%；石油系统 1/20 万高精度构造航磁资料 52.3 万 km^2，占 39.32%；地矿系统 1/20 万航磁编图资料 63.7 万 km^2，占 47.89%；其他空白区采用 1/50 万国家数字地质资料馆航磁编图资料 3.4 万 km^2，占 2.56%；总计控制面积为 133 万 km^2，符合 1/20 万航磁编图精度和技术要求的占 97.44%。详见松辽盆地及外围航磁工作程度图（图 2.3）。

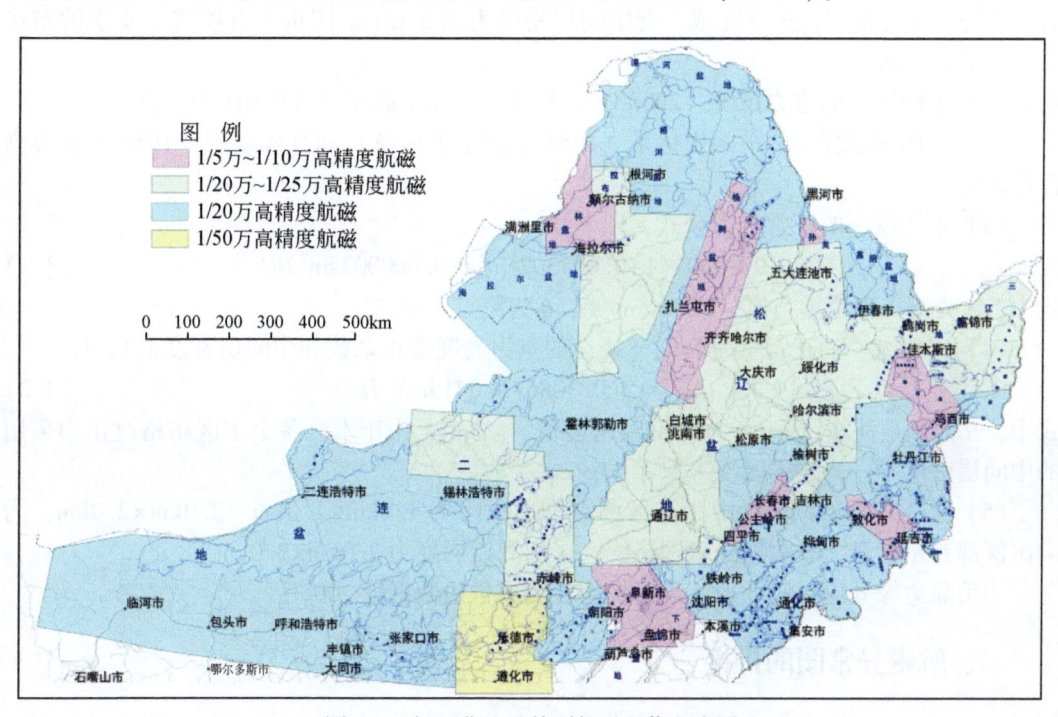

图 2.3　松辽盆地及外围航磁工作程度图

第三章 数据处理方法

第一节 数据拼接

一、布格重力异常拼图

由于各个工区的施工时间不一、重力系统和尺度不一、重力各项校正中选取的系数不一，在进行重力资料拼接工作前，针对本区具体情况，对各工区按以下五项原则进行统一后，再进行连片拼图，最终完成一套中间层密度为 2.67g/cm³ 按重力五项统一要求的布格重力异常平面图。

(1) 采用统一的重力系统（2000 网）和尺度（北京高崖口或庐山标定场）。

(2) 采用国家统一的平面坐标系（1954 年北京坐标系）和高程系统（1956 年黄海高程系统）。

(3) 采用统一的正常重力公式，即

$$g_0 = 978030\ (1+0.005302\sin^2\theta - 0.000007\sin^2 2\theta) \tag{3.1}$$

式中，g_0 为测点理论重力值，取 $10^{-5} m/s^2$；θ 为测点纬度，°。

(4) 采用统一的正常重力公式（统一的重力高度改正系数和中间层密度值），即

$$\Delta g_{布} = (0.3086 - 0.0419\sigma)\ H \tag{3.2}$$

式中，H 为测点海拔，m；σ 为中间层密度值，g/cm³，由于本区各个工区布格改正中采用的中间层密度不一，故本区统一取 2.67g/cm³。

(5) 采用统一的网格。由于本区测点网度大多为 1.0km×1.0km ~ 2.0km×2.0km，为突出深部有用信息，故数据处理网格统一采用测点网度为 2.0km×2.0km。

为消除边缘效应，对处理区进行扩边，完成扩边数据近 200 万。

二、航磁异常图的拼接

磁力异常计算：

$$\Delta T = F_{改} + F_{高} - F_{正} \tag{3.3}$$

式中，ΔT 为磁异常值，nT；$F_{改}$ 为日变改正后测点绝对值，nT；$F_{高}$ 为高度改正值，nT；$F_{正}$ 为测点处正常地磁场值，nT。

由于本区高精度磁力测量的各项改正公式和参数相同，故高精度磁力资料的拼接较简单、统一。

三、拼接图件质量分析

首先，对所有收集到的重磁资料进行数值化处理，按四级检查制度（个人自检、组长

100%复查、第一检查人抽查50%、项目负责人抽查30%）执行质量管理，保证原始数据的正确性。

完成重磁数据的各项参数的统一处理后，对重磁资料进行连片拼接，从数据的拼接成图结果分析，可以看出整体数据是一致的、异常等值线是圆滑、连续的，个别数据有小误差，已进行改正和消除，故在数值化和拼接过程中未影响到重磁数据精度。

重磁连片成果图中，重力拼图总精度≤±0.500×10^{-5}m/s^2，磁力拼图总精度≤±20nT，网度统一为2.0km×2.0km，以上均达到高精度重磁精度的要求。

第二节　磁数据处理方法

一、重磁异常数据处理内容、目的和方法

由于实测的重磁异常是地下由浅至深各类地质体的综合叠加效应，简单从野外采集的原始重磁资料中不易区分出与石油地质有关的信息，所以必须用现代计算机数据处理技术，从综合叠加场中将要研究的目标场分离或提取出来，并尽可能压抑或消除干扰噪声，增强有用信息，以提高利用重磁异常进行综合解释复杂石油地质问题的能力。随着信号处理技术的发展，场分离技术除去了常规不同高度的延拓、滑动平法、垂向二导等，现在已涌现出小波多尺度分解、带通滤波等新技术。本次重磁数据处理的内容、目的和方法详见表3.1。

表3.1　重磁异常数据处理的内容、目的和方法表

项目	处理内容		地质目的	方法
实测重力布格异常	向上延拓0.5km、1km、2km、3km、4km、5km、6km、7km、8km、9km、10km、15km、20km、25km、30km、35km、40km		了解重力场衰减特征，区分深源（低频）和浅源（高频）场；提取局部异常，分析区域构造与局部构造特征	空间域-波数域重磁数据处理程序系统
	小波变换（1~5阶）			
	重力-地震剥离法			
	垂向二次导数（$R=2km$、$R=5km$、$R=8km$，空间域艾勒金斯3式）			
	上延500m、1km、3km后垂向二次导数			
	剩余场	上延15km后剩余		
		滑动趋势面剩余（$R=20km$）		
	垂向二阶导数和水平总梯度矢量模（先进行小子域滤波，窗口半径$R=5km$）		划分深、浅层断裂，了解断裂位置和展布特征等	
	小子域滤波（窗口半径5km）			
实测磁力ΔT异常	地磁化极（地磁场$T_0=0.58802$奥斯特、磁倾角63.0000°、磁偏角-9.5000°）		简化磁场、突出磁性体特征	
	化极上延0.5km、1km、2km、3km、4km、5km、6km、7km、8km、9km、10km、15km、20km、25km、30km、35km、40km		了解深部磁场特征	
	小波变换（1~5阶）		了解不同尺度（深度）磁性体的分布特征	
	小波变换后垂向二次导数			
	剩余场	上延10km后剩余	了解火山岩分布特征	

二、数据处理原理和方法简介

（一）向上延拓

由于不同地质体的规模、埋深不尽相同，其重磁场沿垂向衰减变化率是不相同的，利用向上延拓可以判别异常源的埋深和延伸等特征，从而选择反映深部场源的最佳延拓高度，使浅部场源信息基本消失，突出深源场特征。可用此方法提取区域场，研究深部地质体特征等，效果较好。

（二）垂向二阶导数

垂向导数计算相当于一个高通滤波器，它在放大高频成分的同时又压制低频成分，因此可用垂向导数异常突出局部异常。本次选取半径 $R=2.0\text{km}$、$R=5.0\text{km}$、$R=8.0\text{km}$ 进行比较，发现 $R=8.0\text{km}$ 时效果较好。

（三）磁力资料化极处理

斜磁化条件下观测到 ΔT 异常与磁性体的实际位置有偏移，为简化斜磁化条件下 ΔT 异常解释，需要换算为垂直磁化条件下的 ΔT 异常，即磁力资料化极处理。磁化参数主要通过 IGRF 计算，并采用 1990 球谐系数。求得本工区平均地磁倾角为 $63.0000°$，地磁偏角为 $-9.5000°$。

（四）水平总梯度异常的计算

断裂在布格重力异常上反映为沿一定方向延伸的重力梯级带，重力异常等值线的扭曲往往与断裂之间的相互切割错断有关。水平总梯度重力异常计算是将重力梯级带转换为梯度值，其极值带更好地对应了断裂位置，从而提高了对断裂的平面分辨能力。重力水平总梯度异常极大值位置标示着断裂的位置，其幅值大小反映了断裂的规模，极大值走向突变和错断代表断裂被切割和错开。为了加强重力梯级带信息，首先对重力数据进行小子域滤波，然后对小子域滤波后的重力数据计算重力水平总梯度，得到断裂的重力异常信息。

（五）小子域滤波

小子域滤波是一种非线性滤波方法，它通过选取合适的滤波窗口和迭代次数，达到放大重力梯度带变化，然后进行水平总梯度处理，可有效地提取断裂信息，该方法比重力异常直接计算水平总梯度可以更明显提取断裂信息的处理效果。

1. 方法原理

小子域滤波法是基于滑动平均法原理进行改进的滑动平均法，是用一给定窗口范围内的数据进行平均，将平均值作为窗口中心点的滤波结果。在小子域滤波法中，将窗口分解成位于中心点不同侧面的八个子域，如图 3.1 所示。滤波时，不进行全窗口的简单加权平均，而是首先检测八个子域内异常的变化情况，并且以平缓系数均方差进行衡量，然后以平缓系数为最小子域的平均值，作为滤波输出，故称为小子域滤波法。这一思路是合理的，因为当某一子域内的异常平缓时，表明它可能处在某一异常区的内部；否则，当一个子域处于异常的分界部位时，其内部的异常变化就不平缓了，而窗口的中心部位最有可能属于异常变化较平缓的那个子域。从八个子域中选取平缓系数最小的子域，将该子域的平均值作为窗口中心点的滤波值，突出了异常变化的分界特征。

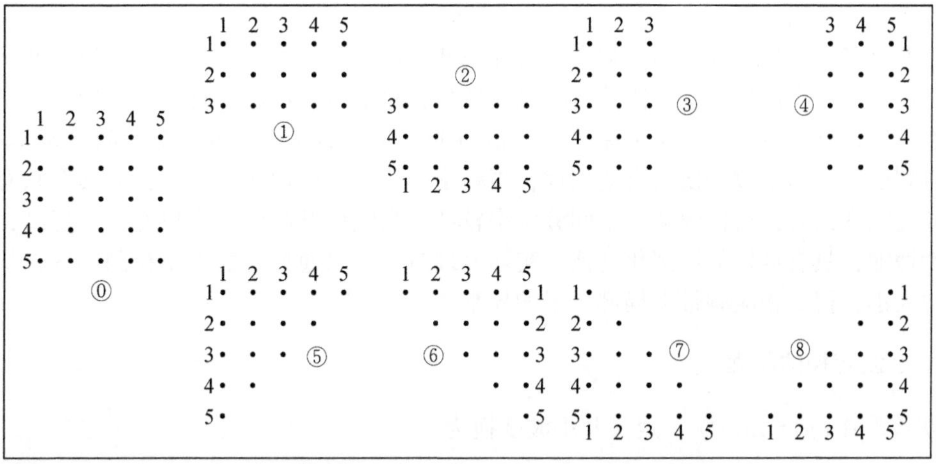

图 3.1　5×5 数据点的滑动窗口及分解成八个子域①~⑧的数据点分布图

八个子域的选择，使得滑动窗口不论从哪个方位进入异常分界部位，均能够准确地检测出相应的子域来。小子域滤波法避免了异常之间的简单平均，有效地保留了异常之间分界部位的信息，比布格重力异常更清楚地反映出异常的区域特征。

2. 滤波的计算步骤

以 5×5 数据点的窗口为例介绍计算步骤。

（1）在每个子域里分别计算其异常均值：

$$\Delta g_i = \frac{1}{15}\sum_{j=1}^{15} g_i(j) \tag{3.4}$$

$$\sigma_i = \sqrt{\sum_{j=1}^{15}[\Delta g_i - g_i(j)]^2/15} \tag{3.5}$$

式中，Δg_i 为第 i 个子域异常均值；$g_i(j)$ 为第 i 个子域内第 j 个点上的异常值；σ_i 为第 i 个子域的均方差值（平缓系数）。

（2）确定 σ_i 中最小者 $\sigma_{\min}$。

（3）将式中 $\sigma_{\min}$ 所对应的那个子域异常均值作为窗口中心点的滤波值。

（4）窗口滑动到下一点，重复（1）~（3）步骤，直至完成全区计算。

(六) 小波变换

近年来发展起来的小波分析，在信号处理、地震勘探、图像分析、语音合成、模式识别等众多非线性科学领域逐步得到广泛的应用。小波变换引入了多尺度分析思想，在空间域和频率域同时具有良好的局部分析性质，小波变换可以将信号 $f(x)$ 分解成多种不同的频道和频率成分或各种不同的尺度成分，并且通过伸缩、平移聚集到 $f(x)$ 的任意细节中加以分析，具有"数学显微镜"的作用。基于小波分析这一特点，可以在重磁异常的分解中发挥重要的作用。

长期以来，信号处理中用于频谱分析和滤波方法的最基本工具是傅氏分析。傅氏变换的信号特征是整个信号或某一段信号的总体特征，对信号的局部性特征反应较差。窗口傅氏变换虽然较好一些，但由于频率增加，窗口的大小、形状均不变，即空间分辨率不变，难以得到推广。而小波变换具有变焦性，当频率变化时，窗口面积不变，但其形状有了改变，即当频率低时，窗口较宽，空间分辨率较低，当频率升高时，窗口变窄、变高，空间分辨率增加，具有良好的局部化特征。实际处理时，可以通过阶数大小控制频率，从而改变窗口大小，得到相应频带上局部化了的异常。

1. 小波变换的原理

设函数 $f(x) \in L^2(R)$，定义其小波变换为

$$W_f(a, b) = \langle f, \psi_{a,b} \rangle = \frac{1}{\sqrt{|a|}} \int_{-\infty}^{+\infty} f(x) \overline{\psi\left(\frac{x-b}{a}\right)} dx \tag{3.6}$$

式中，$\psi(x) \in L^2(R)$ 称为小波函数；$\overline{\psi\left(\frac{x-b}{a}\right)}$ 为 $\psi\left(\frac{x-b}{a}\right)$ 的共轭函数；a 为尺度函数；b 为平移函数。

$$\psi_{a,b}(x) = \frac{1}{\sqrt{|a|}} \psi\left(\frac{x-b}{a}\right), \quad a, b \in R, \quad a \neq 0 \tag{3.7}$$

$\psi(x)$ 满足条件 $\int_{-\infty}^{+\infty} \psi(x) dx = 0$。

令 $C_\Psi = \int_{-\infty}^{+\infty} \frac{|\hat{\psi}(\omega)|^2}{|\omega|} d\omega$，其中，$\hat{\psi}(\omega)$ 是 $\psi(x)$ 的傅氏变换，则相应的小波逆变换为

$$f(x) = \frac{1}{C_\Psi} \int_{-\infty}^{+\infty} \int_{-\infty}^{+\infty} W_f(a, b) \psi_{a,b}(x) \frac{dadb}{a^2} \tag{3.8}$$

当取 $a = 2^m$，$b = n2^m$，则小波变换的离散形式为

$$W_f(m, n) = 2^{-\frac{m}{2}} \int_{-\infty}^{+\infty} f(x) \overline{\psi(2^{-m}x - n)} dx \tag{3.9}$$

此时，$\psi_{m,n}(x) = 2^{-\frac{m}{2}} \psi(2^{-m}x - n)$，相应的小波逆变换离散形式为

$$f(x) = \sum_{m,n \in Z} W_f(m, n) \psi_{m,n}(x) \tag{3.10}$$

2. 小波多尺度分析

基于多尺度分析的理论，Mallat 提出了一个塔式分解算法，设 $\{V_j\}$ 是一给定的多尺度

分析，ψ 和 φ 分别是相应的小波函数和尺度函数，对于某个 $J_1 \in Z$，函数 $f(x) \in V_{J_1}$，于是，有以下分解：

$$f(x) = A_{J_1}f(x) = \sum_{k \in Z} C_{J_1,k}\varphi_{J_1,k}(x) \tag{3.11}$$

对于某一整数，$J_2 > J_1$，有

$$\begin{aligned} f(x) &= A_{J_1}f(x) = A_{J_1+1}f(x) + D_{J_1+1}f(x) \\ &= A_{J_1+2}f(x) + D_{J_1+2}f(x) + D_{J_1+1}f(x) \\ &= A_{J_2}f(x) + \sum_{j=J_1+1}^{J_2} D_j f(x) \end{aligned} \tag{3.12}$$

称 $A_j f(x)$ 为 $f(x)$ 在尺度 2^j 分辨下的连续逼近，$D_j f(x)$ 为 $f(x)$ 在尺度 2^j 分辨下的连续细节。对于二阶情况，假设 $\{V_j^2\}$ 是一个二维多尺度分析，其中 $V_j^2 = V_j \otimes V_j$，它们的尺度函数定义为

$$\Phi(x, y) = \varphi(x)\varphi(y)$$

小波函数为

$$\begin{aligned} \Psi^1(x, y) &= \varphi(x)\psi(y) \\ \Psi^2(x, y) &= \psi(x)\varphi(y) \\ \Psi^3(x, y) &= \psi(x)\psi(y) \end{aligned} \tag{3.13}$$

设二维函数 $f(x, y) \in V_{J_1}^2$，由小波多尺度分解方法原理，得

$$\begin{aligned} f(x, y) &= A_{J_1}f(x, y) = A_{J_1+1}f(x, y) + \sum_{\varepsilon=1}^{3} D_{J_1+1}^{\varepsilon}f(x, y) \\ &= A_{J_2}f(x, y) + \sum_{j=J_1+1}^{J_2}\sum_{\varepsilon=1}^{3} D_j^{\varepsilon}f(x, y) \end{aligned} \tag{3.14}$$

如果令 $J_2 = 4$，$f(x, y) = \Delta g(x, y)$，则有

$$\Delta g(x, y) = A_4 f(x, y) + \sum_{\varepsilon=1}^{3} D_1^{\varepsilon}f + \sum_{\varepsilon=1}^{3} D_2^{\varepsilon}f + \sum_{\varepsilon=1}^{3} D_3^{\varepsilon}f + \sum_{\varepsilon=1}^{3} D_4^{\varepsilon}f \tag{3.15}$$

可简化为

$$\Delta g(x, y) = A_4 f + D_1 f + D_2 f + D_3 f + D_4 f \tag{3.16}$$

式（3.16）说明一个二维重力异常可以表示为由一个四阶逼近 $A_4 f$ 及一阶、二阶、三阶和四阶四个细节（即 $D_1 f$、$D_2 f$、$D_3 f$、$D_4 f$）构成，这也就是重力异常多重分解。

通过理论还证明，离散的二维小波变换产生的低阶小波细节具有尺度不变的特征。它们不随小波变换总阶数的改变而改变，总阶数的增加仅仅是增加了高阶小波细节的个数和改变了最后一个高阶的逼近。因此，可以根据地质目标来组合小波细节，选择合适的高阶逼近，来实现地质意义的分解。

三、数据处理的步骤

(1) 首先进行全平面重磁异常数据处理，重点是区分深源场和浅源场，提取重力目标场（或剩余异常），定性分析引起重磁异常的地质因素。

(2) 进行断裂构造划分，将布格重力异常进行小子域滤波，突出、增强梯级带变化信

息，然后进行重力水平总梯度矢量模处理，由极值连线推测断裂在地面上投影位置分布，并综合各种已知地质、物探资料详细划分断裂构造。

（3）进行物性界面划分，综合各种已知地质和物探等资料，对初步平面综合地质解释成果进行评价，并对最终平面综合地质解释成果图件进行绘制。

第三节　大地电磁测深处理方法

一、大地电磁测深法简介

大地电磁测深法起源于20世纪50年代，苏联学者吉洪诺夫和法国学者卡尼亚是大地电磁测深的奠基人。大地电磁测深是利用广泛分布于大地中频率范围很宽（$10^{-4} \sim 10^4 \mathrm{Hz}$）的天然电磁场，进行深部地质构造研究的一种被动源频率域电磁测深法。

随着勘探科技的发展，大地电磁测深法的硬件和软件都得到了长足的发展。处理方面由最初的一维反演发展到现在的三维反演，在三维反演取得不断突破的同时，二维反演已经基本成熟。

大地电磁测深法是利用大地中存在的天然电磁场来进行勘探的。根据电磁波的传播和介质的吸收作用，可以推出趋肤深度（场振幅减到地面值的$1/e$时电磁波所传播的距离）的公式：

$$P = \frac{1}{2\pi}\sqrt{\frac{10\rho}{f}} \approx 0.5\sqrt{\frac{\rho}{f}} \tag{3.17}$$

式中，P为趋肤深度，km；ρ为电阻率，$\Omega \cdot \mathrm{m}$；f为频率，Hz。从公式中可发现趋肤深度与电阻率成正比，与频率成反比，也就是说导电性越好，信号频率越高，场衰减得越快。对于大地电磁测深法来说也就是频率越低穿透深度越大，电阻越高穿透深度越大。

二、二维介质中的大地电磁场

在水平非均匀介质中，平面电磁波的激发，使得不均匀介质的接触面上形成附加电荷和电流，由这些附加电荷和电流形成二次异常场，包括水平分量和垂直分量。此时表面阻抗不仅反映岩层电性的垂直变化也反映水平变化。

对于有明显走向的二维地质构造，取构造的走向为x轴，倾向为y轴，向下为z轴，在二维介质中，只有x轴方向介质的电阻率是稳定的，而沿y轴方向和z轴方向的电阻率是变化的。此时有

$$\frac{\partial E}{\partial x} = \frac{\partial H}{\partial x} = 0 \tag{3.18}$$

这时，由麦克斯韦方程组可以确定下列关系：

$$\begin{cases} \nabla \times E = i\omega\mu H & \nabla \times H = j \\ -\dfrac{\partial E_y}{\partial z} = i\omega\mu H_x & -\dfrac{\partial E_y}{\partial z} = \dfrac{1}{\rho}E_x \\ \dfrac{\partial E_x}{\partial z} - \dfrac{\partial E_z}{\partial x} = i\omega\mu H_y & \dfrac{\partial E_x}{\partial z} - \dfrac{\partial E_z}{\partial x} = \dfrac{1}{\rho}E_y \\ \dfrac{\partial E_y}{\partial x} = i\omega\mu H_z & \dfrac{\partial E_y}{\partial x} = \dfrac{1}{\rho}E_y \end{cases} \quad (3.19)$$

其中把包括 E_y，H_x，H_z 的一组称为 H 偏振波（TM），另外包括 H_y，E_x，E_z 的一组称为 E 偏振波（TE），可以得到两偏振波的电磁场结构和相应波动方程为（以 TM 为例）

$$\begin{cases} \dfrac{\partial E_x}{\partial z} - \dfrac{\partial E_z}{\partial x} = \dfrac{1}{\rho}H_y \\ -\dfrac{\partial E_y}{\partial z} = i\omega\mu H_x \\ \dfrac{\partial E_y}{\partial x} = i\omega\mu H_z \\ \dfrac{\partial^2 E_y}{\partial x^2} + \dfrac{\partial^2 E_y}{\partial z^2} = k^2 E_y \\ k^2 = -i\dfrac{\omega\mu}{\rho} \end{cases} \quad (3.20)$$

求解式（3.20）中第二项、第四项和第五项，加上阻抗定义式 $Z = \dfrac{E}{H}$ 组成的方程组（3.21），可以得到视电阻率公式式（3.22）：

$$\begin{cases} \dfrac{\partial^2 E_y}{\partial x^2} + \dfrac{\partial^2 E_y}{\partial z^2} = k^2 E_y \\ -\dfrac{\partial E_y}{\partial z} = i\omega\mu H_x \\ k^2 = -i\dfrac{\omega\mu}{\rho} \\ Z_{TE} = \dfrac{E_y}{H_x} \end{cases} \quad (3.21)$$

$$\rho^s_{TE} = \dfrac{1}{\omega\mu}|Z_{TE}|^2 = \dfrac{\mu}{\omega}\left|\dfrac{E_y}{B_x}\right|^2 \quad (3.22)$$

同理，可以求得 TM 的视电阻率公式为

$$\rho^s_{TM} = \dfrac{1}{\omega\mu}|Z_{TM}|^2 = \dfrac{\mu}{\omega}\left|\dfrac{E_x}{B_y}\right|^2 \quad (3.23)$$

式中，μ 为磁导率；$\omega = \dfrac{2\pi}{T}$，T 为电磁波的周期；电场强度 E 和磁感应强度 B 是通过野外采集得到的。

三、二维反演算法

反演的基础是正演，目前正演算法主要用的是有限单元法和有限差分法，除此之外还有边界单元法和积分方程法等。在正演的基础上反演方法有很多种，如 OCCAM 反演法、快速松弛反演法（RRI）、SBI 反演法、共轭梯度反演法（RCGA）、高斯-牛顿反演法等。从反演本身来看二维反演已经很成熟，但是从反演效果来看仍存在一些问题。这些问题主要是由资料的误差、走向判断不准、网格设计不合理等因素造成。

本书反演程序的算法是共轭梯度算法，共轭梯度反演法是 Hesteness 和 Stiefel 于 1952 年为了求解线性方程而提出的。经过 25 年的发展，Meijerink 和 Van Der Vost 又提出了不完全 Cholesky 分解的共轭梯度法，大大地提高了运算速度。共轭梯度法是解大型最优化问题最有效的方法之一，当目标函数是方程组系数矩阵的二次型时，它即是解此方程组的方法。共轭梯度法直接从目标函数出发，根据共轭梯度理论求解最优解。

大地电磁反演最优化问题的目标函数是

$$\Phi = \Delta m^{\mathrm{T}}(R_x^{\mathrm{T}}R_x + R_y^{\mathrm{T}}R_y + R_z^{\mathrm{T}}R_z)\Delta m + \lambda^{-1}(\Delta d - G\Delta m)^{\mathrm{T}}(\Delta d - G\Delta m) \quad (3.24)$$

式中，第一项为模型光滑项；第二项为拟合项；Δm 为初始模型 m_0 的修改向量；G 为 Jacobian 矩阵；Δd 为观测数据和正演数据的残差向量；λ 为拉格朗日因子；R_x，R_y，R_z 分别为模型在 x，y，z 方向的粗糙度矩阵。求 Φ 最小值一般用 $\partial\Phi/\partial\Delta m^{\mathrm{T}} = 0$，形成大型方程组：

$$[G^{\mathrm{T}}G + \lambda(R_x^{\mathrm{T}}R_x + R_y^{\mathrm{T}}R_y + R_z^{\mathrm{T}}R_z)]\Delta m = G^{\mathrm{T}}\Delta d \quad (3.25)$$

令 $[G^{\mathrm{T}}G + \lambda(R_x^{\mathrm{T}}R_x + R_y^{\mathrm{T}}R_y + R_z^{\mathrm{T}}R_z)] = A$，$G^{\mathrm{T}}\Delta d = b$，有

$$A\Delta m = b \quad (3.26)$$

对于式（3.21）就可以用共轭梯度法来求解 Δm，通过下列迭代过程可以求解。

令 $r_0 = b - A\Delta m_0$，$p_0 = r_0$：

$$\begin{cases} a_i = (r_i, r_i)/(p_i, Ap_i) \\ \Delta m_{i+1} = \Delta m_i + a_i p_i \\ r_{i+1} = r_i - a_i Ap_i \quad i = 0, 1, 2\cdots \\ \beta_i = (r_{i+1}, r_{i+1})/(r_i, r_i) \\ p_{i+1} = r_{i+1} + \beta_i p_i \end{cases} \quad (3.27)$$

经过上面迭代得到 Δm，然后用 Δm 对初始模型进行修改，再次求解 Δm，直到 Δd 最小。以上就是本次所用的反演算法，通过上面的迭代过程可以发现在整个迭代过程中不需要求解 Jacobian 矩阵 G，这样就提高了运算效率。

第四节　CEMP 资料处理解释流程

CEMP 数据处理是按以下原则进行的。

（1）由已知到未知的原则：充分收集、分析、认识、研究勘探区已有的地质、地球物理勘探成果，掌握本区的基本地质规律和地球物理特征，以指导整个数据处理与解释过程中的各个环节。利用测井资料、井旁 MT 反演资料和以往物探勘探成果，研究不同地层、

不同岩性的电性特征，把握地层与电性、岩性与电性的对应规律，合理地对实测的电性断面进行地质解释。对于针对勘探任务采用的数据处理解释方法与技术，利用已知的地质成果评价不同方法技术的应用条件及其解决问题的能力，以便客观正确地利用这些成果，更主要的是选择确定出最优化的数据处理解释方案。

（2）由定性到定量的原则：首先依据 CEMP 勘探原理及其对各种地质构造的响应规律定性地分析频率域的成果，全面把握原始资料中所提供的信息，对测区内的构造痕迹、断层位置、地层起伏变化等建立整体的认识，而后在定性分析认识的基础上进行定量解释，对定性成果定量化。

（3）由粗到细、逐步深入和多次反复、多方法佐证的原则：资料的定量解释是由 Bostick 反演、一维反演和二维反演三步进行的，三步工作一环扣一环，逐步精细，同时后续的工作是建立在前一步工作成果基础之上的，所以前后成果应有可比性。已知的地质成果是检验资料处理解释方法选择合理性的标准，通过多次反复、多方法佐证，直到物探解释成果与已知的地质成果相吻合，而后进行综合地质解释。

为充分体现上述原则完成规定的地质任务，本书资料处理和反演解释采用如图 3.2 所示的流程。

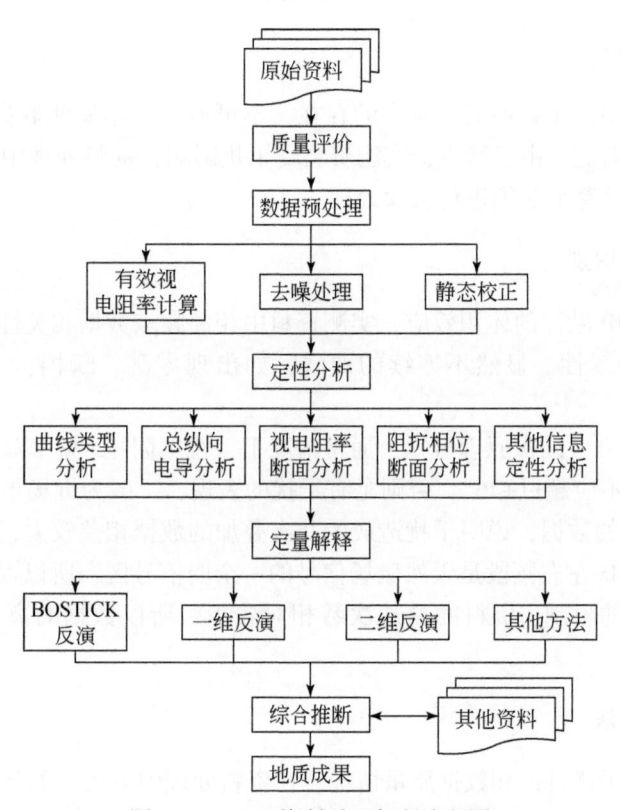

图 3.2 CEMP 资料处理解释流程图

数据预处理主要包括：极化方式判别，以求获得电性主轴方位上的视电阻率和相位资料；去噪处理，采用远参考技术、互参考技术、ROBUST 处理等方法，试图从多方面消除资料中的干扰噪声；静态校正采用汉宁低通滤波的方法；将预处理后的数据绘制成各种定性图件，结合测区内地质及介质电性分布特征进行定性分析判断；通过多种反演方法，将频率域的定性资料转换为空间域的定量地电断面，给出地下不同深度的电性参数，结合所掌握的地质资料及地质认识和其他地球物理资料（重力、磁法），给出合理的地质解释。

一、数据预处理方法

数据的预处理是对原始资料的一种再认识过程，它是资料处理过程中必经的一步工作，后续的一切定性的与定量的解释工作都是建立在这一基础之上的。

（一）极化模式判别

由于勘探区地下地质构造的非一维性，不同方向的实测视电阻率相互有差异。CEMP勘探的野外处理中通常会把所测的原始资料采用张量旋转方法变换到电性主轴上，但电性主轴可能与实际地质构造走向一致，也可能互相垂直，为了便于资料的处理解释，必须进行模式判别，统一解释资料的方向，使实测的 ρ_{xy} 和 ρ_{yx} 分别判别归位成 ρ_{TE} 和 ρ_{TM}，ρ_{TE} 为平行构造方向的视电阻率，ρ_{TM} 为垂直构造方向的视电阻率。

（二）去噪处理

在CEMP勘探中由于各种电磁噪声的存在，不可避免地给实测数据带来一定的误差，使曲线的形态发生畸变，由于噪声，实测资料受干扰影响，资料处理中的去噪工作就显得相当重要，在资料解释前必须进行去噪处理。

1. 干扰数据的识别

（1）由于CEMP勘探的体积效应，实测资料中相邻频点数据相关性很强，所以实测曲线应具有很好的连续性。显然不连续的曲线，如出现零乱、断档、飞点等情况是有噪数据。

（2）由CEMP方法勘探原理可知，通常情况下，视电阻率–频率双对数坐标中，视电阻率曲线的变化率不应超过±45°，否则是有干扰的表现，一般为近场干扰。

（3）均方差大的数据，说明干扰造成的几次叠加的数据相差较大，是有噪数据。

（4）由于0.1Hz左右频段是天然磁场信号的一个弱信号区，所以资料质量较低。而在低频，受观测时长的限制，资料的叠加次数相对较少，所以数据的离差也大，资料质量较低。

2. 去噪处理方法

针对测区电磁干扰特征和数据质量情况，在资料处理中采用了如下方法技术进行去噪处理，以保障资料的可靠性。

1）采用相位资料对畸变视电阻率曲线的校正

我们一直提倡并使用发挥阻抗相位资料在去噪中的作用，其理由是：①相位是通过阻抗虚实部的比值求出的，所以一个干扰若将阻抗的虚实部同时变化时，阻抗振幅变了，但其相位是不变的；②在相同的频率条件下，相位反映的勘探深度比视电阻率要大，由高频点的相位值可以推断出相邻低频点视电阻率的变化趋势，而高频资料质量要好，假如第31频点以后的资料受到干扰，那么可由第30频点的相位数据和视电阻率数据算出第31频点的视电阻率值；③视电阻率资料中的干扰主要是自功率谱的存在造成的，但自功率谱的相位是0，所以理论上讲，相位资料受干扰要小一些，具体说明如下。

在电性主轴上 Z_{xy} 与电磁场的关系为

$$Z_{xy} = \frac{\langle E_x H_y^* \rangle}{\langle H_y H_y^* \rangle} \tag{3.28}$$

式中，*表示共轭复数；〈 〉表示功率谱平均值。

在有电磁噪声的情况下，可将实测电磁场表示为信号和噪声之和，即

$$\begin{aligned} E_x &= E_{x_s} + E_{x_n} \\ H_y &= H_{y_s} + H_{y_n} \end{aligned} \tag{3.29}$$

式中，下标 s、n 分别表示信号和噪声，在参加平均的数量足够大且电磁噪声不相关时，式（3.28）可写为

$$Z_{xy} = \frac{\langle E_{xs} H_{ys}^* \rangle}{\langle H_{ys} H_{ys}^* \rangle + \langle H_{yn} H_{yn}^* \rangle} = \frac{Z_{xys}}{\left(1 + \frac{\langle H_{yn} H_{yn}^* \rangle}{\langle H_{ys} H_{ys}^* \rangle}\right)} \tag{3.30}$$

式中，Z_{xys} 为无干扰的阻抗。

由式（3.30）不难看出，在有干扰噪声存在时，由于自功率谱项（自相关项）的存在，Z_{xy} 比真值（Z_{xys}）偏低。同样分析式（3.30）可以发现，就 Z_{xy} 的相位而言，信号的自功率谱平均值 $\langle H_{ys} H_{ys}^* \rangle$ 和噪声的自功率平均值 $\langle H_{yn} H_{yn}^* \rangle$ 均为实数，相位为0，所以理论上 Z_{xy} 和 Z_{xys} 的相位是一致的，说明相位资料比视电阻率资料受电磁干扰的影响程度要小。这一结论使我们认识到相位资料在去噪处理中具有很重要的利用价值。

由于大地电磁响应的振幅和相位并不是独立的，由希尔伯特转换公式可以给出由相位计算视电阻率的递推公式为

$$\rho_{a,p}(\omega_i) = \rho_{a,p}(\omega_{i-1}) \left(\frac{\omega_i}{\omega_{i-1}}\right)^{\left[\frac{4}{\pi}\theta(\omega_i-1)\right]} \quad i=2,3,4,\cdots,n \tag{3.31}$$

所以，对于噪声污染严重的某些频点的视电阻率资料可根据式（3.31）由相位资料进行恢复校正。

虽然理论分析了相位资料受影响小的原因，但实际问题往往比较复杂，所以在有些条件下也不排除相位资料受污染更严重的情况。但多年的资料处理经验，确实发现相位资料在去噪中具有很大的利用潜力。由于相位资料和视电阻率资料并不相互独立，在 CEMP 的资料解释中，主要是对具有物理意义的视电阻率实施的，但是电磁干扰对视电阻率和相位的影响是不同的，所以完全有理由应用质量较好的相位资料来恢复有畸变的视电阻率数据。

2）层状函数拟合飞点剔除技术

普通大地电磁测深资料的圆滑存在两个问题：一是无论采用那种圆滑方法（如滑动平均法、样条圆滑法等）都承袭了观测资料中的误差，尤其是连续几个频点受干扰，视电阻率曲线成段地发生跳跃时，圆滑后的曲线仍然是一条畸变曲线；二是目标函数的确立比较

困难，如用多项式圆滑，多项式的次数较高时起不到圆滑的效果，而多项式的次数较低时会丢失有用信号。对此采用了一维反演飞点剔除圆滑技术。具体做法是：首先对全频点的数据以一维模型为目标函数进行反演拟合，同时根据数据离差大小给以不同的权值，给出最小二乘意义下的拟合曲线，比较拟合曲线与实测资料，舍去其中相差最大的点（称为飞点），进行第二次拟合并舍去第二个飞点，反复上述过程直到拟合曲线与实测数据的误差达到一个确定的精度。这种圆滑方法首先排除了飞点的影响，相当于在圆滑过程中给飞点的权为0，其次，目标函数特征就是资料的真实变化特征，所以比较客观。

3）相邻点比较趋势分析编辑法

对于干扰非常严重的资料，在上述方法难以奏效的情况下，采用小相邻点比较趋势分析法。具体做法是：对于视电阻率曲线某一段没有形态的情况下，参考同一构造单元内相邻点的资料质量好的测点曲线，进行趋势分析，确定编辑点的趋势轨迹，通过人机联作的方式进行编辑。

（三）静态校正

在 CEMP 勘探中，当地表存在局部电性不均匀体时（大小尺度小于最高频的勘探尺度），在电流流过不均匀体界面时，形成界面积累电荷，由此产生一个与外电场成正比的附加电场，给大地电磁测深响应带来畸变，这种影响称为静态效应。

静态效应的校正是 CEMP 资料处理中的关键问题，如果校正不当，会使后续的反演解释得出错误的结果。所以，国内外大地电磁工作者曾先后提出了一系列校正方法和技术，其中张量阻抗分解法逐渐得到人们的认可，所以本次的静态校正工作第一步采用该方法，以消除静态干扰对曲线形态的影响。但经张量阻抗分解后计算的视电阻率 $\rho_a{'}$ 与真正的视电阻率 ρ_a 仍存在如下关系：

$$\rho_a(\omega) = C\rho_a{'}(\omega) \tag{3.32}$$

式中，C 为与频率 ω 无关的常数。

对此采用了如下校正方法。

1）单点曲线平移法

采用人机联作的方法将单一测点的实测曲线放在整条剖面上进行整体的比较分析，在剖面上对与前后测点曲线特征相同或相似，而整体视电阻率曲线幅值有突变的个别测点进行平移校正，以消除突变点。

2）剖面汉宁低通滤波法

由于静态效应主要是受近地表介质电性的影响，一般情况下表现为随机性，呈高频特征。对此采用汉宁低通滤波法，同时在汉宁滤波过程中增加了相关判别，给予邻近点相关性比较好的测点加重权系数，反之削弱权系数，这样在消除静态的同时保留了由于实际地质构造变化所引起的突变点，而不至于丢掉有用信息。

二、定性分析

资料的定性分析是针对频率域的资料进行的，依据不同地质构造、电性分布特征的大地电磁响应规律，分析提取原始资料中的地质信息，定性地把握地下电性层分布特征、断裂位置、基底起伏变化情况等，为进一步定量解释提供依据，同时评价、检验、落实定量解释成果的可靠性。

（一）曲线类型

在 CEMP 电磁法中，对实测曲线类型的分析、比较，是资料定性认识解释更准确地获得测区地质结论的重要组成部分。曲线类型定性地反映出地下电性层的分布特征。

各测线测点的视电阻率-频率曲线绘制在了附图中，测区曲线类型主要为 HK 型、KHK 型和 H 型曲线等。

沿线不同构造单元典型测点的曲线类型如图 3.3～图 3.9 所示，榆西断陷的曲线类型为 HK 型（图 3.3），H 段极小值对应的频点由东到西越来越大，说明沉积地层由东向西抬升，埋深变浅。五里桥凸起的曲线特征也为 HK 型（图 3.4），但 H 段的极小点频率较高，K 段首支变化梯度较大，推断基底为火成岩。榆东断陷的曲线类型为 KHK 型（图 3.5），H 段极小频率明显比五里桥凸起的低，说明沉积地层相对较厚。新立凸起和黑林断陷的曲线类型均为 AK 型（图 3.6 和图 3.7），相比较黑林断陷的曲线中 A 段较长，盖层较厚，对应断陷的曲线特征。张广才岭造山褶皱带的视电阻率普遍较高，曲线呈 K 型（图 3.8），但其中舒兰断陷的曲线类型为 A 型（图 3.9），显示了有沉积地层存在的特征。

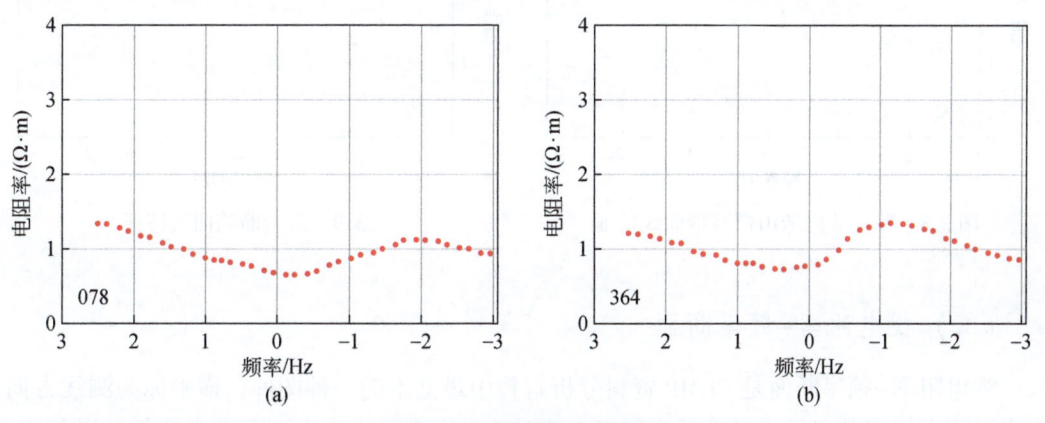

图 3.3 榆西断陷曲线特征

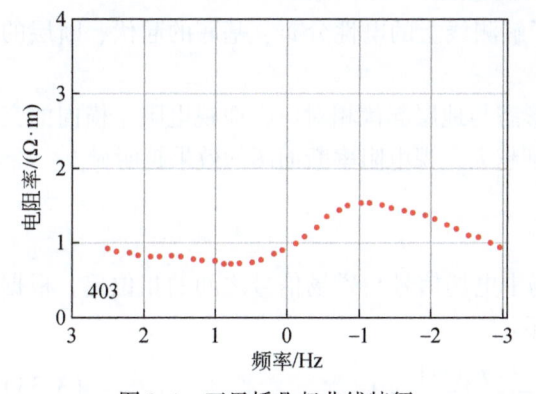

图 3.4 五里桥凸起曲线特征　　　　图 3.5 榆东断陷曲线特征

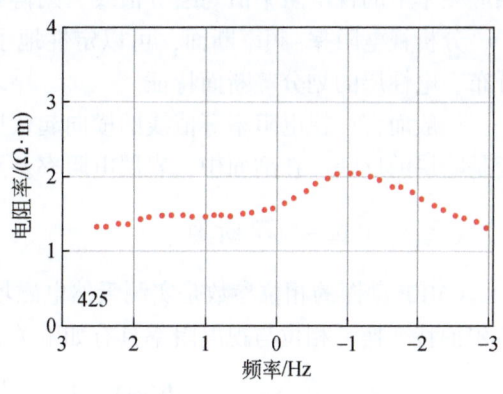

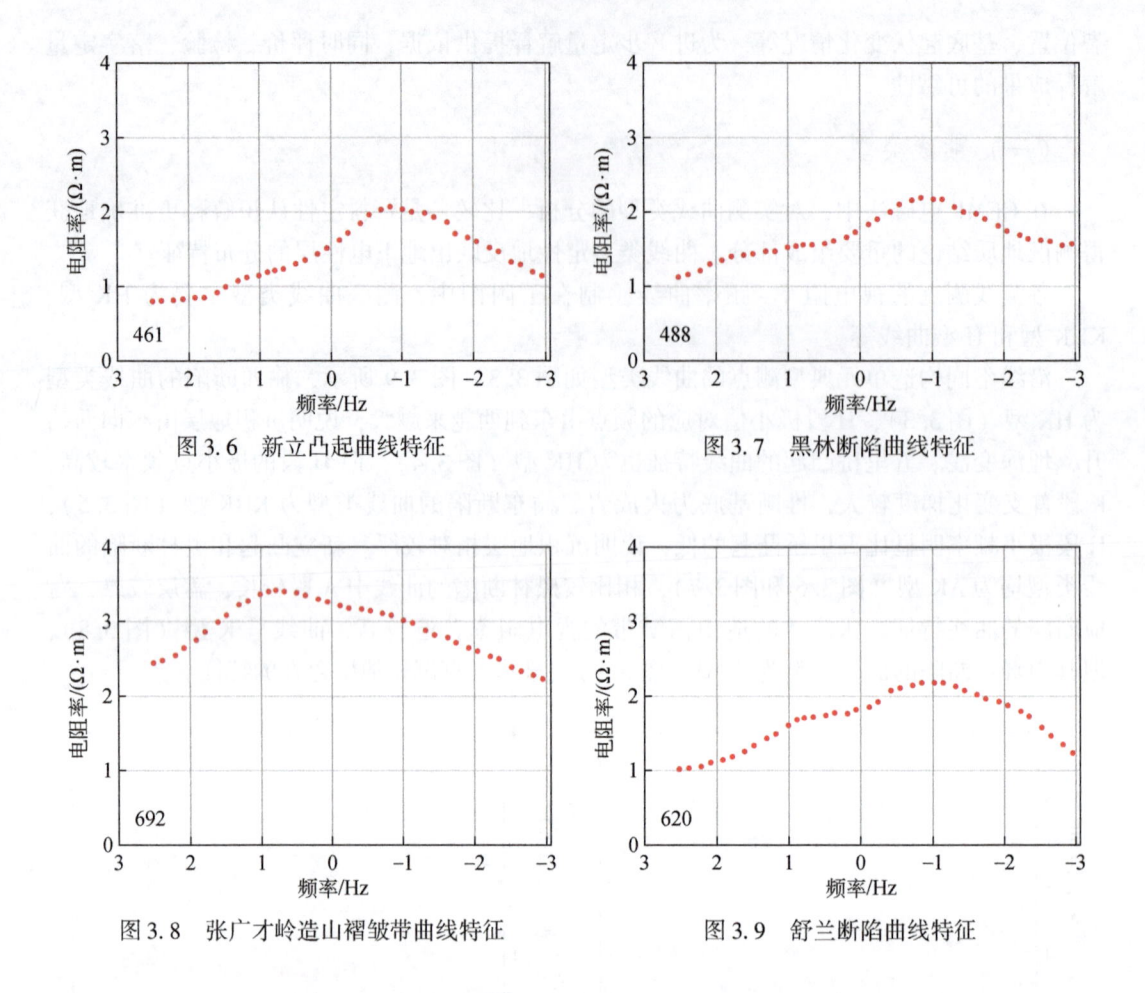

图 3.6 新立凸起曲线特征

图 3.7 黑林断陷曲线特征

图 3.8 张广才岭造山褶皱带曲线特征

图 3.9 舒兰断陷曲线特征

(二) 视电阻率-频率断面

视电阻率-频率断面是 CEMP 资料分析解释中最基本的一种图件，横坐标为测线方向，标出了测点位置及点号，纵坐标为频率，按对数坐标表示，由上而下频率变低，以各测点相应频率上的视电阻率值勾绘等值线，则得到视电阻率-频率断面。

分析视电阻率-频率断面，可以定性地了解测线上的电性分布、基底的起伏、断层的分布、电性层的划分等断面特征。

一般而言，视电阻率等值线的横向起伏形态与地层起伏相对应，而视电阻率横向的突变是断层的反映。在剖面中，岩层电阻率差别越大，视电阻率断面图的效果越明显。

(三) 相位-频率断面

CMEP 勘探的相位参数是实测天然电磁场中电场信号与磁场信号之间的相位差。根据希尔伯特变换，相位与视电阻率具有如下关系：

$$\Phi(\omega) = 45° \times \left[\frac{\mathrm{d}\log\rho_\mathrm{a}(\omega)}{\mathrm{d}\log\omega} + 1\right] \tag{3.33}$$

又

$$\frac{\mathrm{d}\log\rho_a(\omega)}{\mathrm{d}\log\omega} = \frac{\Phi(\omega)}{45°} - 1 \tag{3.34}$$

式中，ω 为观测频率；$\Phi(\omega)$ 为相位；$\rho_a(\omega)$ 为实测视电阻率。

式（3.34）说明，相位与视电阻率随频率对数的变化有关。

相位等于 45° 时，说明视电阻率随频率没有变化，或出现极值。当相位小于 45° 时，视电阻率随着频率的降低而增大。相反，在相位大于 45° 时，视电阻率随着频率的降低而减小。

在式（3.34）中，当视电阻率 $\rho_a(\omega)$ 乘以常数时，相位值不改变。所以，无论视电阻率是否有静态干扰，其相位是不变的，换言之，相位不受静态影响。因此，相位-频率断面的另一个作用是判断视电阻率静态改正的合理性，这一点很有价值。根据相位-频率断面等值线的横向变化可定性地确定地层起伏变化特征及断裂分布位置。

三、资料反演

CEMP 勘探资料反演的任务是将地表实测的视电阻率及相位随频率深度变化的资料通过一定的数值模拟计算方法，获得地下各测点不同深度介质的电阻率值，这一过程也称为定量解释，它给出勘探剖面地下的电性分布断面。

地表实测的大地电磁视电阻率，是地下不同电性介质及构造的综合反映，通过对这些资料的分析认识，根据测区地质、地球物理特征规律及一些前期的解释成果，首先假设一个初始的地电模型，并通过一定的数学物理方法，计算出该模型在地表的视电阻率理论值，通过比较实测值与理论值的差异，来反复修改地电模型，直至修改后的地电模型的理论值与实测值的最小二乘偏差达到最小，这一最终的地电模型就是我们所求的反演成果，它定量地给出了不同电性介质在地下的分布规律。反演过程可以由计算机自动实现，也可通过人机联作的方法实现。

由于初始模型的给定方式不同以及数据模拟过程中所采用的数学方法不同，可派生出多种反演方法，各种反演方法可以在一定意义下求得多个地电模型，但并不是说这些模型都有确切的地球物理和地质意义，所以在解释过程中必须根据已有的资料和认识，舍弃那些不合理的模型。通过多种方法相互佐证，选择在地质上和地球物理上可接受的模型，作为进一步地质解释的依据。

（一）博斯蒂克（Bostick）反演

Bostick 法是一种一维大地电磁测深曲线的近似反演法，由于它求得的模型并不能拟合实测数据。因此，有的学者又把它称为半定量解释方法。某一频率的视电阻率仅与该频率的勘探深度（趋肤深度）以内的介质电性相关，而大于趋肤深度的介质电性对其没有任何影响，所以可看成无穷大（∞）和 0，理论可推导对应该频率深度（H）的电阻率（ρ）为

$$\rho(H) = \rho_a \cdot \frac{\dfrac{\mathrm{dlog}\rho_a}{\mathrm{dlog}\omega} - 1}{\dfrac{\mathrm{dlog}\rho_a}{\mathrm{dlog}\omega} + 1} \qquad (3.35)$$

$$H = 356\sqrt{\frac{\rho_a}{f}} \qquad (3.36)$$

Bostick 反演结果精度尽管不高，但其运算简便快捷，解释具有唯一性，不存在人为因素，能较原始地反映地电断面的基本特征，为 CEMP 资料的精确反演提供初始模型（图 3.10）。

（二）一维连续介质反演成像

一维反演是假设大地电性结构为一维的，即地下介质的电性仅随深度发生变化，沿水平方向不变的一种反演方法。一维反演可分为层状介质反演（如马奎特反演、广义逆反演）和连续介质反演。一维连续介质反演方法，假定地下介质沿深度（纵向）是连续变化的。为适应反演方法的要求，在纵向上需离散化，即用一系列薄层来描述介质的电性分布。一维连续介质反演就是通过最佳拟合大地电磁响应函数（视电阻率、阻抗相位），求各个薄层的电阻率值。

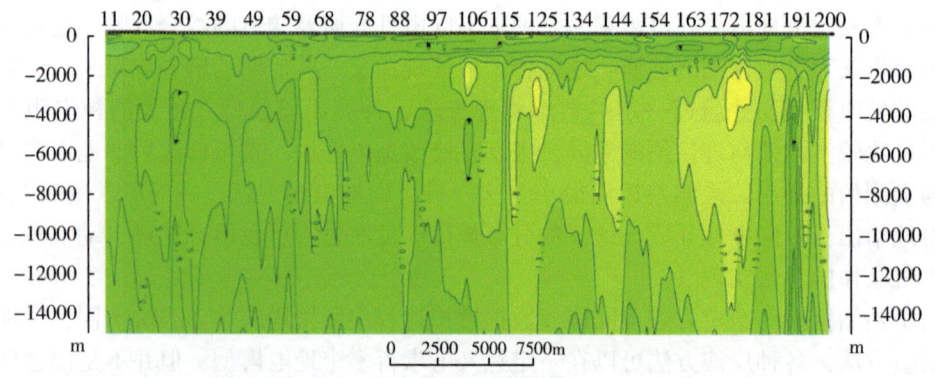

图 3.10　CEMP-13 线 Bostick 反演视电阻率断面图

在实际进行 CEMP 一维连续介质反演时，主要采用下列方法和技术。
（1）从高频到低频，以各频率的趋肤深度对模型进行离散化。
（2）用 Bostick 近似反演结果做各薄层的初始电阻率值。
（3）以剖面为处理单元，每次迭代从第一个测点至最后一个测点，按一维模型，用广义逆法，求测点下各薄层电阻率的修改量，并作修正，直至理论值与实测值达到最佳拟合。

（三）二维连续介质反演成像

二维反演是假定大地电性结构为二维的，即地下介质的电性在垂直于勘探剖面的方向上不变，而沿剖面方向和随深度发生变化的一种反演方法。与一维反演相比，二维反演的假设更接近于真实的地电情况,所以二维反演是重点,最终的地质解释是建立在该成果上的。在对剖面电性单元的划分上,二维反演可分为连续介质反演和层状介质反演,二维连续介质反演是在不受任何先验认识的约束下,将剖面进行薄层单元分块划分,而后进行电性拟合,求得各单元的电阻率,在断面上呈现出电性分布的图像,以此进行地质认识与解释。二维层状介质反演是在对连续介质反演结果的地质认识基础上,将连续分布的电性区块化,建立地质、地电的初始模型,进行二维反演,用以修改初始的地质认识(非约束反演)和校验地质解释成果(约束反演)。二维连续介质反演就是通过最佳拟合一条剖面上的大地电磁响应函数(视电阻率、阻抗相位)求各个薄层的电阻率连续函数的具体形式。

在实际进行 CEMP 二维连续介质反演时,主要采用以下方法和技术。

(1)采用一维连续介质反演结果,并对各个薄层的电阻率和厚度沿测点求平均值,组成二维连续介质初始模型。

(2)用二次插值任意三角形剖分的有限元法作二维正演计算,以适应地形的变化和获得高精度的正演结果。

(3)按照等效一维模型的方法,计算灵敏度函数,并进行分解处理,采用广义逆法求各薄层相应的电阻率连续函数系数修正量。

与一维反演结果相比,两者在浅部的一致性比较好,而深部由于旁侧电性的影响,一维反演的假设条件难以满足,所以其反演结果误差较大,二维反演由于考虑了这种旁侧电性的影响,其结果更真实准确。最终的地质解释就是在该反演结果的基础上进行的。图3.11 是全区各剖面的二维反演电阻率断面立体图。

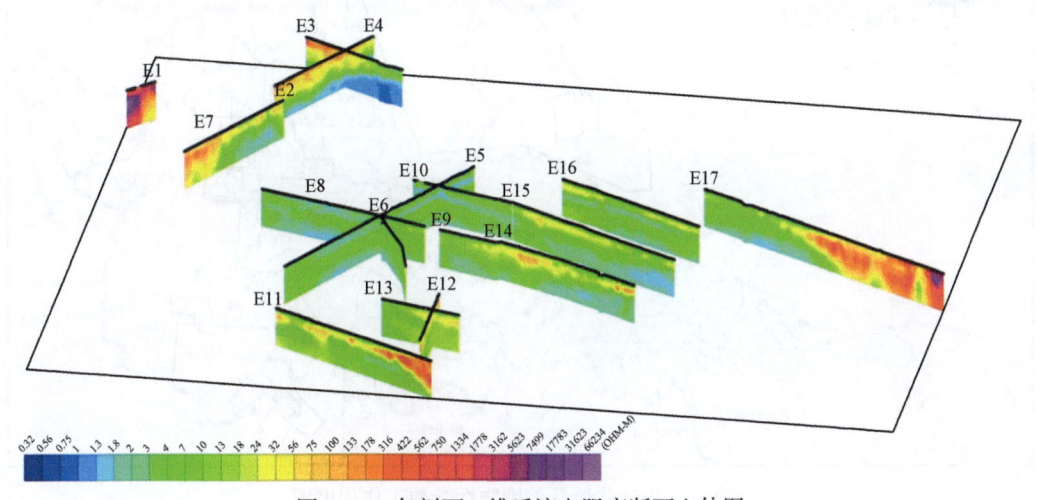

图3.11 各剖面二维反演电阻率断面立体图

第四章 区域物性特征研究

地层岩石的物性差异是引起重磁异常的主要因素，是开展重磁测量与综合地质解释工作的理论基础。因此，开展物性参数的综合研究工作是重磁异常解释和地质问题联系的桥梁，同时，地层岩石的物性参数工作是重磁资料处理和地质解释工作的基础之一。

多年来，本区曾开展大量的物性参数测定和统计工作，主要由各个石油、地质和煤田等系统开展地面重磁测量和航磁测量工作的单位进行，集中在松辽盆地及其外围的数十个中新生代盆地周缘（图 4.1）；本次共收集到 51 个重磁工区的露头采样点 1628 处，计 38527 块标本和 312 余口钻井中 19308 块岩心标本的物性参数等资料。

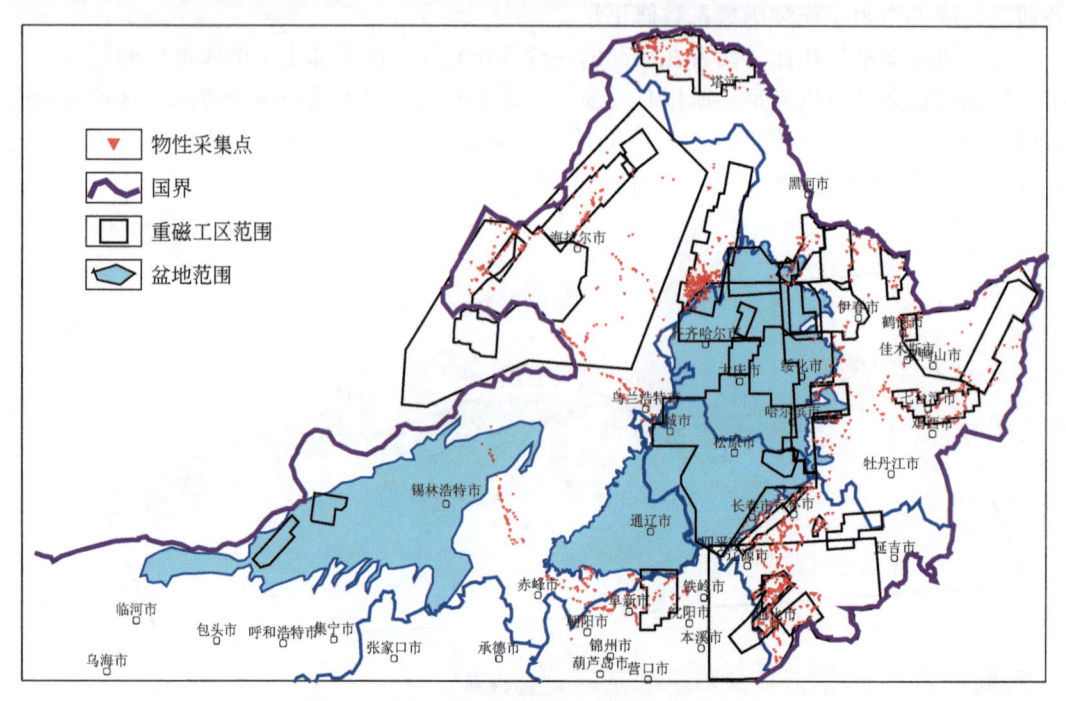

图 4.1 松辽盆地及外围物性参数工作程度图

松辽盆地及外围地区古生界地层以西拉木伦河断裂为界，分为华北地层和佳蒙地层两个大区。华北地层大区分为赤峰-龙井地层二级区；佳蒙地层大区分为兴安地层二级区、内蒙古草原-吉中地层二级区和宝清-密山地层二级区。现将上述地层区内以往主要物性参数工作分述如下。

第一节 佳蒙地层大区

佳蒙地层大区分为兴安地层二级区、内蒙古草原–吉中地层二级区和宝清–密山地层二级区。

一、兴安地层二级区

兴安地层二级区分为额尔古纳和兴安两个小区；区内中新生代盆地群主要有漠河盆地、根河盆地、拉布达林盆地、海拉尔盆地、牙克石盆地、呼玛盆地、木耳气盆地、嫩江盆地和大杨树盆地等，在开展各盆地的石油勘探过程中，曾进行面积性重磁测量和物性参数测定工作，现将兴安地层区有关物性工作情况分述如下。

漠河盆地曾多次开展重磁力面积测量工作，主要有三次。

1996 年 4～11 月，江苏省有色金属华东地质勘查局八一四队编写了《东北裂谷系兴安北（漠河、汤元山–伊春）地区重磁力概查成果报告》，在漠河盆地全区 12 个地层层位、60 处露头上采集和测定 1009 块密度和磁化率参数标本，物性参数成果见表 4.1。

表 4.1 1996 年漠河盆地岩石密度和磁化率统计表

层位	岩性	采集地点	块数	密度/(10^3kg/m^3) 变化范围	常见值	磁化率/($4\pi \times 10^{-6}$SI) 变化范围	常见值
伊利克得组 J$_3$y	黑色玄武岩	43/16，14/16，72/15	44	2.59～2.80	2.73	1000～2250	1647
上库力组 J$_3$s	玄武质凝灰岩	226/15，102/15，38/16	57	2.45～2.67	2.55	120～1200	555
	岩屑、晶屑凝灰岩	图强东 7.5km	10	2.51～2.58	2.54	3050～4600	3545
	砂岩	12/15	12	2.35～2.64	2.58	0～50	17
木瑞组 J$_3$mr	黄色砂岩	图强东 7.5km	19	2.27～2.46	2.40	0	0
塔木兰沟组 J$_3$tm	黑色块状玄武岩		90	2.51～2.83	2.67	200～3000	1319
	气孔状杏仁状玄武岩	61/16，65/15，161/16	39	2.40～2.68	2.58	150～2100	1222
	玄武质凝灰岩	27/16，62/16，114/15	32	2.61～2.75	2.68	320～1800	1053
	凝灰岩	186/15，102/16	35	2.28～2.54	2.41	80～410	211
开库康组 J$_3$k	长石岩屑、晶屑砂岩	137/15，132/16	48	2.50～2.67	2.56	0～120	15
	浅黄色砾岩	126/16	17	2.50～2.65	2.59	0	0
	灰黄色粉砂岩	150/15	19	2.53～2.64	2.56	0	0
额木尔河组 J$_2$e	灰黑色砂岩	35/15	28	2.46～2.53	2.48	0	0
	黑色碳质页岩	137/17	30	2.40～2.60	2.48	0	0
	灰绿、灰黑色砂岩、砂砾岩	42/16，164/17，34/17，27/16	137	2.09～2.75	2.55	0 至微量	0
二十二站组 J$_2$er	砂岩	27/16，116/18，30/17，108/17	58	2.41～2.68	2.55	0	0
	灰黑色泥岩	51/17	15	2.52～2.68	2.58	0	0
	灰黑色长石砂岩	173/18	17	2.56～2.71	2.66	0	0

续表

层位		岩性	采集地点	块数	密度/(10^3kg/m³) 变化范围	常见值	磁化率/($4π×10^{-6}$SI) 变化范围	常见值
绣峰组 $J_{1-2}x$		长石粗砂岩	18/16	25	2.48~2.54	2.52	0	0
		长石岩屑、晶屑砂岩	9/17, 131/15	33	2.16~2.60	2.45	0	0
		灰白色长石砂岩	21/15	18	2.50~2.56	2.53	0	0
		砾岩	22/15, 45/17	29	2.58~2.71	2.66	0	0
元古界 Pt		角闪岩	17/17	15	2.98~3.03	3.00	0~3400	383
		斜长角闪岩	18/17	17	2.90~2.99	2.97	0~3800	2091
		片麻岩	69/17	15	2.80~2.85	2.82	0~10	0
		白云质大理岩	图强以南	32	2.68~2.71	2.70	0~10	0
侵入岩	燕山期	花岗斑岩	76/16	10	2.62~2.67	2.65	100~6200	421
		黑云母花岗斑岩	74/16	15	2.57~2.68	2.62	440~700	545
	海西期	角闪石花岗岩	塔河县北2km	23	2.57~2.66	2.61	200~2850	1480
		花岗闪长岩	72/17	11	2.69~2.74	2.71	20~360	129
	澄江期	混合花岗岩	72/17, 10/17	24	2.58~2.63	2.60	0	0
		黑云母粗粒花岗岩	115/19, 70/17	45	2.54~2.66	2.61	0	0

2002年，江苏省有色金属华东地质勘查局八一四队（乙方）承担漠河盆地西部1/20万高精度重磁测量工作，编写了《漠河盆地西部重磁力详查工程成果报告》，在漠河盆地多处地质露头点及漠D1井采集和测定682块密度参数，见表4.2。

表4.2 2002年漠河盆地地层密度统计表　　（单位：g/cm³）

界	系	组	主要岩性	密度	层密度	密度差	备注
中生界	侏罗系	伊利克得组 J_3y	黑色块状玄武岩、气孔杏仁状玄武岩	2.53	2.53	-0.06	伊利克得组下段区内缺失，故不参与求平均；上库力组下段在区内未见出露，并且地层较薄，故同第二物性层合并
			页岩、凝灰砂岩、灰黑色砂质泥岩、细砂岩、砾岩、含砾粗砂岩、煤	2.22			
		上库力组 J_3s	玄武质凝灰岩、流纹质凝灰岩、岩屑、晶屑凝灰岩、砂岩	2.60	2.59	0.04	
			砾岩、灰黑色泥砂岩、砂岩	2.48			
		塔木兰沟组 J_3tm	玄武粗安岩、安山玄武岩、气孔杏仁状玄武岩、致密块状玄武岩	2.58			
		开库康组 J_3k	中砂岩、中细砂岩、中细砾岩、细砂岩	2.59			
		额木尔河组 J_2e	碳质页岩、中细砂岩、细砂岩、泥质细砂岩、泥质细砂粉砂岩	2.59			

续表

界	系	组	主要岩性	密度	层密度	密度差	备注
中生界	侏罗系	二十二站组 J_2er	泥岩、泥砂岩、含砾粗砂岩、细砂岩、中细砂岩、中砂岩、粉砂岩	2.55	2.55	-0.16	
		绣峰组 J_{1-2}x	中粗砂岩、细砂岩、中细粒砂岩、含砾粗砂岩	2.54			
元古界		兴化渡口群	石英片岩、角闪岩、斜长角闪岩、片麻岩、白云质大理岩	2.71	2.71		
侵入岩	γ_5	燕山期	石英闪长玢岩	2.31			
	γ_4	海西期	花岗岩	2.67			
			石英闪长岩	2.84			
	γ_3	加里东期	角闪花岗岩、花岗岩	2.64			
	γ_2	澄江期	混合花岗岩、黑云母粗粒花岗岩	2.62			

2004年，中国石油东方地球物理公司综合物化探事业部（乙方）受大庆石油管理局勘探项目经理部（甲方）委托，承担漠河盆地东部1/20万高精度重磁测量工作，并进行全盆地重磁资料连片处理、解释。中国石油东方地球物理公司综合物化探事业部316队在37个采集点，采集岩石标本884块。岩性统计见表4.3、表4.4。

表4.3　2004年漠河盆地东部岩石磁化率统计表

层位	岩性	块数	磁化率/($4\pi \times 10^{-5}$SI)		
			最大值	最小值	平均值
J_3y	黑色块状玄武岩	12	1361.0	956.0	1197.5
	气孔杏仁状玄武岩	23	1780.0	606.0	1111.0
	灰黑色碳质页岩	30	4.0	1.0	2.1
	灰黑色砂质泥岩	35	10.0	2.0	5.6
	砂岩	45	21.0	1.0	13.2
	砾岩、含砾粗砂岩	30	71.0	4.0	17.5
	煤	10	12.0	3.0	8.3
J_3s	中酸性熔岩	22	1646.0	34.7	677.4
	杏仁状玄武岩	13	2300.0	452.0	1256.2
	英安质熔岩	10	1924.0	868.0	1566.4
	黑色致密块状玄武岩	15	3300.0	841.0	1894.8
	流纹岩	10	190.0	21.0	74.5
J_3tm	玄武粗安岩	31	1838.0	103.0	698.519
	安山玄武岩	9	1009.0	307.0	577.6
	气孔杏仁状玄武岩	10	198.0	58.0	98.4
	致密块状玄武岩	20	2900.0	1158.0	1746.9
	玄武岩	10	557.0	157.0	340.5

续表

层位	岩性	块数	磁化率/$(4\pi \times 10^{-5} \mathrm{SI})$		
			最大值	最小值	平均值
J₃k	中砂岩	15	269.0	17.0	83.2
	细砂岩	10	386.0	86.0	214.5
	中砾岩	15	194.0	39.0	94.7
	中细砂岩	20	196.0	12.0	52.4
	灰绿色细砂岩	5	38.0	25.0	33.0
J₂e	中细砂岩	20	105.0	14.0	33.5
	细砂岩	20	31.0	20.0	24.4
	泥质细砂粉砂岩	10	36.0	27.0	32.0
	泥质细砂岩	20	49.0	22.0	33.8
	中砂岩	20	14.0	8.0	11.3
J₂er	含砾粗砂岩	40	41.0	15.0	25.2
	细砂岩	10	66.0	12.0	32.8
	粉砂岩	14	25.0	13.0	19.9
	中砂岩	26	80.0	12.0	19.5
	中细砂岩	10	44.0	22.0	30.6
J₁₋₂x	中粗砂岩	13	19.0	9.0	13.0
	细砂岩	35	36.0	6.0	27.3
	含砾粗砂岩	22	20.0	11.0	13.2
	中细粒砂岩	20	22.0	13.0	17.7
Pt	片麻岩	23	813.0	430.0	600.0
	石英片岩	12	254.0	30.0	131.2
侵入岩 γ₂	混合花岗岩	20	369.0	88.0	182.6
δ²O₄	石英闪长岩	17	1900.0	240.0	1054.2
γδπ₅²	石英闪长玢岩	10	393.0	266.0	291.9
γ₄	花岗岩	18	1500.0	42.0	558.1
γ₃	角闪花岗岩	19	369.0	88.0	182.6
	花岗岩	6	440.0	266.0	391.8
	中粗粒花岗岩	10	137.0	31.0	75.9

表 4.4　2004 年漠河盆地西部岩石磁化率统计表

层位	岩性	块数	磁化率/$(4\pi \times 10^{-6} \mathrm{SI})$	
			变化范围	平均值
J₃y	黑色块状玄武岩	78	580～2750	1556
	气孔杏仁玄武岩	30	40～3400	1110

续表

层位	岩性	块数	磁化率/($4\pi\times10^{-6}$SI) 变化范围	平均值
J_3s	玄武质凝灰岩	108	100~2760	973
	流纹质凝灰岩	6	0	0
	岩屑、晶屑凝灰岩	10	3050~4600	3687
	砂岩	12	0至微弱	0
J_3mr	砾岩	3	0	0
	灰黑色泥砂岩	7	0	0
	砂岩	31	0	0
J_3tm	黑色块状玄武岩	102	600~3000	1290
	气孔杏仁状玄武岩	58	150~2700	1377
	玄武质凝灰岩	42	120~1800	888
	凝灰岩	35	80~410	207
J_3k	长石岩屑、晶屑砂岩	48	0~60	11
	浅黄色砾岩	17	0	0
	灰黄色粉砂岩	19	0	0
J_2e	杂色砂岩	180	0至微弱	0
	灰黑色砂岩	37	0	0
	黑色泥砂岩	59	0	0
	黑色碳质页岩	30	0	0
J_2er	灰黑色泥岩、泥砂岩	37	0	0
	灰黑色长石砂岩	54	0	0
	砂岩、杂色砂岩	141	0	0
	砾岩	4	0	0
$J_{1-2}x$	灰黑色泥砂岩	9	0	0
	含砾砂岩	7	0	0
	长石粗砂岩	43	0	0
	长石岩屑、晶屑砂岩	76	0	0
	灰白色长石砂岩	21	0	0
	砾岩	32	0	0
D_1h	千枚状砂岩	13	0	0
Pt	石英片岩	9	0~120	50
	角闪岩	34	0~3400	250
	斜长角闪岩	23	0~3800	1722
	片麻岩	37	0~10	0
	白云质大理岩	32	0~10	0

续表

层位	岩性	块数	磁化率/($4\pi\times10^{-6}$SI) 变化范围	磁化率/($4\pi\times10^{-6}$SI) 平均值
γ_4	花岗闪长岩	13	0~620	323
γ_4	黑云母花岗岩	15	440~700	545
γ_3	角闪花岗岩	23	280~2850	1557
γ_2	混合花岗岩	42	0	0
γ_2	黑云母粗粒花岗岩	45	0	0
γ_2	花岗闪长岩	20	20~1000	271

1998~1999年及2000年，江苏省有色金属华东地质勘查局八一四队承担大杨树盆地1/10万的重磁测量和CEMP测线勘探工作，编写了《内蒙古大杨树盆地重磁CEMP勘探综合成果报告》，在大杨树盆地及周缘地区88个地质观察点、314处露头上及杨D1井采集和测定1344块密度、磁化率参数标本及岩心，在77处露头区测了771组小四极法视电阻率，见表4.5。

表4.5 2000年大杨树盆地岩石综合物性一览表

地层与岩体			密度/(g/cm³)	磁化率/($4\pi\times10^{-6}$SI)	电阻率/($\Omega\cdot$m) 露头	电阻率/($\Omega\cdot$m) 测井	构造层物性特征 构造层、岩性	构造层物性特征 密度	构造层物性特征 磁性	构造层物性特征 电阻率	综合密度/(g/cm³)
第四系	大黑沟玄武岩	βQ	2.49	650	2204		火山岩	中等	强	中高	2.57
古近系	五叉沟玄武岩	βN_2	2.65	797	1754		浅表盖层				
古近系	金山组	$N_{1-2}j$	2.15	0	103		沉积岩	低	弱	低	2.27
白垩系	嫩江组	K_2n	2.35	5	102						
白垩系	欧肯河组	K_2o	2.30	93	442		火山岩				
白垩系	甘河组	K_1g	2.53	831	1221	126	火山岩				
白垩系	龙江组	K_1l	2.46	468	217		盖层 火山岩夹沉积岩	中等	强	中低	2.48
侏罗系	九峰山组	J_3j	2.46	673	235						
二叠系		P	2.51	74	数千	98					
泥盆系		D	2.64	30	2563		基底 变质岩	高	弱	高	2.63
元古界		Pt	2.68	24	2251						
花岗岩		γ	2.60	439	2688		侵入岩		中等		2.60

江苏省有色金属华东地质勘查局八一四队，于1995年在内蒙古拉布达林地区进行电法大地电磁测深（MT）和重力测量工作，编写了《内蒙古拉布达林地区大地电磁测深（MT）勘探成果报告》、《内蒙古拉布达林地区重力勘探成果报告》和《内蒙古拉布达林地区石油地质综合研究报告》，在拉布达林地区49处露头采集和测定1589块密度、磁化率参数标本，收集了海拉尔盆地海参3、海参9、海参10三口钻井岩心物性资料，详见表4.6。

表 4.6 1995 年拉布大林地区岩石密度和磁化率统计表

地层及代号	岩性	采样点号	块数	密度/(g/cm³) 变化范围	密度/(g/cm³) 算术平均值	磁化率/(4π×10⁻⁶SI) 变化范围	磁化率/(4π×10⁻⁶SI) 算术平均值	采样地点
大磨拐河组 K_1d	粉砂岩、泥质粉砂岩	27	36	2.00~2.30	2.16	20~40	27	拉布达林煤矿
伊利克得组 J_3y	玄武粗安岩	10	38	2.34~2.52	2.44	350~2080	1300	九一牧场
伊利克得组 J_3y	玄武岩	5	37	2.30~2.47	2.41	2.43	1500~3200	2247	1774	十一牧场
上库力组 J_3s	凝灰角砾岩	4	37	2.15~2.27	2.22	6~30	18	十一牧场
上库力组 J_3s	流纹岩	18	32	2.21~2.64	2.44	2.24	0~28	15	15	六一牧场
上库力组 J_3s	流纹凝灰岩	22	38	1.93~2.46	2.05	0~40	11	上库力
木瑞组 J_3mr	长石石英砂岩	34	34	2.32~2.53	2.44	6~10	7	木瑞林场
七一牧场组 J_3q	安山岩	14	36	2.43~2.60	2.52	30~320	113	八一牧场
七一牧场组 J_3q	玄武岩	24	37	2.68~2.76	2.72	2000~3900	2776	呼鲁海图
七一牧场组 J_3q	安山岩	28	35	2.42~2.66	2.56	2.63	0~600	120	768	黑山头
七一牧场组 J_3q	安山玄武岩	29	35	2.60~2.73	2.68	0~1400	582	黑山头
七一牧场组 J_3q	中基性凝灰岩	25	38	2.58~2.64	2.65	0~1000	251	八一牧场
塔木兰沟组 J_3tm	粗安岩	48	33	2.42~2.51	2.47	10~260	107	上护林
塔木兰沟组 J_3tm	玄武岩	2	35	2.79~2.90	2.86	2000~8300	4817	二粮库
塔木兰沟组 J_3tm	杏仁状安山岩	1	35	2.58~2.64	2.61	2.64	0~10	3	1216	二粮库
塔木兰沟组 J_3tm	粗安岩	26	38	2.43~2.54	2.48	380~1050	637	十八里桥
塔木兰沟组 J_3tm	玄武岩	38	33	2.75~2.84	2.79	30~1200	514	根河大桥
西乌珠尔组 J_2x	流纹岩	39	31	2.50~2.60	2.55	2.52	0~40	20	13	西乌珠尔
西乌珠尔组 J_2x	变质长石石英砂岩	40	38	2.33~2.60	2.48	4~10	6	西乌珠尔
上石炭统第二岩段 C_3^2	灰黑色板岩	16	38	2.53~2.68	2.62	2.60	0~1300	370	189	七一牧场
上石炭统第二岩段 C_3^2	砂质板岩	8	38	2.49~2.66	2.57	0~30	8	哈吉苏木
上石炭统第一岩段 C_3^1	流纹岩	19	35	2.41~2.53	2.47	2.47	0~30	11	270	七一牧场
上石炭统第一岩段 C_3^1	凝灰质板岩	7	38	2.42~2.57	2.47	0~2600	529	哈吉苏木
谢尔塔拉组 C_1x	变质砂岩	36	31	2.58~2.67	2.63	2.64	0~10	3	4	下乌尔根
谢尔塔拉组 C_1x	粉砂质板岩	37	31	2.60~2.66	2.64	0~10	4	下乌尔根
莫尔根河组 C_1m	硅化灰岩	41	32	2.58~2.78	2.67	2.69	0~30	13	14	哈达图
莫尔根河组 C_1m	变质粉砂岩	20	35	2.60~2.77	2.71	0~40	14	哈达图
七卡组 O_1q	变质砂岩	30	40	2.58~2.65	2.62	10~400	201	八大关牧场
额尔吉纳河群 Zer	绿泥斜长石英岩	9	40	2.54~2.67	2.60	0~50	10	哈吉苏木
额尔吉纳河群 Zer	硅化大理岩	23	40	2.81~2.88	2.85	2.66	10~80	24	20	黑山头
额尔吉纳河群 Zer	变粒岩	33	40	2.50~2.66	2.54	10~60	24	上库力
元古界佳疙瘩群 Qbj	黑云母石英片岩	31	33	2.70~2.95	2.79	2.70	20~1500	188	100	八大关渔场
元古界佳疙瘩群 Qbj	变质砾岩	49	35	2.55~2.70	2.62	4~22	12	黑乌珠尔

续表

地层及代号	岩性	采样点号	块数	密度/(g/cm³) 变化范围	算术平均值	磁化率/(4π×10⁻⁶SI) 变化范围	算术平均值	采样地点
上侏罗系 J₃	次火山岩	3	36	2.57~2.70	2.64 / 2.65	20~800	223 / 126	十一牧场
		35	30	2.62~2.67	2.65	10~160	29	下乌尔根
燕山早期	白岗岩 γ²	44	32	2.47~2.57	2.53	0~30	16	三河镇
	钾长花岗岩 K²γ₅	46	31	2.60~2.66	2.64	10~800	193	恩和大岭
	花岗闪长岩 γδ₅²	47	34	2.58~2.69	2.64	200~1300	703	上护林
海西中期	细粒花岗岩 γ₄²	11	35	2.56~2.61	2.58	5~60	33	十一牧场
	中粗粒花岗岩 γ₄²	45	36	2.55~2.60	2.57	8~27	14	九一牧场
	钾长花岗岩 Kγ₄²	15	35	2.50~2.60	2.56	0~40	10	七一牧场
	钾长花岗岩 Kγ₄²	13	36	2.46~2.56	2.32	0~50	7	十一牧场
	花岗闪长岩 γδ₄²	19	34	2.59~2.72	2.66	0~50	22	哈达图
	辉长岩 U₄²	6	30	2.64~2.75	2.72	400~1600	1130	九一牧场
	长英岩脉	21	35	2.52~2.59	2.55	0~60	6	上库力
前海西期	混合花岗岩	12	36	2.54~2.60	2.57	0~70	27	十一牧场

江苏省有色金属华东地质勘查局八一四队，于 2000 年 4 月在内蒙古根河盆地进行重磁力测量工作，编写了《内蒙古根河盆地重磁力勘探工程成果报告》，收集 1998 年长春市二道地质物探技术服务处在根河盆地进行 1/20 万重磁普查时测定的物性资料（表 4.7），另外在根河盆地及周缘地区 83 处露头采集和测定 869 块密度、磁化率参数，见表 4.8。

表 4.7 1998 年根河盆地工区岩石标本物性参数统计表

地层及代号	岩性	块数	密度/(g/cm³) 平均值	标准差	磁化率/(4π×10⁻⁶SI) 平均值	标准差	剩磁/(mA/m) 平均值	标准差
伊利克得组 J₃y	玄武岩	17	2.70	0.04	3648	816	306	452
	玄武质晶屑凝灰熔岩	15	2.71	0.04	213		172	
	安山质、玄武质火山熔岩	21	2.66	0.03	1824	597	698	676
	安山质火山熔岩	5	2.54		1002		1894	
	流纹质岩屑晶屑凝灰岩	17	2.58	0.07	弱磁		弱磁	
	粗面岩	5	2.52	0.06	弱磁		弱磁	
上库力组 J₃s	安山质晶屑凝灰岩	26	2.58	0.06	548	1068	235	251
	珍珠岩	10	2.28		弱磁		弱磁	
	流纹岩	28	2.60	0.04	弱磁		弱磁	
	流纹质晶屑岩屑凝灰岩	31	2.55	0.06	530	611	533	3343
	流纹质火山碎屑岩	5	2.54		1037		609	
	英安质凝灰岩	25	2.37	0.07	弱磁		弱磁	

续表

地层及代号	岩性	块数	密度/(g/cm³) 平均值	标准差	磁化率/(4π×10⁻⁶SI) 平均值	标准差	剩磁/(mA/m) 平均值	标准差
七一牧场组 J₃q	安山岩	30	2.37	0.07	弱磁		弱磁	
吉祥峰组 J₃j	安山质玄武质角砾凝灰岩	7	2.63		弱磁		弱磁	
	流纹质晶屑凝灰岩	5	2.34		1997		404	
	凝灰角砾岩	10	2.30		266		61	
	流纹质岩屑晶屑凝灰岩	8	2.31		弱磁		弱磁	
	凝灰质砂岩	12	2.23		弱磁		弱磁	
	含砾凝灰质砂岩	6	2.58		弱磁		弱磁	
塔木兰沟组 J₃tm	玄武岩	16	2.72	0.05	1444		312	
	安山质玄武质含砾凝灰岩	15	2.66	0.06	1169		806	
谢尔塔拉组 C₁x	灰岩	15	2.68	0.02	弱磁		弱磁	
	大理岩	20	2.70	0.02	弱磁		弱磁	
泥盆系 D	变晶屑凝灰岩	32	2.62	0.03	1080	778	310	272
	凝灰岩	23	2.66	0.04	弱磁		弱磁	
兴华渡口群 Pt	石英岩	10	2.64		弱磁		弱磁	
	灰岩	15	2.68	0.05	弱磁		弱磁	
	大理岩	10	2.68		弱磁		弱磁	
	斜长角砾岩	10	2.66		弱磁		弱磁	
	浅粒岩	10	2.67		弱磁		弱磁	
海西期 γ₄²	花岗岩	55	2.58	0.02	弱磁		弱磁	
	黑云母花岗岩	10	2.56		1122		127	
燕山期 γ₅²	花岗岩	44	2.58	0.01	793	969	138	128
	花岗斑岩	32	2.52	0.02	弱磁		弱磁	
次火山岩	流纹斑岩	31	2.53	0.03	弱磁		弱磁	

表4.8 2000年根河盆地岩石密度和磁化率统计表

地层及代号		岩性	采样点数	块数	密度/(g/cm³) 变化范围	算术平均值		磁化率/(4π×10⁻⁶SI) 变化范围	几何平均值	
伊利克得组 J₃y		玄武岩	4	31	2.72~2.76	2.73	2.71	244~2000	1261	592
		安山玄武岩	1	6	2.67~2.71	2.69		60~550	278	
上库力组 J₃s	三段	凝灰质熔岩	4	25	2.52~2.57	2.55	2.48	720~850	776	158
	二段	凝灰砂岩	1	2	2.52~2.63	2.57		10~270	140	
		凝灰岩	3	18	2.36~2.39	2.38	2.51	35~240	180	174
	一段	流纹岩、酸性熔岩	7	19	2.50~2.69	2.61		0~200	133	43
		流纹质凝熔岩	12	44	2.32~2.54	2.47	2.51	0~240	45	
		粉砂岩	3	14	2.40~2.51	2.45		0~28	13	

续表

地层及代号		岩性	采样点数	块数	密度/(g/cm³)		磁化率/(4π×10⁻⁶SI)	
					变化范围	算术平均值	变化范围	几何平均值
木瑞组 J₃mr		凝灰质砂岩、粉砂岩	4	45	2.54~2.64	2.57	7~50	37
吉祥峰组 J₃j		熔岩	5	30	2.58~2.65	2.61	0~743	221	
		玄武岩	3	28	2.75~2.77	2.76	2.61	2400~2600	2475	329
		凝灰岩	3	21	2.39~2.57	2.46	0~162	65
塔木兰沟组 J₃tm		安山岩、粗安岩	14	80	2.56~2.73	2.62	2.65	0~743	317	576
		(安山)玄武岩	6	19	2.57~2.75	2.69	200~1850	1050
南平组 J₂n		砂砾岩	5	36	2.49~2.59	2.56	0~4	0
角高山组 C₁j		泥岩、砂岩、硅质岩	1	4	2.59~2.64	2.62	2.65	0	0
		石英砂岩	1	11	2.66~2.70	2.68	0	0
		砂岩	1	11	2.53~2.64	2.61	2.65	0	0
		变质砂岩	1	9	2.68~2.70	2.69	2.66	0	0
额尔古纳河组 Zer		石英岩、千枚岩、片岩	3	11	2.61~2.64	2.63	2.69	0	0	61
		变粒岩	1	7	2.69~2.72	2.71	10~20	11
		斜长角闪岩	1	9	2.67~2.70	2.69	80~140	110
		云母石英片岩	1	11	2.68~2.74	2.71	170~240	195
次火山岩	Cτ J₂₋₃j	(安山)玄武岩	4	25	2.64~2.70	2.67	2.61	1033~1767	1449	170
		凝灰熔岩	3	16	2.62~2.64	2.63	0~940	568
	Cτ J₃	(晶屑)凝灰岩	4	23	2.48~2.57	2.53	0~19	6
		安山岩	6	38	2.58~2.67	2.64	275~2925	1773
侵入岩	γδ₅²ᵇ	花岗闪长岩	7	31	2.59~2.70	2.63		240~2200	1099
	γ₅²ᵃ	白岗岩、花岗岩	9	54	2.47~2.61	2.54		65~760	279
	γ₄²ᶜ	白岗质花岗岩	1	7	2.56~2.59	2.58	2.58	0~300	220
	γ₄²ᵇ	中粒花岗岩	4	23	2.58~2.59	2.59		0	0
	γ₄²ᵃ	似斑状花岗岩	8	39	2.55~2.60	2.58		0~850	160

江苏省有色金属华东地质勘查局八一四队，于1991年11月~1992年1月在内蒙古海拉尔盆地呼伦湖地区进行重磁测量工作，编写了《海拉尔盆地呼伦湖地区重磁测量成果报告》，在海拉尔盆地及周缘地区73处露头和13口钻井中采集和测定1708块密度、磁性参数，详见表4.9和表4.10。

表4.9 呼伦湖地区密度基本数据表

地层		代号	密度/(g/cm³)				备注
			露头	海参3井	海拉尔盆地钻井	基本数据	
第四系		Q	1.69			1.69	
伊敏组		K_1y	1.80	1.91	1.99	1.91	K_1y—K_1n
大磨拐河组		K_1d	1.85	2.21	2.18	2.21	合层密度平均
南屯组		K_1n		2.41	2.39	2.41	2.21g/cm³
铜钵庙组		K_1t	2.47	2.56	2.51	2.56	
兴安岭群火山岩	中酸性	$J_3\alpha$	2.51	2.54	2.55	2.51	
	中基性	$J_3\beta$	2.62	2.74	2.71	2.74	
	全层	J_3				2.68	
上古生界		Pz_2	2.63		2.61（AnJ_3b）	2.63	最大可达 2.7~2.8 g/cm³
下古生界		Pz_1	2.64		2.71（Pz）	2.64	
元古界		Pt	2.63			2.63	最大可达 2.7g/cm³ 左右
燕山期	花岗岩	γ_5^2	2.59			2.59	
	花岗斑岩	$\gamma\pi_5^2$	2.52			2.52	
海西期花岗岩		γ_4	2.58			2.58	

表4.10 呼伦湖地区磁性参数基本数据表

地层		代号	磁化率/($4\pi\times10^{-6}$SI)				剩磁/(A/m)
			露头	海参3井	海拉尔盆地钻井	基本数据	
第四系		Q	0			0	
伊敏组		K_1y	8	6	8	7	
大磨拐河组		K_1d	8	12	18	10	
南屯组		K_1n		19	24	19	
铜钵庙组		K_1t	9	11	76（个别373）	10	
兴安岭群火山岩	中酸性	$J_3\alpha$	173	36	123（个别464）	104	0.241
	中基性	$J_3\beta$	2935	599	676	1767	1.846
	全层	J_3				1500	1.669
上古生界		Pz_2	60		9（AnJ_3b）	60	
下古生界		Pz_1	10		10（Pz）	10	
元古界		Pt	7~1453			730	0.425（Ji）
燕山期	花岗岩	γ_5^2	136~302			219	0.127（Ji）
	花岗斑岩	$\gamma\pi_5^2$	17			17	
海西期花岗岩		γ_4	16		8	16	

2008年11月~2009年1月，江苏省有色金属华东地质勘查局八一四队承担海拉尔-塔木察格盆地重磁电数据处理和综合研究工作，编写了《海拉尔-塔木察格盆地及其邻区深部地质结构及与上覆层的关系研究》。在海拉尔盆地及其周缘93处地质露头点采集岩石标本864件，在13口钻井采集844件岩心标本，共测定密度样品1708件、磁化率样品1704件，详见表4.11~表4.14。

表4.11 海拉尔地区地层-岩体密度和磁化率参数统计表

地层及岩体		密度/(g/cm³)				磁化率/($4\pi\times10^{-5}$SI)			综合物性			
		拗陷区			外围区	拗陷区	外围区		拗陷区		外围区	
代号	厚度/m	测井	岩心	综合	露头标本	岩心	露头标本	收集资料	密度	磁性	密度	磁性
Q—K₂qn	166	2.01	2.08	2.03	1.90~2.11	26	40~99		变密度	低		弱-中
K₁y	559	2.12	2.06	2.10		25						
K₁d	513	2.30	2.24	2.28	2.25~2.36	23	24~76					
K₁n K₁sh	450	2.36	2.37	2.36	2.44~2.53	23	98~176					中
K₁t	371	2.50	2.40	2.47		25						
K₁tm	455	2.52	2.54	2.53	2.56~2.59	80	28~187		中	中	中	弱-强
B	171	2.63	2.62	2.63		33			中高	弱	中高	弱
J₂wb		2.67	2.69	2.68	2.62	21						
C—D					2.62~2.64	37	20~47		高	弱	高	弱
S—Є					2.64~2.67		16~31					
Pt					2.77		16	185				弱-中
γ		2.58	2.60	2.59	2.58	28	16~109	10~180	中	弱	中	弱-中
δ		2.67	2.66	2.75		1114			高	强	高	

表4.12 海拉尔盆地及其东侧地区露头岩石物性参数统计表

地层及代号		岩性	密度/(g/cm³)				磁化率/($4\pi\times10^{-5}$SI)				视电阻率/(Ω·m)			
			块数	最大值	最小值	平均值	块数	最大值	最小值	平均值	组数	最大值	最小值	平均值
第四系	Q	沙土	30	1.73	1.61	1.67	30	33	6	15	300	285	3.8	49.6
新近系	五岔沟组 N₂wc	安山岩	30	2.66	2.60	2.64	30	57	8	20	10	10793	6938	8918
白垩系	大磨拐河组 K₁d	碳质砂页岩	30	2.15	1.98	2.10	30	110	23	50	10	130.5	47.2	91.9
	梅勒图组 K₁m	玄武岩	30	2.85	2.67	2.78	30	7149	2012	3020	10	10476	5303	8184
侏罗系	玛尼吐组 J₃mn	火山碎屑岩	30	2.62	2.53	2.58	30	566	81	186	20	3570	715	1750
	满克头鄂博组 J₃m	粗砂岩、英安岩、火山碎屑岩	60	2.76	2.49	2.60	60	1531	3	65	40	9712	312	2653
	白音高老组 J₃b	凝灰岩、凝灰质砂岩	30	2.63	2.46	2.54	30	565	237	434	20	11762	2808	5785
	万宝组 J₂wb	砂砾岩	30	2.66	2.59	2.62	30	33	13	21	10	5606	3623	4565
石炭系	红水泉组 C₁h	杂砂岩、石英岩	30	2.73	2.62	2.65	30	1252	1	11	20	15958	1723	5384

续表

地层及代号		岩性	密度/(g/cm³)				磁化率/(4π×10⁻⁵SI)				视电阻率/(Ω·m)			
			块数	最大值	最小值	平均值	块数	最大值	最小值	平均值	组数	最大值	最小值	平均值
泥盆系	大民山组 D₂₋₃d	辉绿岩、玄武质凝灰岩	30	2.88	2.61	2.77	30	4469	48	296	20	11533	1139	3942
	泥鳅河组 D₁n	长石石英砂岩、粉砂岩	45	2.76	2.50	2.59	45	230	7	21	20	7585	691	2054
志留系	卧都河组 S₃w	变质砂岩	30	2.67	2.61	2.64	30	22	7	13	10	11182	6104	8634
奥陶系	裸河组 O₂₋₃l	变质砂岩	45	2.64	2.54	2.59	45	1296	18	71	20	11911	7589	9450
	多宝山组 O₁₋₂d	安山岩、凝灰质粗砂岩	90	2.89	2.54	2.75	90	1383	14	261	30	17439	4238	8379
	铜山组 O₁₋₂t	云母片岩	30	2.77	2.68	2.71	30	52	20	33	10	10679	7956	9331
寒武系	苏中组 ∈₁s	结晶灰岩	30	2.71	2.68	2.70	30	3	0	1	10	26900	12803	16827
青白口系	佳疙瘩组 Qbj	片岩	30	2.97	2.80	2.88	30	295	31	59	10	4788	2937	3758
侏罗纪侵入岩 Jγ		花岗岩	30	2.62	2.55	2.58	30	1450	16	190	20	18804	8014	13908
二叠纪侵入岩 Pγ		花岗岩	45	2.61	2.56	2.59	45	503	4	36	20	14240	8127	10455
石炭纪侵入岩 Cγ		花岗岩	75	2.67	2.53	2.59	75	3872	7	84	50	12262	1132	4783
泥盆纪 Dδ		透辉石化闪长岩	45	2.90	2.69	2.75	45	941	28	68	20	14445	8952	11064

表 4.13 呼伦湖以西地区露头岩石物性参数统计表

地层及代号		岩性	密度/(g/cm³)				磁化率/(4π×10⁻⁵SI)				视电阻率/(Ω·m)			
			块数	最大值	最小值	平均值	块数	最大值	最小值	平均值	组数	最大值	最小值	平均值
新近系	五岔沟组 N₂wc	玄武岩	30	2.69	2.59	2.65	30	3920	1327	2952	20	20089	11416	15092
白垩系	大磨拐河组 K₁d	凝灰岩、砂砾岩、石英岩	40	2.66	2.33	2.49	40	581	2	40	30	19806	274	2319
	梅勒图组 K₁m	气孔状玄武岩	30	2.72	2.56	2.65	30	1706	157	496	10	10890	5624	8783
侏罗系	玛尼吐组 J₃mn	火山碎屑岩、火山质砂岩、角砾岩	60	2.71	2.20	2.41	60	3150	12	48	40	19438	3135	8640
	满克头鄂博组 J₃m	火山碎屑岩、流纹岩	45	2.78	2.52	2.60	45	5781	21	203	20	14318	706	3356
	塔木兰沟组 J₃tm	安山岩、凝灰岩、火山角砾岩	45	2.76	2.44	2.61	45	2272	13	159	20	22405	7982	14077
震旦系	额尔古纳河组 Zer	大理岩、白云岩	45	2.87	2.68	2.76	45	6	1	3	20	72016	18657	39684
侏罗纪侵入岩 Jηο		石英二长岩	30	2.55	2.50	2.51	30	59	11	31	10	4750	2916	3622
二叠纪侵入岩 Pγ		花岗岩	30	2.59	2.54	2.57	30	17	3	8	20	10254	6021	8045

表 4.14 海拉尔盆地以北地区露头岩石物性参数统计表

地层及代号		岩性	密度/(g/cm³)				磁化率/(4π×10⁻⁵SI)				视电阻率/(Ω·m)			
			块数	最大值	最小值	平均值	块数	最大值	最小值	平均值	组数	最大值	最小值	平均值
新近系	呼查山组 N₁hc	砂岩	15	2.15	1.98	2.02	15	140	61	107	10	190	85	123
白垩系	大磨拐河组 K₁d	碳质页岩	30	2.22	2.01	2.12	30	8	4	5	20	177	35	108
	梅勒图组 K₁m	安山玄武岩、火山质砂砾岩、粉砂岩	45	2.75	2.35	2.53	45	3316	4	92	30	82646	363	3518
侏罗系	玛尼吐组 J₃mn	火山质砂岩	45	2.56	2.29	2.44	45	22	7	14	30	4727	392	1360
	满克头鄂博组 J₃m	火山质含砾砂岩	30	2.50	2.42	2.46	30	19	11	14	10	642	491	551
	塔木兰沟组 J₃tm	凝灰岩、砂砾岩	60	2.75	2.47	2.62	60	4205	13	137	40	10902	236	1412
石炭系	新伊根河组 C₂x	含碳质粉砂岩、长石石英粉砂岩、页岩、泥岩	45	2.73	2.45	2.60	45	290	10	15	30	2866	226	732
	莫尔根河组 C₁m	硅质岩	30	2.43	2.36	2.40	30	34	5	14	10	88187	21962	60686
元古界	兴华渡口群 Pt₁x	灰岩	30	2.78	2.68	2.71	30	24	14	18	20	10689	7479	9118
侏罗纪侵入岩 Jγ		花岗岩	30	2.61	2.54	2.58	30	408	9	61	20	4955	3210	3949
二叠纪侵入岩 Pγ		花岗岩	15	2.61	2.56	2.58	15	710	418	531	10	12405	7634	9940
二叠纪侵入岩 Pγσ		花岗闪长岩	30	2.67	2.58	2.63	30	74	20	38	20	8351	3555	5326
二叠纪侵入岩 Cγ		花岗岩	45	2.66	2.54	2.59	45	252	8	65	10	3391	2283	2729

综上所述,兴安地层二级区古生界主要分布泥盆纪—早石炭世地层,其物性特征见表4.15,由表可知,本区上古生界密度较稳定,均值在2.65g/cm³左右,磁性呈整体较微弱,地层中局部火山碎屑沉积岩段具中等磁性的特点。

表 4.15 兴安地层二级区古生界密度和磁化率统计表

地层及代号		采集地点	块数	密度/(g/cm³)		磁化率/(4π×10⁻⁵SI)	
				变化范围	平均值	变化范围	平均值
二叠系	林西组 P₃l	乌兰浩特	174	2.45~2.74	2.64	1~2338	18
	哲斯组 P₂z	乌兰浩特	217	2.44~2.72	2.64	1~784	30
		突泉	39	2.41~2.68	2.63	0~14	2
石炭系—二叠系	宝力高庙组 (C₂—P₁) bl	乌兰浩特	68	2.37~2.70	2.59	4~22	15
石炭系	角高山组 C₁j	根河	15	2.59~2.70	2.65	0	0
	谢尔塔拉组 C₁x	拉布达林	73	2.58~2.67	2.64	0~10	4
		根河	20	2.53~2.70	2.65	0~100	10
	红水泉组 C₁h	拉布达林	151	2.47~2.60	2.54	0~2600	270
		海拉尔东	30	2.62~2.73	2.65	1~1252	11

续表

地层及代号		采集地点	块数	密度/(g/cm³)		磁化率/(4π×10⁻⁵SI)	
				变化范围	平均值	变化范围	平均值
泥盆系	大民山组 D$_{2-3}$d	海拉尔东	30	2.61~2.88	2.72	48~4469	296
	泥鳅河组 D$_1$n	漠河	13			0	0
		大杨树			2.64		30
		根河	55	2.62~2.66	2.64	0~1080	100
		海拉尔东	45	2.50~2.76	2.59	7~230	21
志留系	卧都河组 S$_3$w	海拉尔东	30	2.61~2.67	2.64	7~22	13

二、内蒙古草原-吉中地层二级区

内蒙古草原-吉中地层二级区分为松辽、滨东和吉中三个小区。区内中新生代盆地群主要包括：松辽盆地、二连盆地、孙吴-嘉荫盆地、汤元山-伊春盆地、汤原断陷、方正断陷、伊通-舒兰盆地、蛟河盆地等，其西部以贺根山-黑河断裂与兴安地层区分界，其东部以牡丹江断裂与宝清-密山地层区分界。该二级区分布面积最大，古生界地层分组较多，现按松辽、滨东和吉中三个地层小区分述如下。

（一）松辽小区

松辽小区主要包括孙吴-嘉荫盆地、松辽盆地和二连盆地等，现以松辽盆地为主体，说明如下。

1. 松辽盆地北部物性工作

（1）大庆油田钻探工程公司物探一公司钱弈中、崔荣旺与同济大学王家林等于1991年2月编写了《松辽盆地北部深层综合物探解释研究报告》，该报告测定了松辽盆地北部86口井的岩心标本密度参数（7950块）以及盆地外围十几口井岩心和露头（2328块标本）的密度、磁性参数，同时还收集了62口钻井的综合测井资料；并建立岩石物性数据库，按单井及地区进行了岩石物性数据的统计整理，系统研究了本区物性分布规律，其主要地层物性统计结果见表4.16和表4.17。

表4.16　1991年松辽盆地北部地层密度统计表　　　　（单位：g/cm³）

地层	代号	东部断陷		中央断陷区		西部斜坡区	
		变化范围	平均值	变化范围	平均值	变化范围	平均值
白垩系	K$_2$n	2.18	2.18	2.30~2.48	2.39	1.96~2.37	2.17
	K$_2$y—K$_2$qn	2.26~2.34	2.27	2.33~2.58	2.47	1.99~2.46	2.23
	K$_1$qt	2.31~2.63	2.51	2.49~2.69	2.60	2.30~2.54	2.44
	K$_1$d	2.58~2.67	2.64	2.56~2.70	2.64		
	K$_1$yc—K$_1$sh	2.64~2.81	2.71	2.54~2.71	2.65	2.03~2.70	2.32
古生界		2.76~2.78	2.77		2.73		2.71

资料来源：王家林等，1991，修改整理。

表 4.17　1991 年松辽盆地北部地层磁化率统计表　　（单位：$4\pi \times 10^{-5}$ SI）

地层	代号	东部断陷区 变化范围	东部断陷区 平均值	中央断陷区 变化范围	中央断陷区 平均值	西部斜坡区 变化范围	西部斜坡区 平均值
白垩系	$K_2 n$	0~110	14	0~80	17	0~64	17
白垩系	$K_2 y$—$K_2 qn$	0~24	8	0~70	10	0~220	16
白垩系	$K_1 qt$	0~500	27	0~1200	67	0~400	38
白垩系	$K_1 d$	0~350	24	0~900	74		
白垩系	$K_1 yc$—$K_1 sh$	0~60	11	0~200	24	0~1250	51
古生界		3~26	12		11		5

资料来源：王家林等，1991，修改整理。

（2）1991 年 5~7 月，江苏省有色金属华东地质勘查局八一四队在依安凹陷开展 1/10 万高精度重磁测量工作，编写了《黑龙江省依安地区高精度重磁测量成果报告》，该报告除了收集松辽盆地北部 26 口钻井 182 块密度参数和 338 块磁性参数外，还测量了 29 个探井中 1384 块钻井岩心密度参数和 1451 块磁性参数。分别按探井对平面上和垂向上变化规律进行统计和计算，归纳出滨北地区岩层密度和磁性统计表，详见表 4.18 和表 4.19。

表 4.18　滨北地区岩层密度统计表

层位	井数	块数	密度值/(10^3 kg/m^3) 最小值/最大值	加权平均值
明水组	1	7	2.10/2.12	2.11
嫩江组	15	366	1.79/2.54	2.09
姚家组	8	181	1.82/2.46	2.16
青山口组	15	477	1.35/2.98	2.21
泉头组	6	255	1.88/2.70	2.33
侏罗系	3	82	1.89/2.75	2.54
基底	5	16	2.17/2.76	2.71

表 4.19　滨北地区岩层磁化率统计表

层位	井数	块数	磁化率/($4\pi \times 10^{-6}$ SI) 最小值/最大值	加权平均值
明水组	1	7	0/10	4
嫩江组	15	387	0/170	15
姚家组	8	187	0/160	21
青山口组	15	506	0/980	31
泉头组	6	261	0/740	73
侏罗系	3	87	4/46	21
基底	5	16	0/120	13

（3）1988年10月江苏省有色金属华东地质勘查局八一四队（乙方），在扎龙地区开展1/10万高精度重磁测量工作，于1989年6月编写了《黑龙江省松辽盆地扎龙地区高精度重磁详查成果报告》，该报告测定了大庆油田10口探井岩心密度和磁化率参数，详见表4.20。

表4.20 扎龙地区各层位密度和磁化率统计表

层位	孔号	深度/m	块数	密度/(g/cm³) 变化范围	平均值	块数	磁化率 /(4π×10⁻⁵ SI)
明一段	乌2	535~543	7	2.10~2.12	2.11	7	0
嫩二段	乌2	1009~1029	15	2.16~2.40	2.27	15	0
嫩一段	乌2	1081~1108	27	2.21	2.24	27	0
	乌1	1174~1181	3	2.22		4	0
	霍1	1264~1281	15	2.27		15	0
	杜101	1139~1170	30	2.26		30	0
	杜403	907~938	21	2.22		21	0
	杜20	1172~1180	7	2.29		7	0
姚二段、姚三段	乌1	1189~1254	62	2.26	2.23	62	0~150
	霍1	1299~1362	33	2.21		33	0
	杜403	938.3~960	12	2.20		12	0
	杜20	1210~1262	54	2.28		54	0
	杜22	1003~1040	32	2.25		32	0
	林3	1102~1162	46	2.15		46	0~90
姚一段	乌1	1255~1300	24	2.22	2.21	24	0~150
	杜22	1041~1050	10	2.26		10	0
	林3	1162~1183	25	2.17		25	0~140
青二段、青三段	乌1	1308~1326	13	2.21	2.23	13	0~150
	乌2	1311~1399	65	2.26		61	0~300
	霍1	1438~1483	26	2.24		26	0
	霍2	1590~1599	10	2.43		10	0
	杜101	1288~1324	36	2.23		36	0
	杜403	961~1102	112	2.20		112	0
	杜20	1400~1513	38	2.33		38	0
	林3	1189~1295	60	2.17		60	0~100
青一段	乌2	1492~1516	23	2.34	2.38	23	0~30
	霍1	1673~1697	5	2.33		5	0
	霍2	1599.7~1651	38	2.41		38	0

续表

层位	孔号	深度/m	块数	密度/(g/cm³) 变化范围	密度/(g/cm³) 平均值	块数	磁化率/(4π×10⁻⁵SI)
泉四段	乌1	1615~1625	9	2.46	2.36	9	0~100
	乌2	1521~1581	61	2.30		61	0~150
	霍1	1720~1763	18	2.35		18	0~120
	霍2	1652~1681	33	2.41		33	0
	杜101	1462~1488	26	2.44		26	
	林3	1577~1595	21	2.33		21	0~200
泉三段	霍2	1770~1788	16	2.51	2.41	16	0~200
	林3	1596~1676	35	2.37		29	0~300
泉一段	杜22	1678~1680	3	2.49	2.49	3	
侏罗系	杜101	1692~1895	28	2.69	2.68	28	0
	杜22	1901~2205	3	2.56		3	20~30
基底	杜101	2009~2087	4	2.69	2.65	4	0
	杜430	1648~1716	7	2.63		7	0~300

（4）1989年11月~1990年1月，江苏省有色金属华东地质勘查局八一四队在长春岭–三站地区开展1/5万高精度重磁测量工作，编写了《松辽盆地长春岭–三站地区高精度重磁测量成果报告》，该报告除收集同济大学在松辽盆地71口钻井岩心密度参数资料外，还测量了13口探井岩心密度参数和21口探井岩心磁化率参数。进行平面上和垂向上密度变化规律的统计和计算，详见表4.21和表4.22。

表4.21 长春岭–三站地区各层位岩心密度统计表

层位		井数	深度/m	块数	密度/(g/cm³) 变化范围	密度/(g/cm³) 平均值
嫩江组		2	300.5~1128.0	35	2.02~2.55	2.26
姚家组		3	447.1~1634.5	79	2.07~2.49	2.27
青山口组		5	253.0~2002.0	77	1.70~2.79	2.33
泉头组		16	276.5~2485.0	773	1.90~2.70	2.45
登娄库组		10	1466.7~2896.0	308	2.38~2.75	2.64
侏罗系	沉积岩	5	2112.2~3361.7	42	2.46~2.82	2.63
	火山岩	7	1519.9~3252.3	55	2.28~2.81	2.56
基岩	板岩	3	2936.5~3238.2	18	2.75~2.82	2.78
	花岗岩	1	3398.0~3399.0	2	2.62	2.62
	花岗斑岩	1	2936.0~2937.0	2	2.72	2.72
	闪长岩	1	3070.5~3166.0	9	2.73~2.79	2.76
	闪长玢岩	1	3344.0~3345.0	2	2.81	2.81
	沉积岩	1	3544.0~4597.0	21	2.64~2.84	2.74

表 4.22 长春岭-三站地区各层位岩心磁化率统计表

组（系）	段	代号	岩性	块数	磁化率/($4\pi \times 10^{-6}$SI) 变化范围	平均值
嫩江组	三段	K_2n^3	砂岩	11	4~9	6
	二段	K_2n^2	泥岩	14	2~9	6
	一段	K_2n^1	泥岩	10	2~22	14
姚家组	一段	K_2y^1	泥岩、砂岩	80	0~12	2
青山口组	二段、三段	K_2qn^{2+3}	泥岩	40	0~24	8
	一段	K_2qn^1	泥岩、页岩	61	0~60	6
泉头组	四段	K_1qt^4	泥岩、砂岩、粉砂岩	355	0~80	17
	三段	K_1qt^3	泥岩、砂岩、粉砂岩	285	0~150	19
	二段	K_1qt^2		40	0~500	64
	一段	K_1qt^1	泥岩、砂岩、细砂岩	116	0~350	66
登娄库组	四段	K_1d^4	泥岩、砂岩、粉砂岩	99	0~150	28
	三段	K_1d^3		81	0~350	29
	二段	K_1d^2		98	0~300	29
	一段	K_1d^1	泥岩、砂岩、粉砂岩、砾岩	35	2~117	28
侏罗系			砾岩	10	0~42	22
			砂岩	10	10~20	16
			细砂岩、粉砂岩	6	0~20	3
			泥岩	18	0~60	21
			火山角砾岩	9	0~60	23
			中酸性火山岩	2	5~15	10
			凝灰岩	25	0~1200	105
			流纹岩	16	0~20	8
			英安岩	2	20~42	31
			安山岩	14	10~1300	285
			玄武安山岩	2	1800~2000	1900
侵入岩		γ	花岗岩	13	3~40	13
		γπ	花岗斑岩	3	3~5	4
		δ	闪长岩	12	3~50	14
		δμ	闪长玢岩	8	3~100	17
二叠系		P	板岩	43	0~46	6

（5）2004 年 8 月~2005 年 5 月，中国石油东方地球物理公司综合物化探事业部在松北中央隆起区开展 1/5 万高精度重磁力勘探工作，编写了《松辽盆地北部古中央隆起区重磁力勘探成果报告》，该报告除了收集松辽盆地北部 86 口井 7950 块岩心标本密度外，还对 90 口钻井测井资料进行声波时差-密度转换，同时，还测量了 23 口钻井 807 块钻井岩

心物性参数。该报告物性参数的统计、分析成果见表4.23。

表4.23 松辽盆地古中央隆起区地层物性参数统计表

层位		中央拗陷				松辽盆地北部				实测	
		密度/(g/cm³)	平均密度/(g/cm³)	密度差/(g/cm³)	磁化率/(4π×10⁻⁵SI)	密度/(g/cm³)	平均密度/(g/cm³)	密度差/(g/cm³)	磁化率/(4π×10⁻⁵SI)	密度/(g/cm³)	磁化率/(4π×10⁻⁵SI)
Q—E		2.19	2.19		10						
K₂n—K₂y		2.40	2.40	−0.21	15	2.32	2.32				
K₂qn		2.50	2.50	−0.10	4						
K₁qt—K₁sh		2.62	2.62	−0.12	30	2.55	2.56	−0.24		2.62	30
J₃h		2.62			12	2.56				2.64	35
基底	变质岩	2.73	2.69	−0.07		2.72	2.66~2.72	−0.10~−0.16	10	2.72	
	花岗岩	2.64				2.63			1161		
	闪长岩					2.72			2098		
	凝灰岩					2.62			36		

(6) 2006年5~10月，受大庆油田有限责任公司勘探分公司（甲方）委托，中国石油东方地球物理公司综合物化探事业部（乙方），在松北古龙-常家围子断陷区开展1/10万高精度重磁力勘探工作，编写了《松辽盆地北部古龙-常家围子断陷重磁力勘探成果报告》，该报告对松北71口钻井岩心进行密度和磁化率测定（4710余块），对40口测井资料进行声波时差-密度转换，该报告测定了大量的火山岩岩心物性参数，是本次物性统计、分析的重要依据之一，见表4.24。

表4.24 松辽盆地古中央隆起带物性特征一览表

层位		中央拗陷				松辽盆地北部				实测	
		密度/(g/cm³)	平均密度/(g/cm³)	密度差/(g/cm³)	磁化率/(4π×10⁻⁵SI)	密度/(g/cm³)	平均密度/(g/cm³)	密度差/(g/cm³)	磁化率/(4π×10⁻⁵SI)	密度/(g/cm³)	磁化率/(4π×10⁻⁵SI)
Q—E		2.19	2.19		10						
K₂n—K₂y		2.40	2.40	−0.21	15	2.32	2.32				
K₂qn		2.50	2.50	−0.10	4						
K₁qt—K₁sh		2.62	2.62	−0.12	30	2.55	2.56	−0.24		2.62	30
J₃h		2.62			12	2.56				2.64	35
基底	变质岩	2.73	2.69	−0.07		2.72	2.66~2.72	−0.10~−0.16	10	2.72	
	花岗岩	2.64				2.63			1161		
	闪长岩					2.72			2098		
	凝灰岩					2.62			36		

(7) 2005年9月~2006年9月，受大庆油田有限责任公司勘探分公司（甲方）委托，中国石油东方地球物理公司综合物化探事业部（乙方），在松北丰乐-双城地区开

展 1/5 万高精度重磁力勘探工作，编写了《2005 年松辽盆地北部丰乐-双城地区高精度重磁力勘探成果报告》，该报告除了收集松辽盆地北部 86 口井 7950 块岩心标本密度外，还对 40 口钻井测井资料进行声波时差-密度转换，同时，还实测了 27 口井 1913 块密度岩心样品、1920 块磁化强度岩心样品、127 块剩磁样品。该报告物性参数的统计、分析成果见表 4.25。

表 4.25 松辽盆地北部岩石物性参数综合统计表

界	系	统	组	段	代号	密度/(g/cm³) 极小值	极大值	加权平均值	层密度	密度差	磁化率/(4π×10⁻⁵SI) 极小值	极大值	常见值
中生界	白垩系	上统	明水组	二段	K_2m^2				2.171				
				一段	K_2m^1			2.188					
			四方台组		K_2s			2.155					
			嫩江组	五段	K_2n^5			2.197	2.252	-0.054			
				四段	K_2n^4			2.255					
				三段	K_2n^3	2.020	2.370	2.213			5	55	10
				二段	K_2n^2	2.320	2.550	2.361			3	31	15
				一段	K_2n^1	2.053	2.405	2.232			8	42	15
			姚家组	二段、三段	K_2y^{2+3}	1.890	2.360	2.200	2.306	-0.228	10	55	18
				一段	K_2y^1	2.200	2.300	2.263			5	75	19
			青山口组	二段、三段	K_2qn^{2+3}	2.190	2.540	2.345			8	37	21
				一段	K_2qn^1	2.300	2.780	2.415			3	34	14
		下统	泉头组	四段	K_1qt^4	2.197	2.509	2.393	2.534	-0.101	18	92	24
				三段	K_1qt^3	2.250	2.553	2.511			23	340	30
				二段	K_1qt^2	2.560	2.695	2.625			18	400	44
				一段	K_1qt^1	2.377	2.705	2.606			12	1057	49
			登娄库组	四段	K_1dt^4	2.339	2.740	2.623	2.635	-0.106	2	930	51
				三段	K_1dt^3	2.388	2.852	2.608			3	1230	28
				二段	K_1dt^2	2.330	2.879	2.662			7	837	46
				一段	K_1dt^1	2.590	2.610	2.599			20	73	27
			营城组		K_1yc	2.371	2.944	2.635			3	1060	23
			沙河子组		K_1sh	2.580	2.839	2.665			8	180	25
			火石岭组		J_3h	2.459	2.808	2.651			4	82	20
			基底		基底	2.650	2.806	2.741	2.741		11	287	25

（8）2006 年 10 月~2007 年 7 月，受大庆油田有限责任公司勘探分公司（甲方）委托，中国石油东方地球物理公司综合物化探事业部（乙方），在松北徐家围子断陷东部地区开展 1/5 万高精度重磁力勘探工作，编写了《2006 年松辽盆地北部徐东地区高精度重

磁力勘探成果报告》，该报告除了收集松辽盆地物性资料外，还测量了13口566块密度岩心样品、566块磁化强度岩心样品、17块剩磁样品。该报告测定岩心物性参数的统计、分析成果见表4.26。

表4.26 松辽盆地北部徐东地区地层岩石物性参数综合统计表

界	系	统	组	段	代号	密度/(g/cm³) 极小值	极大值	加权平均值	层密度	密度差	磁化率/(4π×10⁻⁵SI) 极小值	极大值	常见值
中生界	白垩系	上统	明水组	二段	K_2m^2				2.171				
				一段	K_2m^1			2.188					
			四方台组		K_2s			2.155					
			嫩江组	五段	K_2n^5			2.197	2.252	-0.081			
				四段	K_2n^4			2.255					
				三段	K_2n^3	2.020	2.370	2.213			5	55	10
				二段	K_2n^2	2.320	2.550	2.361			3	31	15
				一段	K_2n^1	2.053	2.405	2.232			8	42	15
			姚家组	二段、三段	K_2y^{2+3}	1.890	2.360	2.200	2.303	-0.054	10	55	18
				一段	K_2y^1	2.200	2.300	2.263			5	75	19
			青山口组	二段、三段	K_2qn^{2+3}	2.190	2.540	2.345			8	37	21
				一段	K_2qn^1	2.068	2.780	2.328			3	71	19
		下统	泉头组	四段	K_1qt^4	2.197	2.509	2.393	2.534	-0.231	18	92	24
				三段	K_1qt^3	2.250	2.553	2.511			23	137	29
				二段	K_1qt^2	2.560	2.695	2.627			18	269	24
				一段	K_1qt^1	2.377	2.705	2.606			12	1057	74
			登娄库组	四段	K_1dt^4	2.339	2.740	2.623	2.628	-0.094	2	858	34
				三段	K_1dt^3	2.388	2.852	2.608			3	1230	44
				二段	K_1dt^2	2.330	2.879	2.548			7	837	46
				一段	K_1dt^1	2.590	2.650	2.598			20	47	28
			营城组		K_1yc	2.371	2.944	2.599			3	481	27
			沙河子组		K_1sh	2.459	2.808	2.628			4	180	23
			火石岭组		J_3h	2.580	2.839	2.691			8	1994	232
			基底		基底	2.650	2.806	2.741	2.741	-0.113	11	2296	103

（9）2007年10月~2008年6月，江苏省有色金属华东地质勘查局八一四队对古龙断陷地区高精度重磁资料进行重新处理解释工作，编写了《古龙地区重-磁-震综合解释与断陷地质结构识别成果报告》，收集了36口钻井（松北28口井、松南8口井）密度测井和电测井资料，综合统计古龙断陷物性分层成果，见表4.27。

表 4.27 古龙断陷地层岩石密度和磁性分层综合统计表

时代	层位（岩组）		密度/(g/cm³)		密度分层	磁化率/(4π×10⁻⁵SI)	磁性分层
新生界	Q—N		2.19		低密度层	0~10	
中生界	嫩江组 K₂n	五段	2.20	2.25	中低密度层 2.31g/cm³ (−0.43g/cm³)	0~15	微弱磁性层
		四段	2.26				
		三段	2.21				
		二段	2.36				
		一段	2.23				
	姚家组 K₂y	二段、三段	2.20	2.23			
		一段	2.26				
	青山组 K₂qn	二段、三段	2.35	2.31			
		一段	2.42				
	泉头组 K₁qt	四段	2.39	2.53		26	
		三段	2.51				
		二段	2.63				
		一段	2.61				
	登娄库组 K₁d	四段	2.62	2.60	中密度层 2.60g/cm³ (−0.14g/cm³)	16	
		三段	2.61				
		二段	2.66				
		一段	2.60				
	营城组 K₁yc		2.64	2.65	中密度层 2.65g/cm³ (−0.09g/cm³)	12~113	中磁性层
	沙河子组 K₁sh		2.67			26	微弱磁性层
	火石岭组 J₃h		2.65			29~3140	中-强磁性层
古生界	C—P		2.68		高密度层 2.74g/cm³	100	弱磁性层
前震旦系	Anz		2.74				中-强磁性层
岩浆岩	火山岩	流纹岩	2.44		中-高密度体	39	弱磁性层
		凝灰岩	2.62			35	
		安山岩	2.76			113	中磁性层
		玄武岩	2.68			192	
	侵入岩	花岗岩	2.55			45	弱磁性层
		闪长岩	2.65			258	强磁性层
		辉绿岩	2.80			3140	

(10) 2010 年 5~12 月，受大庆油田有限责任公司勘探分公司（甲方）委托，中国石油东方地球物理公司综合物化探事业部（乙方），在林甸断陷地区开展 1/10 万高精度重磁力勘探工作，编写了《松辽盆地北部林甸断陷重磁力勘探成果报告》，该报告收集了工区及邻区 71 口钻井的密度样品 5382 块、磁化率样品 5389 块、剩磁样品 243 块（35 口钻井）

物性资料和40口钻井声波测井资料,还测量了两口钻井的155块密度岩心样品、155块磁化强度岩心样品、15块剩磁样品。该报告测定统计和分析的物性成果见表4.28。

表4.28 林甸断陷期岩石物性参数统计表

物性		沉积岩	酸性岩		中性岩			基性岩
			流纹岩、英安岩	流纹质、英安质凝灰岩	安山岩	安山质凝灰岩	安山质角砾岩	玄武岩、安玄岩
密度/(g/cm³)		2.65	2.51	2.57	2.71	2.66	2.71	2.80
磁化率/($4\pi \times 10^{-5}$SI)		20	12	20	170	463	1016	2148
剩磁/(mA/m)		63	132	185	178	428	1130	573
总磁化强度	0	83	144	205	348	891	2146	2721
	10	82.7	143.8	204.7	346.7	886.7	2138	2714
	45	78	141	200	324	824	1983	2585
	90	66	133	186	249	631	1520	2223
	135	51	124	171	138	343	829	1789

2. 松辽盆地南部物性工作

(1) 2005年12月~2006年5月,受吉林油田公司勘探部(甲方)委托,中国石油东方地球物理公司综合物化探事业部(乙方),在松南长岭断陷开展1/10万高精度重磁力勘探工作,编写了《松辽盆地南部长岭断陷重磁电勘探成果报告》,该报告测定了17口钻井975岩心的密度、磁化率参数,收集了20口钻井的声波测井资料及27口钻井的电阻率测井资料,以及以往盆地周缘一些地层岩石物性资料。该报告中的地层岩石密度和磁化率见表4.29。

表4.29 长岭断陷地层岩石密度和磁化率综合表

层位		密度/(g/cm³)		密度差/(g/cm³)	磁化率/($4\pi \times 10^{-5}$SI)
		变化范围	平均值		
Q—E		2.07~2.08	2.08	−0.32	0~10
K₂n—K₂qn		2.33~2.47	2.40	−0.18	0~15
K₁qt—K₁sh		2.47~2.61	2.58		0~35
J₃h		2.53~2.62		−0.09	0~12
C—P		2.60~2.73	2.67	−0.08	0~50
Anz		2.75	2.75		76~700
火成岩	玄武岩		2.68		192
	辉绿岩		2.80		3140
	安山岩		2.76		113
	闪长岩		2.65		258
	流纹岩		2.44		39
	花岗岩		2.55		45
	凝灰岩		2.62		35

（2）2006年9~12月，受吉林油田公司勘探部（甲方）委托，中国石油东方地球物理公司综合物化探事业部（乙方），在莺山-德惠断陷开展1/10万高精度重磁力勘探工作，编写了《2006年松辽盆地莺山-德惠重磁力勘探成果报告》，该报告测定了11口钻井1162块岩心的密度和磁化率参数，该报告中的地层岩石物性见表4.30。

表4.30 莺山-德惠地区地层密度和磁化率实测表

层位	磁化率/($4\pi \times 10^{-5}$SI) 最大值	最小值	平均值	密度/(g/cm³) 最大值	最小值	平均值			密度差/(g/cm³)	样品数/个
K_2n	36	13	26	2.32	2.08	2.19	2.19	2.19	-0.17	176
K_2qn	30	15	21	2.47	2.19	2.35				50
K_1qt^4	53	21	34	2.48	2.22	2.33	2.36	2.36		118
K_1qt^3	112	8	45	2.50	1.94	2.38			-0.22	284
K_1qt^2	72	19	35	2.65	2.20	2.50	2.54			99
K_1qt^1	498	5	63	2.68	2.30	2.55		2.58		653
K_1d	331	4	52	2.70	2.34	2.59				921
K_1yc	7089	5	139	2.84	2.3	2.57	2.59			1116
K_1sh	46	10	22	2.76	2.4	2.61				187
J_3h	1789	33	248	2.72	2.63	2.67			-0.12	80
Pz	2742	3	191	2.86	2.51	2.70	2.70	2.70		458

（3）2007年10月~2008年4月，受吉林油田公司勘探部（甲方）委托，中国石油东方地球物理公司综合物化探事业部（乙方），在松南榆树断陷开展1/10万高精度重磁勘探工作，编写了《2007年松辽盆地榆树地区重磁电勘探成果报告》，对榆树、梨树-双辽断陷18口钻井的密度、磁化率进行了系统的测定，共完成密度样品测量871个，磁化率样品测量876个，剩磁样品测量31个。该报告中的物性参数见表4.31和表4.32。

表4.31 榆树、梨树-双辽地区物性参数统计分布表

层位	井数量/口	标本数/块	平均磁化率/($4\pi \times 10^{-5}$SI)	平均密度/(g/cm³)	综合密度/(g/cm³)	密度差/(g/cm³)
K_1qt^3	2	131	17	2.359	2.37	0.15
K_1qt^2	2	27	21	2.386		
K_1qt^1	6	97	59	2.499	2.52	0.08
K_1d	4	104	30	2.54		
K_1yc	6	405	25	2.554		
	5	56	236	2.577		
K_1sh	2	64	32	2.639	2.60	0.09
	2	7	1440	2.668		
J_3h	2	40	503	2.563		
Pz	9	71	306	2.693	2.69	

表 4.32　榆树、梨树-双辽地区地层密度和磁化率实测表

层位	磁化率/(4π×10⁻⁵SI) 最大值	最小值	平均值	密度/(g/cm³) 最大值	最小值	平均值	密度差/(g/cm³)	样品数/个
K_1qt^3	18	16	17	2.42	2.29	2.36		131
K_1qt^2	28	14	21	2.47	2.29	2.39	2.36	27
K_1qt^1	137	15	59	2.58	2.45	2.50		97
K_1d	42	14	30	2.61	2.50	2.54	2.52	104
K_1yc	158	5	50	2.65	2.48	2.57	−0.16	461
K_1sh	36	27	32	2.68	2.4	2.59	2.57	71
							−0.05	
J_3h	1789	33	303	2.47	2.67	2.56	−0.12	40
Pz	2441	5	306	2.75	2.58	2.69	2.69	71

（4）2007年10月~2008年4月，江苏省有色金属华东地质勘查局八一四队在松南榆树断陷开展1/10万高精度重磁电勘探工作，编写了《松辽盆地南部2007~2008年榆树地区重磁电勘探成果报告》，在榆树及周缘地区测定了365块基岩岩心的密度、磁化率，见表4.33。

表 4.33　榆树地区密度和磁化率综合统计表

层位	岩性	块数	密度/(g/cm³) 最小值	最大值	平均值	磁化率/(4π×10⁻⁵SI) 最小值	最大值	平均值
变质岩	板岩、黄铁矿化石英岩	40	2.61	2.65	2.62	19	1238	53.98155
中-酸性侵入岩	二长花岗岩、黑云母花岗岩、花岗闪长岩、碱性花岗岩、石英闪长岩	205	2.54	2.73	2.60	2.63	1793	86.10
侏罗系	酸性火山熔岩	30	2.58	2.58	2.58	124	130	126.9646
三叠系	砂岩	30	2.66	2.66	2.66	23	40	28.6986
二叠系	硅化白云质砂岩、硅质白云岩、石英砂岩	60	2.66	2.87	2.715	19	56	26.09672

（5）2007年10月~2008年7月，受吉林油田公司勘探部（甲方）委托，中国石油东方地球物理公司综合物化探事业部（乙方），在松南梨树-双辽地区开展1/10万高精度重磁勘探工作，编写了《松辽盆地梨树-双辽地区重磁电勘探成果报告》，对榆树、梨树-双辽断陷18口钻井的密度、磁化率进行了系统的测定，共完成密度样品测量871个，磁化率测量876个，剩磁测量31个，结果见表4.33。

（6）2008年10月~2008年7月，受吉林油田公司勘探部（甲方）委托，中国石油东方地球物理公司综合物化探事业部（乙方），在松辽盆地西部斜坡区开展1/10万高精度重磁勘探工作，编写了《2008年松辽盆地西部斜坡重磁电勘探成果报告》，实测工区14口钻井630块岩心的密度和磁性数据；收集整理了工区以及附近的57口声波测井数据；收

集了1995年《松辽西部断陷带重、磁、电综合解释成果报告》的密度和磁化率资料；收集了1961年《松辽盆地西部斜坡重磁力试验研究总结报告》的密度和磁化率资料；收集了2001年《黑龙江省松辽盆地北部和西部超覆带西里吐地区高精度重磁勘探成果报告》的密度和磁化率资料；收集了1996年《黑龙江省松辽盆地北部泰康地区高精度重磁勘探成果报告》的密度和磁化率资料，见表4.34。

表 4.34 松辽盆地西部斜坡地区地层密度和磁化率统计表

层位	磁化率/($4\pi\times10^{-5}$SI)			密度/(g/cm³)			密度差/(g/cm³)
	最小值	最大值	平均值	最小值	最大值	加权平均值	
Q				1.78	2.17	2.02	2.04	0.18
E+N	12	13	13	1.81	2.34	2.06		
K_2m				1.98	2.28	2.16	2.22	0.29
K_2s	75	75	75	2.08	2.30	2.23		
K_2n	12	29	22	2.03	2.34	2.24		
K_2y	12	35	17	1.72	2.57	2.15		
K_2qn	6	29	18	2.11	2.40	2.34		
K_1qt	7	39	34	2.22	2.64	2.57	2.51	0.16
K_1d	16	36	26	2.58	2.69	2.64		
K_1yc	24	102	56	2.14	2.68	2.46		
K_1sh	20	30	26	2.53	2.66	2.59		
J_3h	6	2008	400	2.18	2.74	2.41		
Pz	26	35	30	2.51	2.78	2.67	2.67	

（7）2009年10月~2009年12月，受吉林油田公司勘探部（甲方）委托，中国石油东方地球物理公司综合物化探事业部（乙方），在松辽盆地南部洮南地区开展1/10万高精度重磁勘探工作，编写了《2009年松辽盆地南部洮南地区重磁电勘探成果报告》，收集整理了工区以及附近的53口声波测井数据；收集整理了2008年西斜坡镇赉工区14口钻井630块岩心的密度和磁性数据，以及57口声波测井数据，见表4.35和表4.36。

表 4.35 松辽盆地南部洮南地区地层密度和磁化率统计表

层位	磁化率/($4\pi\times10^{-5}$SI)			密度/(g/cm³)			密度差/(g/cm³)
	最小值	最大值	平均值	最小值	最大值	加权平均值	
Q				1.78	2.17	2.00	2.02	0.16
E+N	12	13	13	1.81	2.34	2.04		
K_2m				1.98	2.28	2.14	2.18	0.15
K_2s	75	75	75	2.08	2.30	2.20		
K_2n	12	29	22	2.03	2.34	2.19		

续表

层位	磁化率/(4π×10⁻⁵SI)			密度/(g/cm³)			密度差/(g/cm³)
	最小值	最大值	平均值	最小值	最大值	加权平均值	
K_2y	12	35	17	2.13	2.57	2.32	2.33	0.18
K_2qn	6	29	18	2.11	2.40	2.34		
K_1qt	7	39	34	2.22	2.64	2.46	2.51	0.16
K_1d	16	36	26	2.58	2.69	2.54		
K_1yc	24	102	56	2.14	2.68	2.55		
K_1sh	20	2008	400	2.53	2.66	2.59		
Pz	26	35	30	2.51	2.78	2.67	2.67	

表4.36 黑龙江省主要岩石密度统计表

成因类型		岩石类型	密度/(g/cm³)	
			变化范围	平均值
火成岩	侵入岩	超基性岩类	2.75~3.29	3.05
		基性岩类	2.48~3.14	2.77
		中性岩类	2.50~2.57	2.70
		酸性岩类	2.40~2.86	2.60
	喷出岩	超基性岩类	2.31~3.03	2.82
		基性岩类	2.39~3.18	2.74
		中性岩类	2.10~3.07	2.64
		酸性岩类	1.89~2.84	2.49
		珍珠岩	1.39~2.46	2.28
变质岩		片麻岩类	2.44~2.76	2.60
		混合岩类	2.44~2.72	2.57
		碎裂岩类	2.48~2.67	2.59
		变粒岩类	2.23~2.77	2.58
		绿泥片岩类	2.45~3.10	2.73
		千枚岩类	2.39~2.73	2.55
		板岩类	2.25~2.88	2.61
		片理化凝灰岩	2.56~2.91	2.70

续表

成因类型	岩石类型	密度/(g/cm³) 变化范围	密度/(g/cm³) 平均值
变质岩	片理化碎屑岩类	2.45~2.88	2.62
变质岩	片理化碎屑熔岩类	2.57~2.76	2.68
变质岩	大理岩	2.66~3.01	2.69
变质岩	石英云母片岩类	2.22~2.98	2.61
沉积岩	碎屑砂岩、砂岩	2.13~3.10	2.58
沉积岩	碎屑砂岩、砂岩	2.07~2.70	2.47
沉积岩	碎屑砂岩、砂岩	2.31~2.76	2.51
沉积岩	砾岩	2.17~2.80	2.54
沉积岩	石灰岩	2.25~2.71	2.60

3. 松辽盆地外围西部物性采测工作

（1）吉林大学为配合《松辽盆地及外围上古生界油气资源战略选区》子项目，于2009年在海拉尔-洮南地区测定了230块基岩岩心的密度和磁化率参数，其成果见表4.37。

表4.37 2009年吉林大学盆地外围密度和磁化率综合统计表

层位	主要岩性	块数	密度/(g/cm³) 最小值	最大值	平均值	磁化率/(4π×10⁻⁵SI) 最小值	最大值	平均值
变质岩	绿泥片岩	1	2.76	2.76	2.76	0.096	0.096	0.09600
酸性侵入岩	斑岩、二长斑岩、花岗斑岩、花岗岩、花岗正长岩、闪长玢岩、闪长岩、蚀变闪长岩、细粒花岗岩、斜长花岗岩、正长斑岩	7	2.25	259	7.05	0.004	9.817	0.13484
基性侵入岩	辉长岩、辉绿岩、蚀变辉长岩	7	2.57	2.88	2.69	0.071	1.9	0.20297
侏罗系	安山岩、粗面岩、火山角砾岩、流纹岩、凝灰熔岩、凝灰岩、酸性熔结凝灰岩、酸性熔岩、玄武岩、珍珠岩	4	1.78	2.73	2.50	0.004	8.378	0.34257
二叠系	粉砂岩、硅质岩、灰岩、泥岩、泥质粉砂岩、砂岩、石英砂岩、细粉砂岩、细砂岩	2	2.26	2.81	2.62	0.001	0.1	0.02977
寒武系—奥陶系	灰岩	2	2.7	2.73	2.72	0.009	0.014	0.01123

（2）2011年5~6月，江苏省有色金属华东地质勘查局八一四队为配合本次工作，在松辽盆地以西及南缘乌兰浩特-赤峰地区，以出露的古生界海相地层和各类岩体为重点，开展

了物性标本的采集与测定工作（密度、磁化率参数），共测定2241块标本，其成果见表4.38。

表4.38 松辽盆地以西及南缘乌兰浩特–赤峰地区地层岩石露头密度和磁化率综合统计表

地层及代号			岩性	块数	密度/(g/cm³)				磁化率/(4π×10⁻⁵SI)			
					极大值	极小值	平均值		极大值	极小值	平均值	
新近系	汉诺坝组	N_1h	玄武岩	15	2.92	2.85	2.89	2.89	285	78	130	130
二叠系	林西组	P_3l	板岩	65	2.74	2.58	2.69	2.64	2338	12	29	18
			页岩	29	2.69	2.53	2.62		40	9	21	
			砂岩、粉砂岩	80	2.70	2.45	2.62		22	1	9	
	哲斯组	P_2z	凝灰岩	30	2.70	2.44	2.56	2.64	541	7	27	30
			页岩	38	2.69	2.50	2.58		26	4	15	
			板岩	47	2.77	2.55	2.71		46	1	22	
			泥岩	24	2.68	2.55	2.62		440	13	61	
			安山质熔岩	28	2.72	2.65	2.68		784	21	87	
			粉砂岩、砂岩、变质砂岩	50	2.70	2.51	2.63		274	7	25	
			灰岩、大理岩	55	2.86	2.65	2.72		389	1	20	
	大石寨组	P_1ds	凝灰岩	25	2.70	2.63	2.66	2.67	2255	366	1377	58
			细碧角斑岩	75	3.03	2.65	2.85		3018	16	104	
			中酸性熔岩	63	2.63	2.50	2.58		245	1	16	
			石英岩	4	2.63	2.57	2.60		10	3	5	
	寿山沟组	P_1ss	泥质板岩	42	2.68	2.55	2.62	2.67	7	30	19	23
			变质砂岩	30	2.74	2.67	2.71		53	11	28	
	大红山组	P_1d	砂岩	50	2.73	2.57	2.69	2.69	39	2	16	16
	于家北沟组	P_1y	板岩	37	2.75	2.63	2.70	2.70	41	4	19	20
			砂岩	30	2.78	2.59	2.70		36	3	18	
			泥灰岩	6	2.76	2.64	2.71		35	14	25	
石炭系	格根敖包组	$(C_2-P_1)g$	凝灰质砂岩	30	2.61	2.56	2.59	2.59	16	1	7	7
	宝力高庙组	$(C_2-P_1)bl$	泥岩	31	2.64	2.58	2.61	2.70	24	4	12	15
			粉砂岩	32	2.57	2.37	2.48		21	9	15	
			砂质板岩	5	2.64	2.70	2.68		22	11	18	
	阿木山组	$(C_2-P_1)a$	泥灰岩	32	2.74	2.66	2.71	2.70	63	24	43	13
			结晶灰岩、生物灰岩	30	2.70	2.65	2.68		11	1	4	
	本巴图组	C_2bb	泥岩、碳质泥岩	40	2.67	2.47	2.57	2.64	28	4	17	10
			灰岩	27	2.72	2.68	2.70		12	1	6	
	酒局子组	C_2jj	砂岩	43	2.68	2.55	2.59	2.65	22	1	10	12
			板岩	32	2.74	2.57	2.70		26	6	14	

续表

地层及代号			岩性	块数	密度/(g/cm³)				磁化率/(4π×10⁻⁵SI)			
					极大值	极小值	平均值		极大值	极小值	平均值	
石炭系	白家店组	C₁bj	灰岩	31	2.71	2.68	2.69	2.69	17	3	8	8
	朝吐沟组	C₁ch	变基性熔岩	31	2.94	2.89	2.91	2.79	6395	1011	2378	207
			中酸性熔岩	34	2.73	2.53	2.66		31	5	18	
泥盆系—志留系	西别河组	S₃D₁x	灰岩	66	2.73	2.65	2.71	2.68	12	1	3	7
			板岩	30	2.70	2.59	2.66		35	8	21	
			钙质砂岩	5	2.69	2.67	2.68		7	5	6	
	八当山火山岩	S₂b	片理化流纹斑岩	65	2.63	2.50	2.58	2.58	91	1	8	8
奥陶系	包尔汉图群	O₁₋₂b	中性熔岩	30	2.67	2.52	2.62	2.66	415	2	16	93
			基性熔岩	31	2.78	2.61	2.70		1867	333	546	
元古界	宝音图群	Pt₁by	二云石英片岩	46	2.64	2.59	2.61	2.70	583	5	54	210
			石英黑云母片岩	38	2.83	2.70	2.76		3837	4	814	
			石英岩	7	2.65	2.62	2.64		5	1	2	
太古界	小牵马岭片麻岩单元	Ar₃xqgn	英云闪长质片麻岩	31	2.79	2.65	2.72	2.72	9235	231	995	995
	乌拉山岩群	Ar₂w	角闪斜长片麻岩	64	2.93	2.54	2.74	2.79	12272	11	1155	274
			斜长角闪岩	31	3.09	2.81	2.96		5376	21	131	
			花岗片麻岩	22	2.71	2.55	2.59		319	4	26	
			石英云母（角闪）片岩	15	3.02	2.65	2.93		2259	80	340	
侵入岩	白垩纪侵入岩	Kγ	花岗岩	31	2.61	2.48	2.57		1192	27	308	
	侏罗纪侵入岩	Jγ、Jηγ	花岗岩、二长花岗岩	92	2.61	2.52	2.59		363	2	8	
		Jδμ	闪长玢岩	4	2.68	2.63	2.65		5031	3797	4402	
	三叠纪侵入岩	Tγ、Tηγ	花岗岩、二长花岗岩	82	2.64	2.53	2.59		1743	1	11	
		Tγδ	花岗闪长岩、闪长岩	109	2.86	2.53	2.62		1159	1	15	
	二叠纪侵入岩	Pγ、Pηγ、Pγδ	花岗岩、花岗斑岩	121	2.64	2.49	2.56		1399	1	13	
		Pδ	闪长岩、闪长玢岩	59	2.93	2.60	2.71		4301	99	243	
	石炭纪侵入岩	Cδ	闪长岩	30	2.79	2.73	2.76		781	321	529	

(3) 2012年5月13~27日，江苏省有色金属华东地质勘查局八一四队为配合本项目，在松辽盆地西部甘珠尔-突泉-扎鲁特地区，以出露的古生界海相地层和各类岩体为重点，开展了物性标本的采集与测定工作（密度、磁化率参数），共采集与测定密度、磁化率参数标本506块；其成果见表4.39。

表4.39 松辽盆地西部突泉-扎鲁特地区地层岩石露头密度和磁化率统计表

地层及代号			岩性	块数	密度/(g/cm³)				磁化率/(4π×10⁻⁵SI)			
					极大值	极小值	平均值		极大值	极小值	平均值	
白垩系	梅勒图组	K₁m	安山岩	25	2.65	2.48	2.59	2.61	350	19	56	186
			玄武岩	17	2.66	2.62	2.64		1970	599	1095	
侏罗系	白音高老组	J₃b	凝灰质砂岩	30	2.46	2.05	2.35		1580	24	185	
	玛尼吐组	J₃mn	砂岩	15	2.60	2.46	2.54	2.56	2	0	0	44
			凝灰质砂岩	11	2.65	2.59	2.64		58	4	16	
			安山岩	13	2.67	2.53	2.62		407	30	126	
			角砾凝灰岩	20	2.60	2.41	2.51		210	7	40	
	满克头鄂博组	J₃m	安山质凝灰岩	11	2.57	2.64	2.51	2.55	81	14	51	27
			流纹岩	22	2.56	2.50	2.53		44	2	9	
			中酸性熔岩	5	2.76	2.68	2.72		982	396	629	
			流纹斑岩	10	2.57	2.51	2.54		179	8	32	
	万宝组	J₂wb	泥岩	12	2.72	2.66	2.70	2.65	86	10	19	13
			砂岩	19	2.67	2.59	2.63		80	1	11	
	红旗组	J₁h	碳质泥岩	15	2.57	2.26	2.45	2.51	3	1	2	2
			砂岩	16	2.58	2.52	2.56		5	1	3	
二叠系	哲斯组	P₂z	砂岩、含砾砂岩	24	2.69	2.41	2.63	2.63	14	0	0	2
			泥质粉砂岩	15	2.68	2.60	2.64		9	4	6	
	大石寨组	P₁ds	泥岩	21	2.64	2.60	2.62	2.64	97	10	29	47
			中酸性熔岩	14	2.63	2.59	2.62		2270	813	1295	
			粉砂岩	21	2.84	2.58	2.67		16	2	8	
	寿山沟组	P₁ss	砂岩、泥质粉砂岩	31	2.64	2.47	2.58		992	10	39	
侏罗纪侵入岩		Jγ	花岗岩、细粒花岗岩	66	2.62	2.44	2.53		237	1	30	
		Jγδ	花岗闪长岩	30	2.65	2.54	2.62		847	2	272	
二叠系侵入岩		Pγ	花岗岩	43	2.67	2.44	2.59		64	6	31	

4. 松辽盆地内密度参数整理和利用情况

为保证物性统计结果对全区地层垂向分层具有良好的代表性，本书主要选取均匀分布全盆地的钻遇基底的钻井密度和电测井资料，进行相应的数理统计、整理和综合分析工作。具体搜集到钻井密度测井资料396口，钻井分布如图4.2所示，钻井均匀分布全区，较好地控制整个工区的物性分布特征。

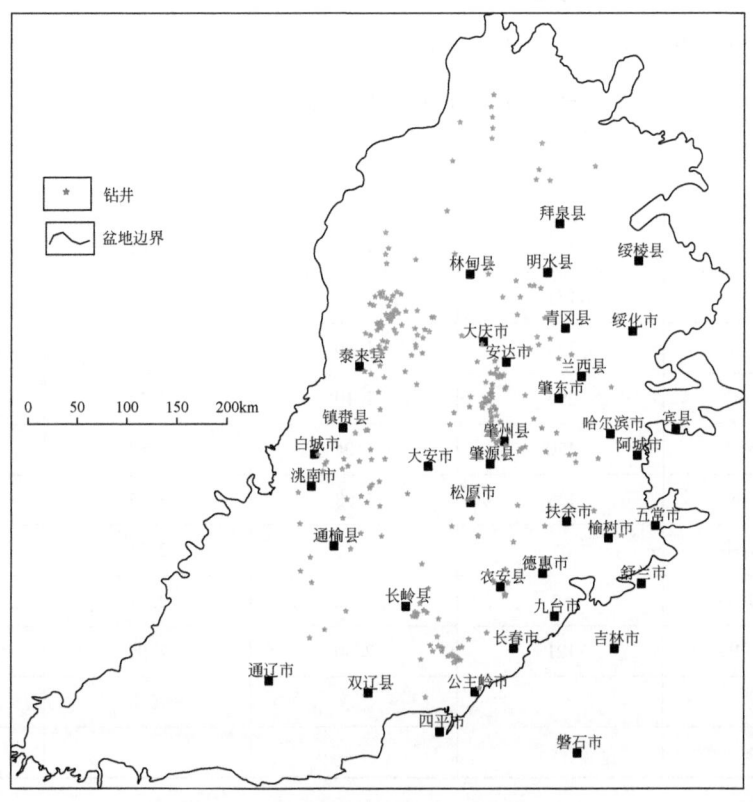

图 4.2 松辽盆地物性测井采样分布图

1）盖层中岩石密度参数资料的选取原则

地层岩石密度参数资料，主要由以下三方面来源构成。

（1）实测钻井岩心密度参数。实测的密度参数是最接近实际、最准确的，但是，由于钻井岩心实际条件限制，其数量较少，且不够系统。

（2）密度测井资料。由于每口钻井都要进行综合测井，故密度测井资料收集较易，其地层较全，而且系统，在密度参数资料中被引用最多。但是，由于密度测井资料受井径等影响较大，与实测的密度参数相比，往往浅中部密度偏小、深部密度较接近。

（3）声波时差转换。由于各地区声波的各向异性特征，声波时差转换成密度值，虽然密度值垂向变化较系统，但往往要与已知钻井实测岩心值标定后才能引用。经过对比标定，本书采用如下声波时差到密度转换经验公式：

$$\rho = 0.31 \cdot \left(\frac{10^6}{\Delta t}\right)^{-0.2}$$

式中，ρ 为由测井声波时差转换的地层密度，g/cm³；Δt 为测井声波时差，μs。

搜集到了有关测井资料（含密度测井和声波时差测井等）共 463 口，钻井分布情况如图 4.2 所示。完成密度统计测井 303 口（其中声波转换测井 137 口，岩心密度采样 43 口），分析统计中对于有重复的情况，按照岩心测井、密度测井、声波时差测井的顺序优先选取更可靠的密度参数参与统计,最终统计得出各地层岩石密度参数一览表。

2) 盖层岩石密度特征分析

(1) 地层岩石由新到老,密度值逐渐增大（表4.40）。

表4.40 松辽盆地钻井地层密度统计表

层位	井数	密度/(g/cm^3)		
		最小值	最大值	平均值
嫩江组 K$_2$n	146	1.95	2.61	2.20
姚家组 K$_2$y	161	1.75	2.53	2.27
青山口组 K$_2$qn	233	1.80	2.64	2.31
泉头组 K$_1$qt	295	2.10	2.74	2.41
登娄库组 K$_1$d	180	1.94	2.88	2.50
营城组 K$_1$yc	138	2.08	3.02	2.51
沙河子组 K$_1$sh	65	2.16	2.71	2.52
火石岭组 J$_3$h	52	2.32	2.71	2.55
古生界 C—P	121	2.30	2.99	2.68
花岗岩类				2.61
前石炭系				2.73

(2) 对于沉积岩,密度随深度的增大而增大,在浅表层,砂岩密度一般略大于泥岩,而随着深度的增加,由于压实作用,泥岩的密度很快会超过砂岩,从统计来看,地层岩石在登娄库组（4.0km 左右时）以下,密度一般都达到 2.50g/cm^3 以上。在常见的取心深度范围内,同一层中泥岩的密度都比砂岩密度大。

(3) 本区盖层密度界面主要可分为三层,即新生界为低密度层（分布于全区,厚度小于0.3km,平均密度为2.05g/cm^3）,嫩江组、姚家组、青山口组至泉头组为中低密度层（总厚度较大,引起的重力效应异常值较大,平均密度为 2.31g/cm^3）；登娄库组至火石岭组为中密度层（该密度层厚度中等,平均密度达到2.60g/cm^3；埋深为1.6~6.4km）。其中,登娄库组以泥岩和砂岩为主,密度相对较低,营城组、沙河子组和火石岭组中局部夹中基性火山岩,造成密度局部高。

3) 基底中地层密度特征

基底岩性主要由古生界海陆相沉积地层、元古界变质岩层和各期岩浆岩组成。为配合《松辽盆地及外围上古生界油气资源战略选区》子项目,于2010年在双辽-敦化地区,测定了1200余块岩石露头标本的密度、磁化率参数,其中基底岩石标本850块,见表4.41。另外,参照钻遇基底测井资料密度测定资料来选取,古生界、元古界沉积地层密度一般为 2.68~2.74g/cm^3。

表 4.41　松辽盆地地层岩石密度和磁性分层综合统计表

地层及代号			密度 /(g/cm³)	密度分层	磁化率 /(4π×10⁻⁵SI)	磁性分层
新生界	Q—N		2.19	低密度层	0~10	
中生界	嫩江组 K₂n	五段	2.20	2.25	0~15	微弱磁性层
		四段	2.26			
		三段	2.21			
		二段	2.36			
		一段	2.23			
	姚家组 K₂y	二段、三段	2.20	2.23	中低密度层 2.31g/cm³ (−0.43g/cm³)	
		一段	2.26			
	青山组 K₂qn	二段、三段	2.35	2.31		
		一段	2.42			
	泉头组 K₁qt	四段	2.39	2.53	26	
		三段	2.51			
		二段	2.63			
		一段	2.61			
	登娄库组 K₁d	四段	2.62	2.60	中密度层 2.60g/cm³ (−0.14g/cm³)	16
		三段	2.61			
		二段	2.66			
		一段	2.60			
	营城组 K₁yc		2.64	2.65	中密度层 2.65g/cm³ (−0.09g/cm³)	12~113	中磁性层
	沙河子组 K₁sh		2.67		26	微弱磁性层
	火石岭组 J₃h		2.65		29~3140	中-强磁性层
古生界	C—P		2.68	高密度层 2.74g/cm³	100	弱磁性层
前石炭系	Pz₁—Anz		2.74			中-强磁性层
岩浆岩	火山岩	流纹岩	2.44	中-高密度体	39	弱磁性层
		凝灰岩	2.62		35	
		安山岩	2.76		113	中磁性层
		玄武岩	2.68		192	
	侵入岩	花岗岩	2.55		45	弱磁性层
		闪长岩	2.65		258	强磁性层
		辉绿岩	2.80		3140	

4) 岩浆岩密度特征

岩石密度与岩性有密切的关系，对于岩浆岩来说，侵入岩密度高于火山岩，密度按超基性、基性、中性、酸性的顺序依次降低。另外，火山岩密度与气孔构造和杏仁构造发育程度有关。

本区岩浆岩较发育，共发生六次火山喷发，前五次为中-基性火山喷发，最后一次为酸性火山喷发，规模较大。岩浆岩从酸性—中性—基性，密度逐渐变大。其中，酸性流纹岩密度最低，一般在 2.44g/cm³ 左右，基性玄武岩的平均密度为 2.80g/cm³。侵入岩的平均密度为 2.61g/cm³，比古生界、元古界地层密度低，是基底中的低密度体。

5) 各构层密度值与基底密度差

各构层密度值与基底密度差详见表 4.42。

表 4.42　各构层密度值与基底密度差一览表

构造层	地层或岩体名称	密度/(g/cm³)	与 C—P 密度差/(g/cm³)
地面—T₁	姚家组以上	2.10	−0.58
T₁—T₂	姚家组、青山口组	2.30	−0.38
T₂—T₃	泉头组	2.42	−0.26
T₃—T₄	登娄库组	2.51	−0.17
T₄—T₅	营城组、沙河子组、火石岭组	2.53	−0.15
T₅—J	侏罗系火山岩		
T₅以下	石炭系—二叠系	2.68	0.00
	花岗岩类	2.60	−0.08
	前石炭系	2.73	0.07

6) 盖层岩石密度的平面变化

总体来看（图 4.3~图 4.11），从嫩江组到营城组的密度分布特征都大体相似，即中央断陷区表现为高密度条带，西部斜坡区和东南隆起区表现为低密度体，主要是因为同一组盖层随着埋深加大，受压实作用增大，密度增大。从密度等值线平面分布特征分析，中央断陷区同一组盖层的密度值比东、西部同一组盖层的密度值大。另外，从沙河子组开始，盆地东南部密度明显上升，密度最低点出现在梨树-双辽地区。钻井典型密度测井曲线如图 4.12 所示。

5. 岩石磁性特征

(1) 盖层中沉积岩为无或弱磁性，登娄库组以上地层磁化率为 $(0~26)\times 4\pi\times 10^{-5}$SI。

(2) 盖层中营城组地层磁化率为 $(12~113)\times 4\pi\times 10^{-5}$SI，属中磁性层，为本区第一磁性层；沙河子组地层磁化率为 $(0~26)\times 4\pi\times 10^{-5}$SI，属无磁性层；火石岭组地层磁化率为 $(29~3140)\times 4\pi\times 10^{-5}$SI，属中强磁性层，为本区第二磁性层。

(3) 基底中 C—P 浅变质岩一般为无磁性或弱磁性，前震旦系深变质岩磁性较强，磁化率在 $100\times 4\pi\times 10^{-5}$SI 以上，岩浆岩磁性有强有弱，酸性岩浆岩一般为无磁性或弱磁性，磁化率变化范围在 $(0~45)\times 4\pi\times 10^{-5}$SI，中-基性岩浆岩为中-强磁性，磁化率为 $(113~3140)\times 4\pi\times 10^{-5}$SI，本区的区域磁性异常主要由基底中的前震旦系深变质岩和中-基性侵入岩体引起，称为本区第三磁性层。

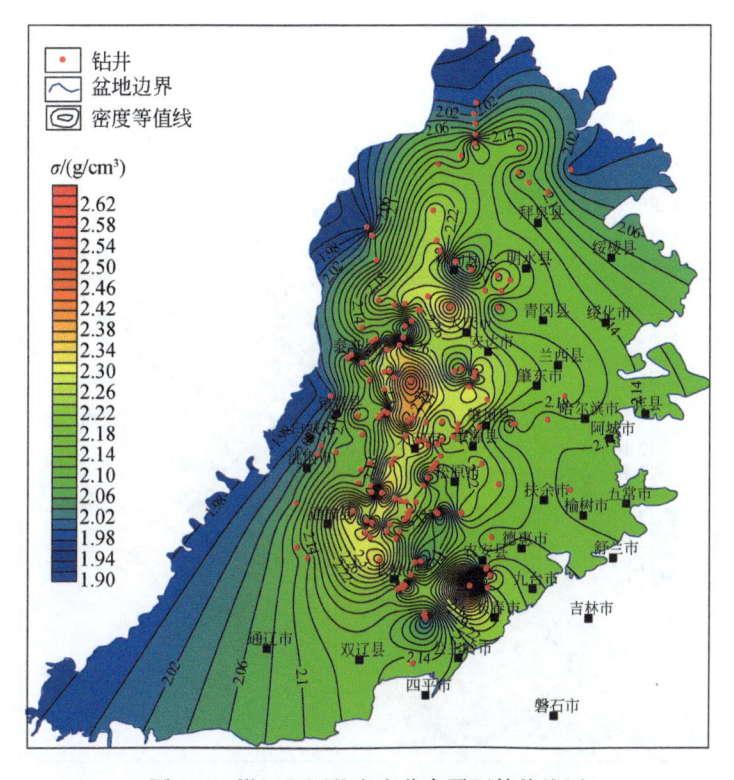

图 4.3 嫩江组测井密度分布平面等值线图

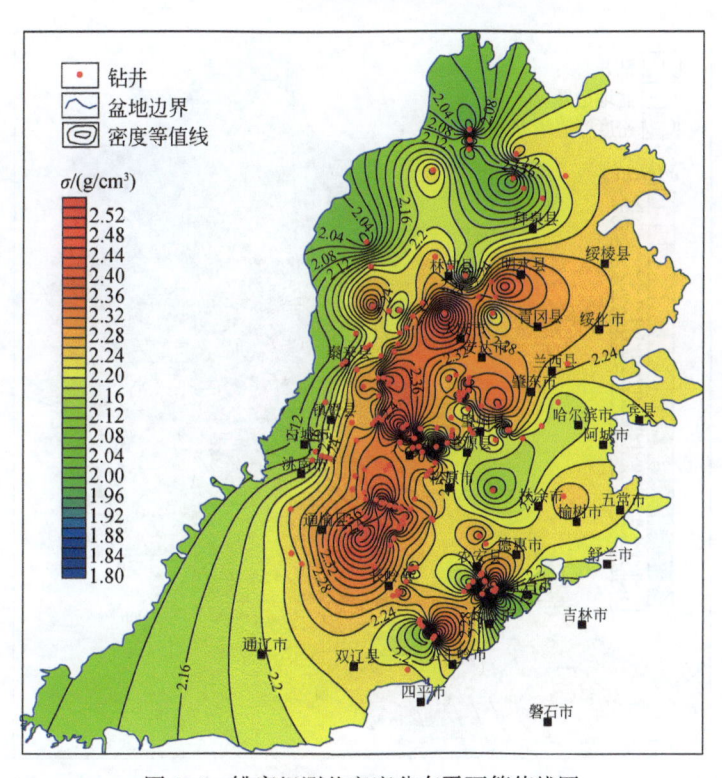

图 4.4 姚家组测井密度分布平面等值线图

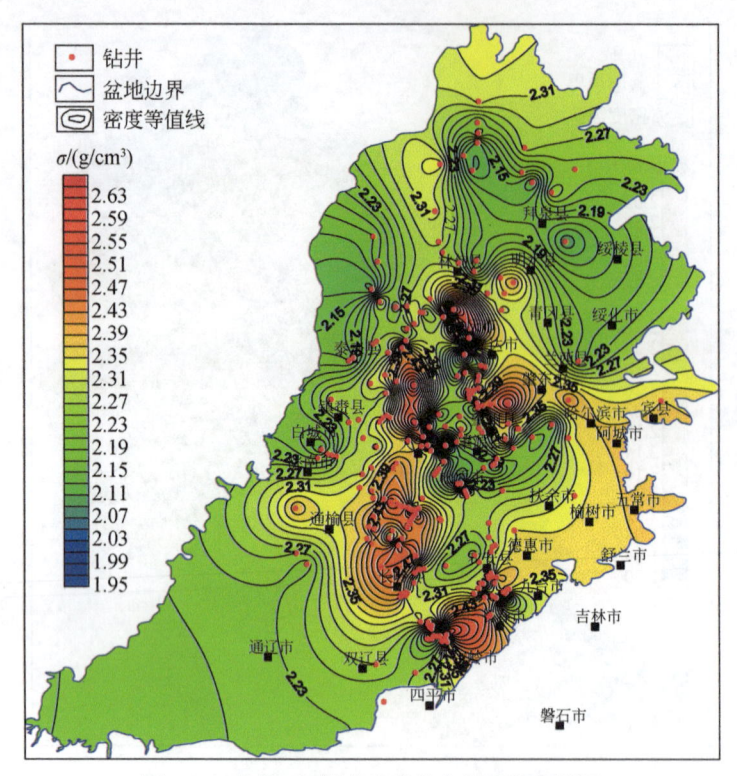

图 4.5 青山口组测井密度分布平面等值线图

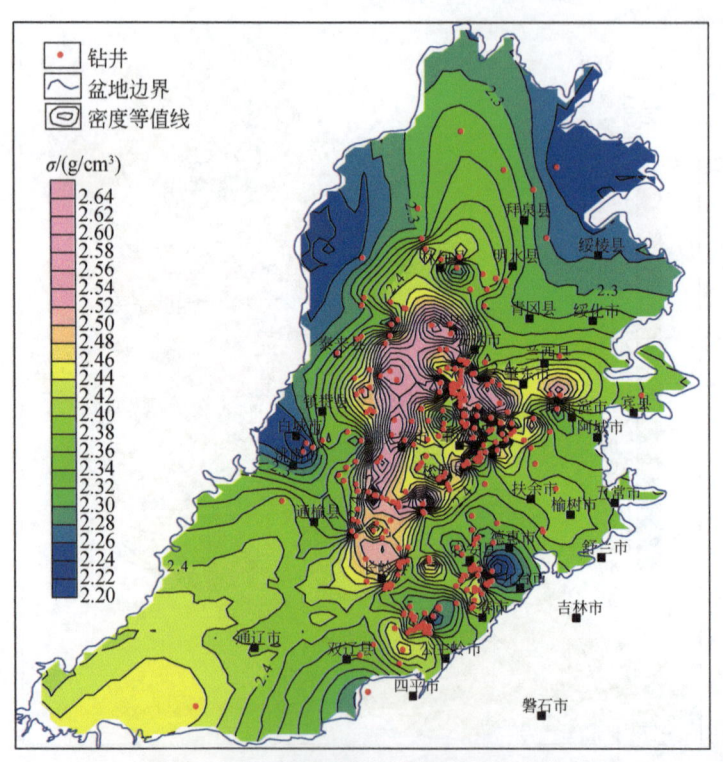

图 4.6 泉头组测井密度分布平面等值线图

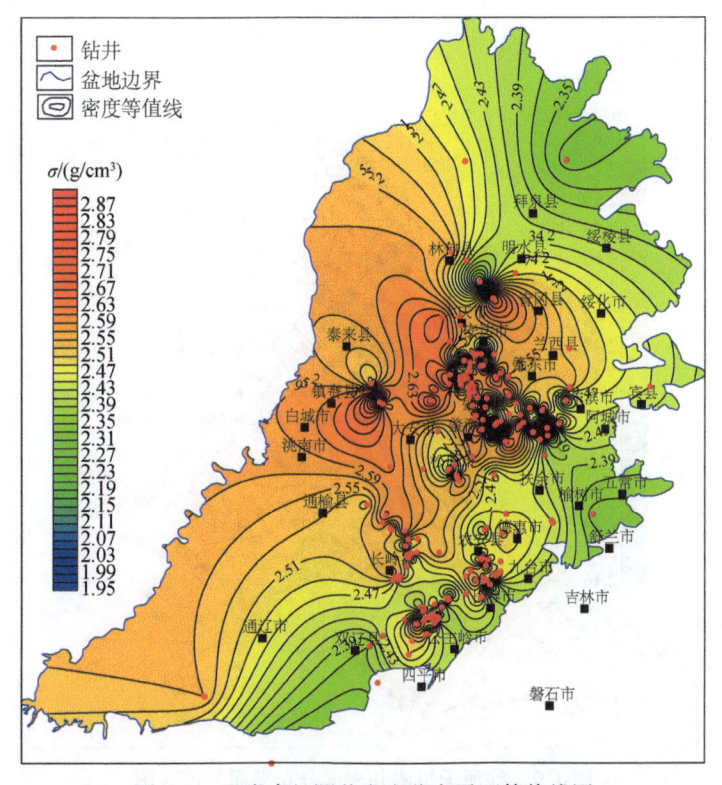

图 4.7 登娄库组测井密度分布平面等值线图

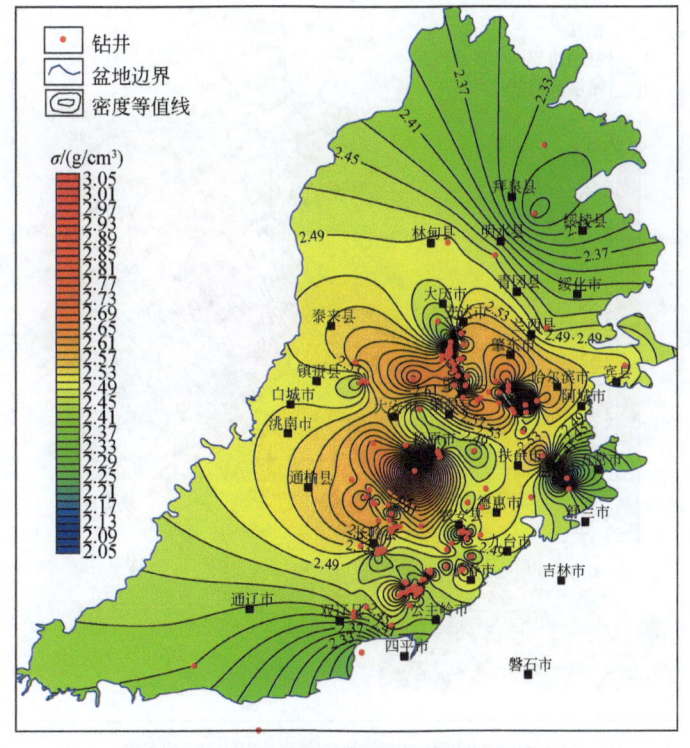

图 4.8 营城组测井密度分布平面等值线图

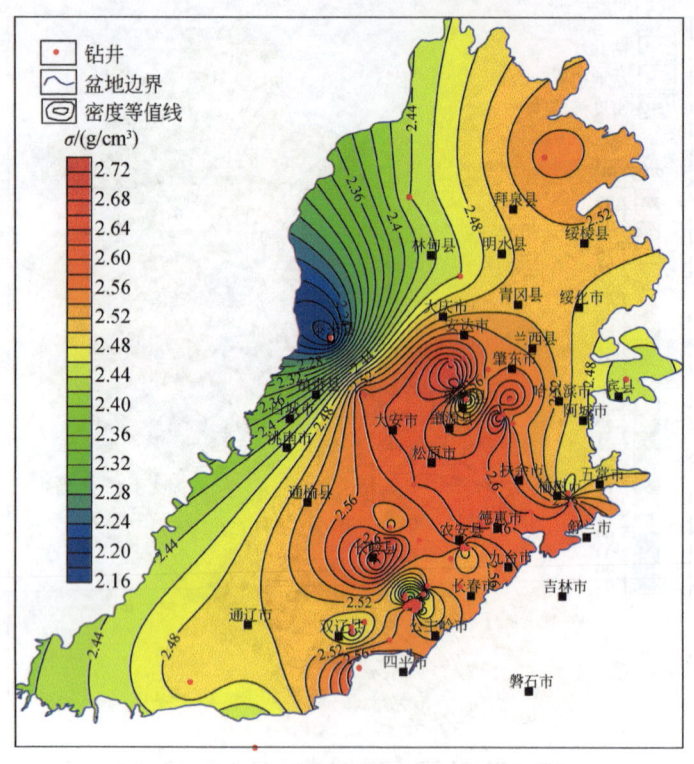

图 4.9　沙河子组测井密度分布平面等值线图

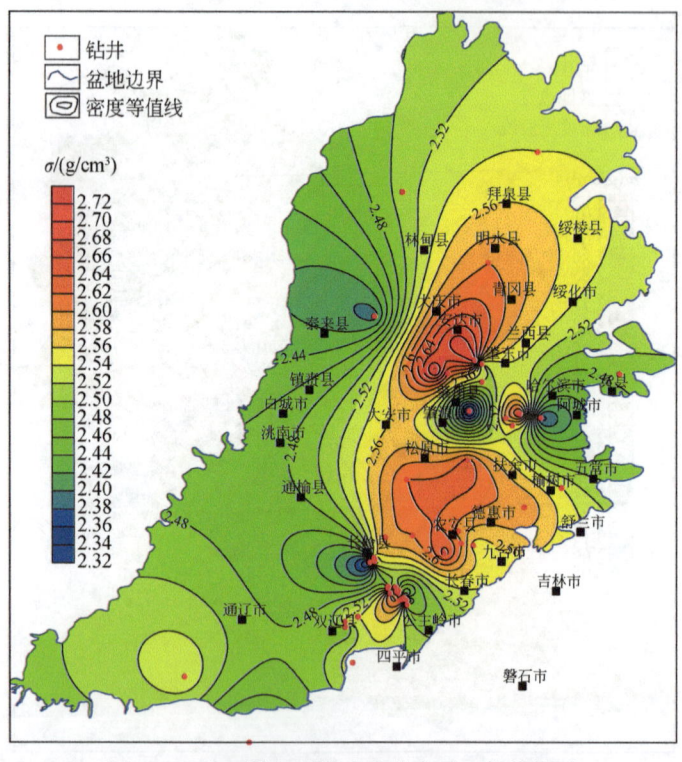

图 4.10　火石岭组测井密度分布平面等值线图

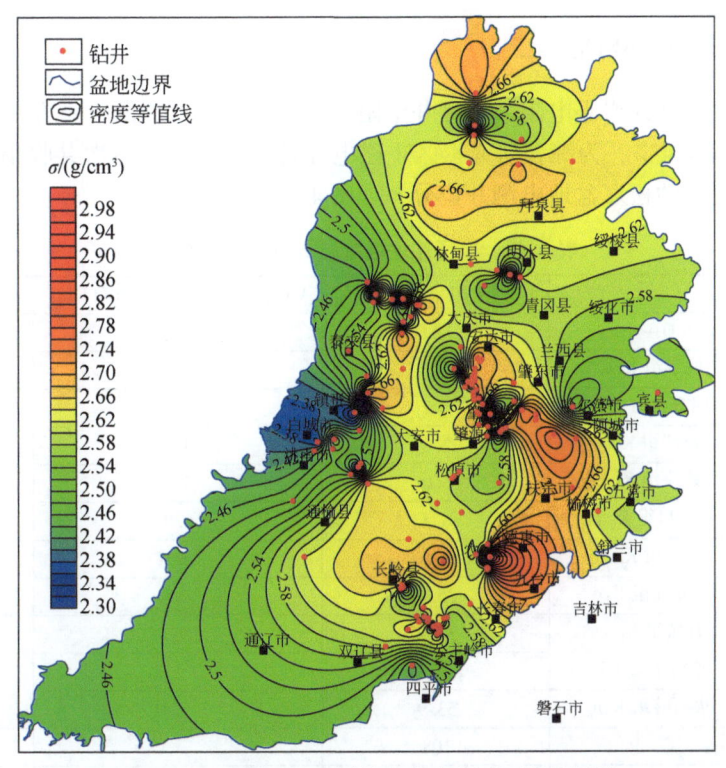

图 4.11 基底（Pz）测井密度分布平面等值线图

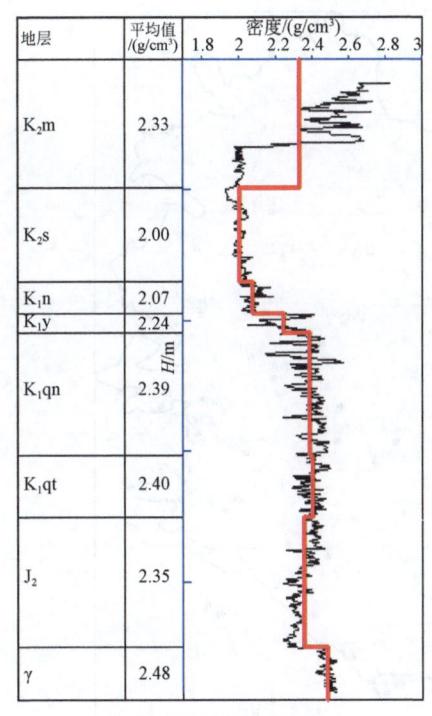

(a) 向 1 井声波时差测井密度

(b) 林深 2 井 DEN 测井密度

图 4.12 典型密度测井曲线

6. 地层岩石电阻率特征

通过松辽盆地钻井岩心电阻率、测井电阻率及 MT 井旁电测深三种方法来分析地层岩石电性特征（表 4.43），为综合研究本区重磁电异常提供参考。本次共收集 242 口钻井电性参数，参与统计的松辽盆地电测井位分布如图 4.13 所示。

表 4.43 松辽盆地地层岩石电阻率一览表

地层及代号		测井电阻率/(Ω·m)	MT 井旁反演电阻率/(Ω·m)	电性分层
新生界	Q—N	37.9	12.5	中阻层
中生界	明水组 K_2m	2.6	4.7	中阻层
	四方台组 K_2s	5.2	5.4	低阻层
	嫩江组 K_2n	3.8	3.8	
	姚家组 K_2y	5.0	5.0	
	青山口组 K_2qn	6.5	6.9	
	泉头组 K_1qt	8.5	15.4	中阻层
	登娄库组 K_1d	35.1	20	
	营城组 K_1yc	37.2	29.4	次高阻层
	沙河子组 J_3h	26.7		
	火石岭组 K_3h	53.9		
古生界	C—P	108		中-低阻层
岩浆岩		380~800		高阻体

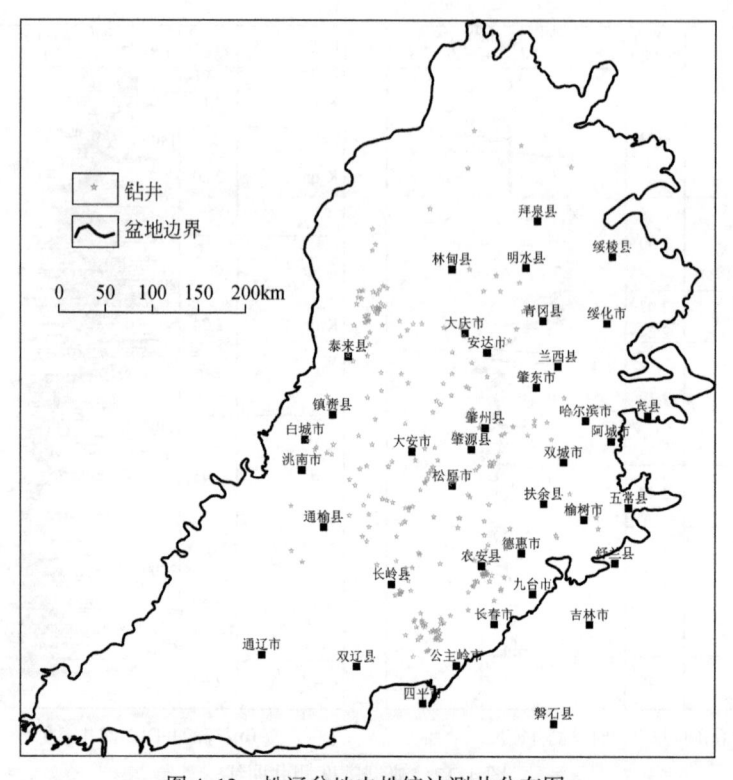

图 4.13 松辽盆地电性统计测井分布图

上述三种方法虽然测定的地层电阻率各不一样，但是地层岩石的电阻率变化规律是一致的，其总体特征如下。

（1）不同时代的地层岩石的电阻率在纵向上构成高–低–高的电性断面特征。

（2）同一地层岩石的电阻率随岩性及岩石结构的变化而变化。

（3）新生界—明水组为中阻层；四方台组—青山口组为低阻层；泉头组—登娄库组为中阻层；营城组—火石岭组为次高阻层，局部发育火山岩为高阻层；基底中 C—P 为中-低阻层；岩浆岩为高阻层。

本次搜集并统计测井电阻率 242 口，盖层中各组视电阻率平面分布图如图 4.14 ~ 图 4.22 所示，典型电阻率测井曲线如图 4.23 所示。

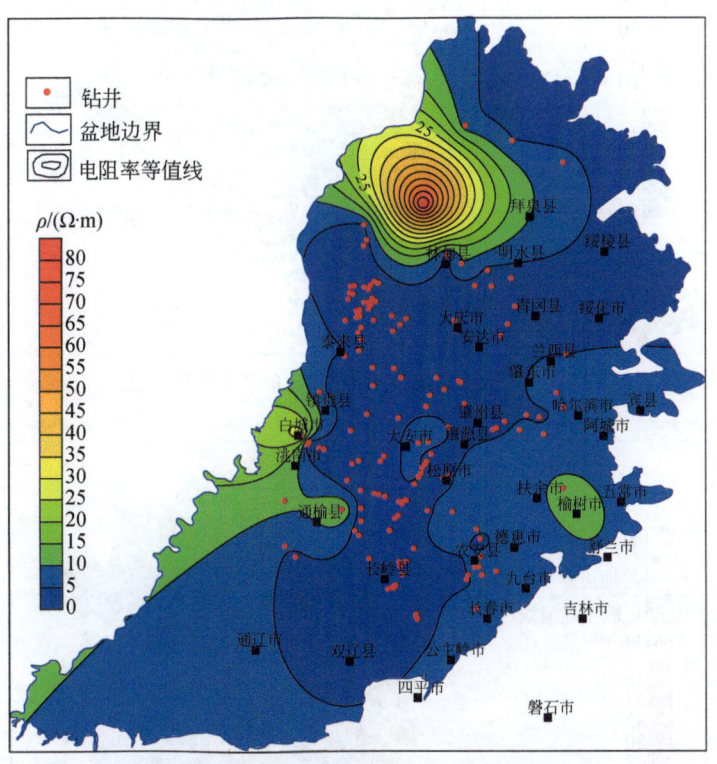

图 4.14　嫩江组测井电阻率分布平面等值线图

综上所述，松辽小区古生界主要分布石炭–二叠系地层，由于松辽盆地和二连盆地分布面积约 36 万 km²，上古生界为隐伏区，仅松辽盆地和二连盆地周缘有古生界局部出露，其物性参数工作程度较低，本次仅根据 2011 ~ 2012 年吉林大学和江苏省有色金属华东地质勘查局八一四队在松辽盆地西部大兴安岭地区物性工作和松辽盆地、二连盆地钻遇基底钻井岩心资料统计，其物性特征见表 4.44。由表 4.44 可知，本区上古生界密度较稳定，平均值在 2.64g/cm³ 左右，磁性整体较微弱，地层中局部火山碎屑沉积岩段具中等磁性。

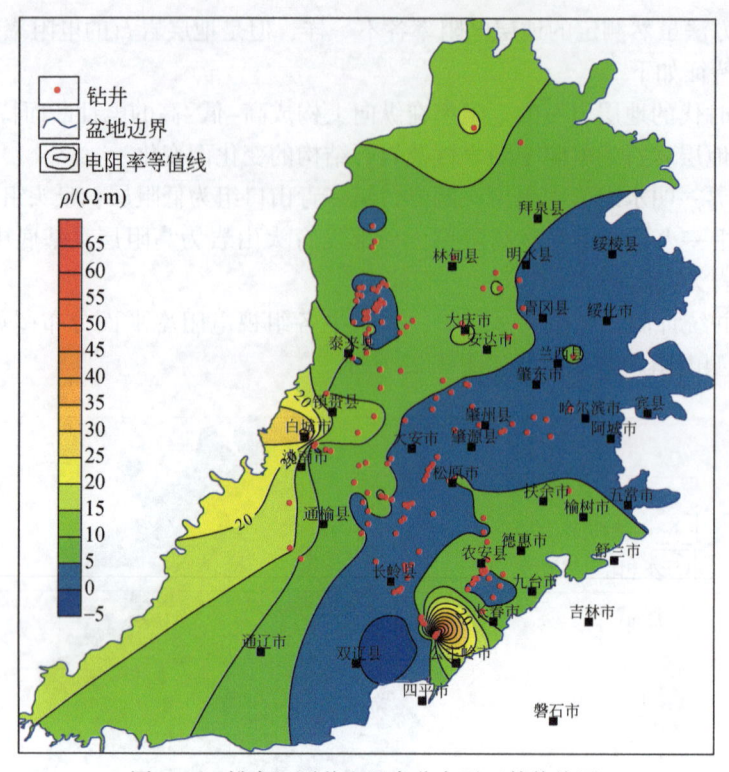

图 4.15 姚家组测井电阻率分布平面等值线图

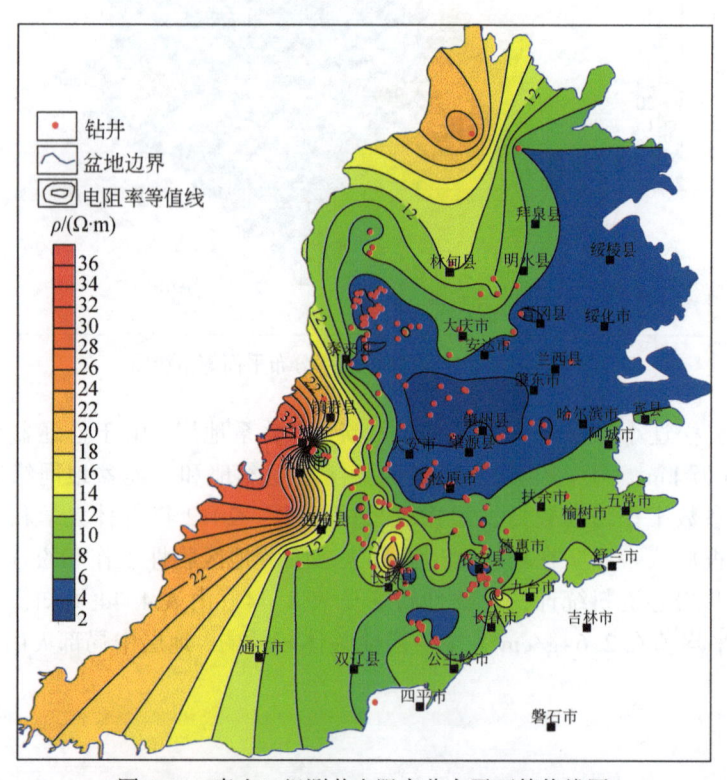

图 4.16 青山口组测井电阻率分布平面等值线图

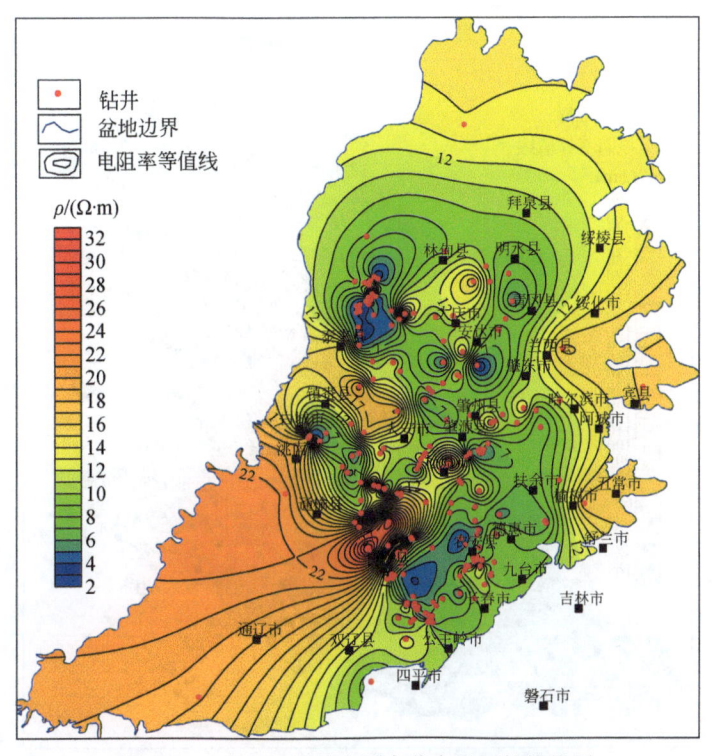

图 4.17 泉头组测井电阻率分布平面等值线图

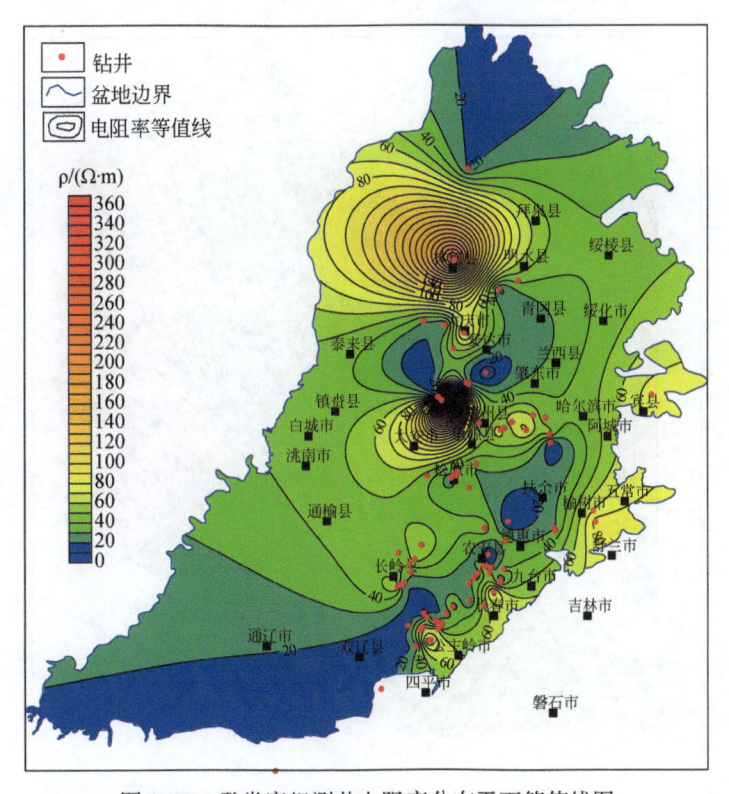

图 4.18 登娄库组测井电阻率分布平面等值线图

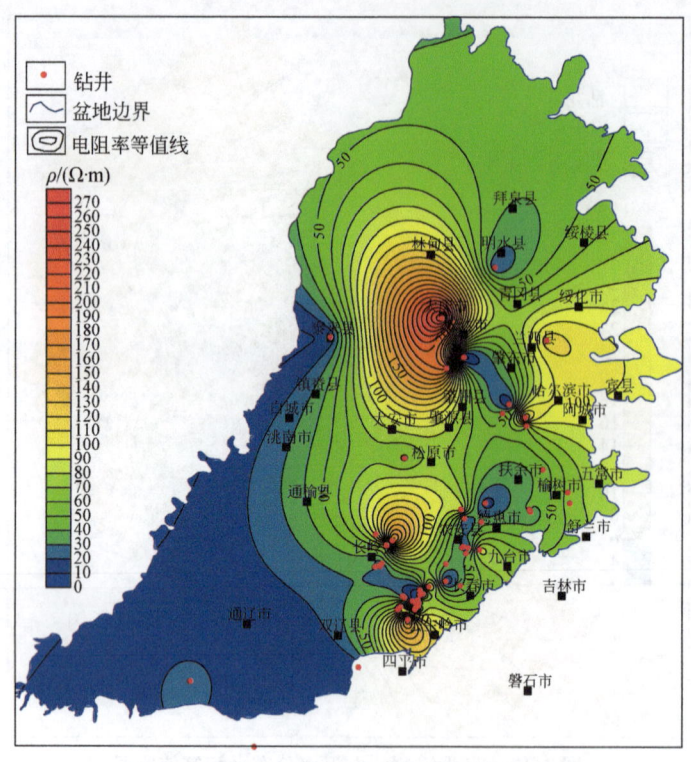

图 4.19　营城组测井电阻率分布平面等值线图

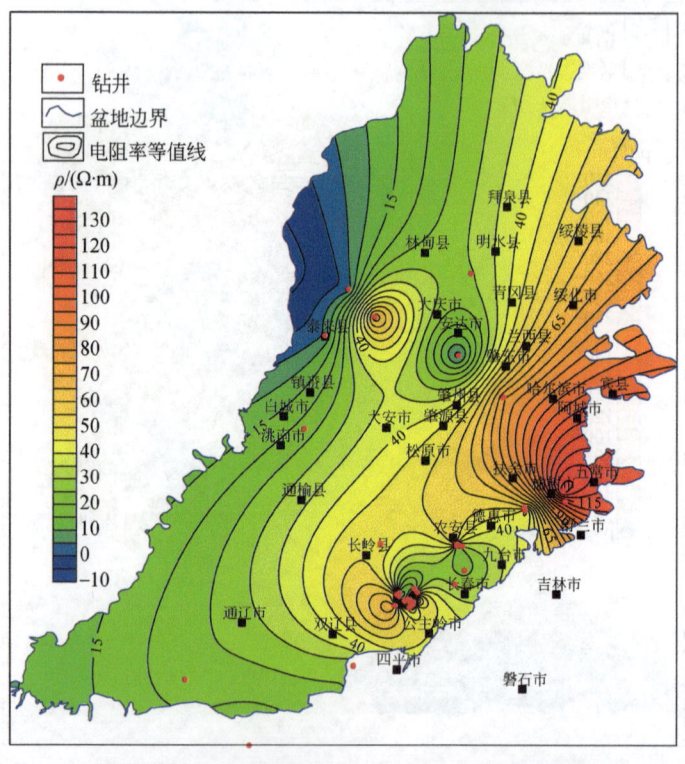

图 4.20　沙河子组测井电阻率分布平面等值线图

第四章 区域物性特征研究

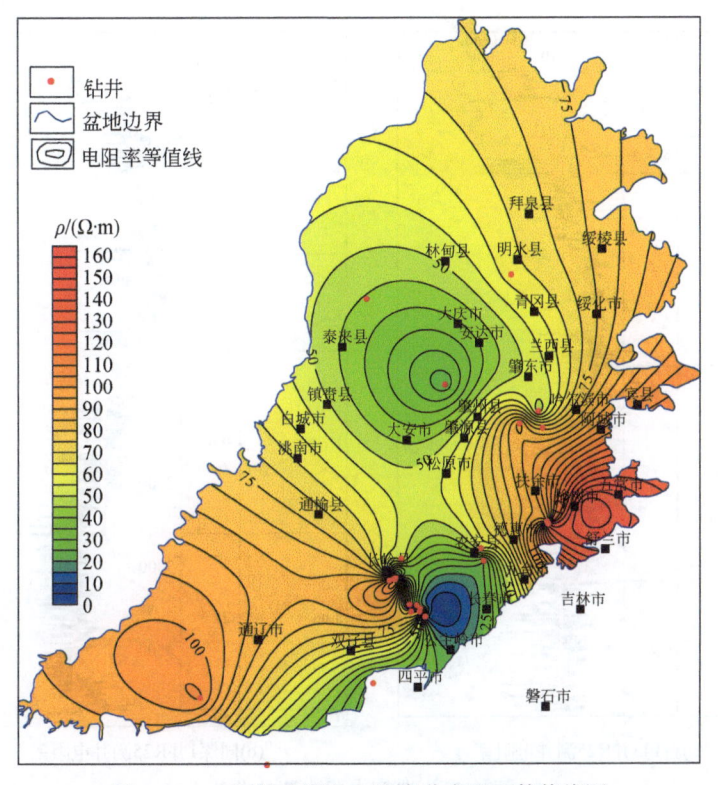

图 4.21 火石岭组测井电阻率分布平面等值线图

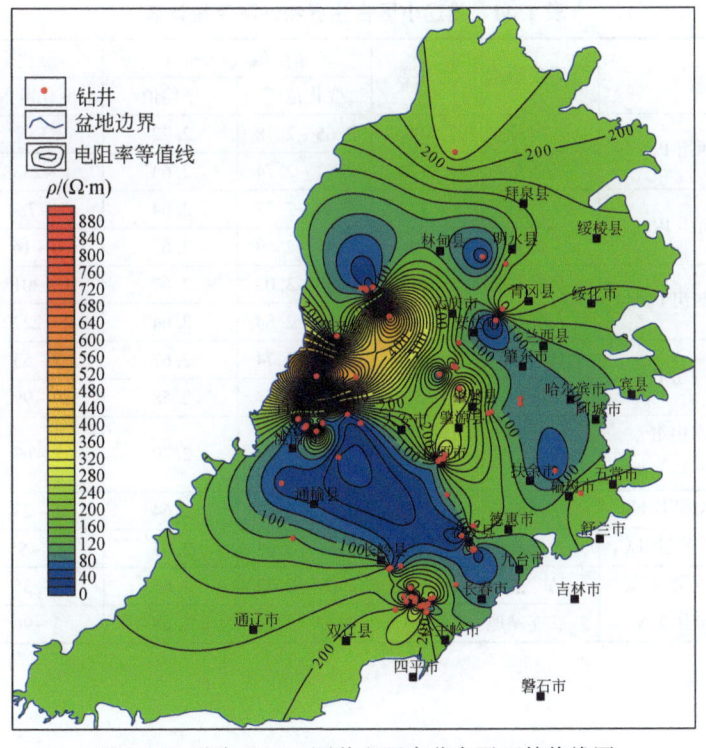

图 4.22 基底（Pz）测井电阻率分布平面等值线图

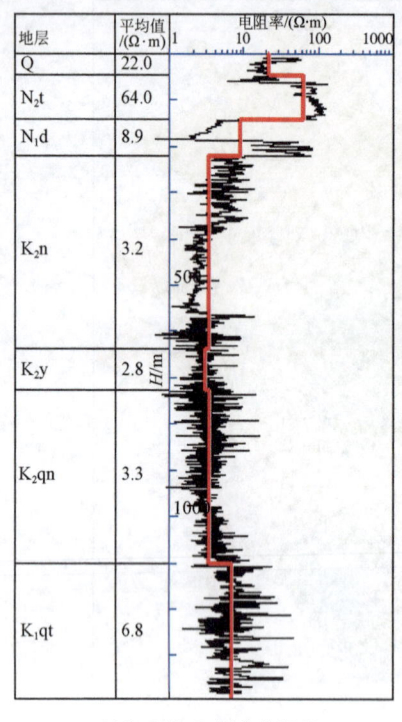

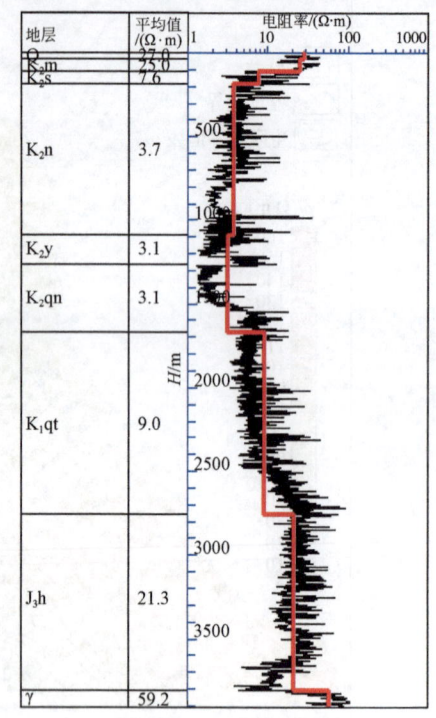

(a) 新143井R25测井电阻率　　　　(b) 同深1井R25测井电阻率

图 4.23　典型电阻率测井曲线

表 4.44　松辽小区古生界物性测定统计表

地层及代号		采集地点	块数	密度值/(g/cm³) 变化范围	平均值	磁化率/($4\pi \times 10^{-5}$SI) 变化范围	平均值
二叠系	林西组 P_3l	海伦	30	2.65~2.78	2.72		
		乌兰浩特	174	2.53~2.74	2.64	1~2338	18
	哲斯组 P_2z	乌兰浩特	272	2.44~2.77	2.64	1~784	30
		突泉	39	2.41~2.69	2.63	0~14	2
	大石寨组 P_1ds	乌兰浩特	167	2.50~3.03	2.67	1~3018	58
		突泉	56	2.58~2.84	2.64	2~2270	47
	寿山沟组 P_1ss	乌兰浩特	72	2.55~2.74	2.67	7~53	23
		突泉	31	2.47~2.64	2.58	10~992	39
石炭系— 二叠系	阿木山组 (C_2—P_1) a	乌兰浩特	62	2.65~2.74	2.70	1~63	13
石炭系	本巴图组 C_2bb	乌兰浩特	67	2.47~2.72	2.64	1~28	10
	色日巴彦敖包组 C_1s	二连盆地		2.61~2.68	2.65	25~55	28
泥盆系— 志留系	西别河组 (S_3—D_1) x	乌兰浩特	101	2.59~2.73	2.68	1~35	7
		二连盆地	30	2.67~2.72	2.68	5~96	46

(二) 滨东小区

滨东小区主要包括：孙吴-嘉荫盆地、伊春-汤元山盆地、方正-汤原断陷等开展过重磁测量工作的盆地和地区，现分述如下。

（1）孙吴-嘉荫盆地曾多次开展重磁测量和物性测定工作，主要有三次。

第一次是1984~1987年，黑龙江省地质矿产局物探队在黑河-嘉荫一带进行1/20万区域重力调查工作，采集6823块岩石标本（其中钻孔岩心标本1530块），进行岩石密度测定与统计工作，编写了《黑龙江省黑河-嘉荫一带区域重力调查成果报告（1/20万）》。地层密度统计成果见表4.45。

表4.45 1987年黑河-嘉荫地区地层密度统计成果表

地层代号	标本块数	极小值 /(g/cm³)	极大值 /(g/cm³)	离差	常见变化范围 /(g/cm³)	统计结果 /(g/cm³)
Q_4—Q_3^{2-3}	77	1.26	2.00	0.17	1.33~1.66	1.56
βQ_3^1	232	1.77	2.78	0.19	2.50~2.70	2.64
$N_{1-2}s$	169	1.99	2.77	0.17	2.12~2.64	2.39
E_1w	75	1.66	2.30	0.14	1.85~2.24	2.06
K_2f, K_2y	51	1.74	2.39	0.14	2.00~2.39	2.15
K_2n, K_2t	141	1.82	3.50	0.20	1.82~2.16	2.12
K_1x, K_1y	804	1.24	3.96	0.29	1.88~2.27	2.14
K_1t	157	2.20	2.63	0.06	2.32~2.47	2.38
K_1t	233	1.80	2.64	0.18	2.25~2.52	2.34
J_3y	36	2.21	2.48	0.07	2.27~2.48	2.37
J_3g, J_3mf	837	1.78	2.84	0.17	2.40~2.78	2.58
J_3j, J_3h	132	1.85	2.69	0.21	2.04~2.60	2.29
J_3l, J_3jl	187	1.76	3.03	0.32	2.50~2.71	2.65
J_3n	305	2.14	2.60	0.08	2.32~2.56	2.40
P_3b	103	2.47	2.97	0.07	2.53~2.69	2.65
P_3l	90	2.32	2.84	0.08	2.52~2.70	2.63
P_2h	139	2.22	2.77	0.09	2.47~2.72	2.62
$(C_3$—$P_1)x$	90	2.38	3.07	0.10	2.58~2.77	2.71
D_1c	70	2.58	3.35	0.16	2.75~2.84	2.80
O_2t, O_1x	87	2.41	2.92	0.09	2.47~2.73	2.62

第二次是1990年6月~1991年5月，受大庆石油管理局勘探部（甲方）委托，江苏省有色金属华东地质勘查局八一四队（乙方），在孙吴-龙镇地区进行1/10万重力测量及在逊克县南部进行1/20万重力测量，编写了《黑龙江省孙吴-龙镇、逊克县南部地区重力测量成果报告》，同期，在132个采集地层点，采集998块岩石密度标本与703块磁性标本，并进行测定、数理统计与物性分层工作。物性统计表成果见表4.46。

表4.46 1990年孙吴-逊克县南部地区岩石密度基本数据与密度层划分表

地层		测定块数	密度变化范围/(g/cm³) 最小值	密度变化范围/(g/cm³) 最大值	平均密度/(g/cm³)	与γ_4^3密度差/(g/cm³)	密度层	平均密度/(g/cm³)	密度差/(g/cm³)
第四系表土		收集、补充			1.56	-1.04	表层	2.21	0.15
大熊山玄武岩		37	2.09	2.66	2.43	-0.17	上密度层 主层	2.11	
孙吴组		5	1.90	1.93	1.91	-0.69			
乌云组		收集、补充			2.06	-0.54		2.06	
太平林场组		表4.27	1.77	2.35	2.06	-0.54			
福民河组		32	2.37	2.46	2.43	-0.17	中度密层	2.40	-0.34
美丰组		69	2.01	2.73	2.40	-0.20			
红锈沟组		25	1.96	2.42	2.24	-0.36			
结列河组		20	2.35	2.54	2.45	-0.15			
五道岭组		表4.27	2.52	2.74	2.61	0.01	下密度层	2.62	-0.22
翠岗组		42	2.54	3.28	2.82	0.22			
燕山早期花岗岩		表4.27	2.59	2.66	2.63	0.03			
海西晚期	花岗岩	65	2.51	2.66	2.60				
海西晚期	花岗闪长岩	10	2.56	2.66	2.62	0.02			
海西早期花岗岩		87	2.56	2.71	2.61	0.01			

第三次是2002年6~10月，受大庆油田有限责任公司勘探分公司委托，江苏省有色金属华东地质勘查局八一四队在逊克-嘉荫地区开展1/10万~1/20万重磁测量工作，曾在工区及周缘46处地质露头，采集1166块岩石密度和磁性参数标本，其中，基底与岩体390块，盖层776块，测定统计成果见表4.47。

（2）1995年4~8月，江苏省有色金属华东地质勘查局八一四队受东北裂谷系石油勘探项目经理部委托，在绥化-庆安地区进行1/20万重磁力概查工作，编写了《黑龙江省宾县-庆安以东地区重磁力大地电磁测深综合成果报告》，对区内112处地质露头，采集的623块岩石密度与磁性标本，进行测定与统计工作，以及66口钻井5759块岩石标本资料统计，密度和磁化率测定统计结果见表4.48。

表 4.47 2002 年孙吴–嘉荫盆地东部地区岩石物性测定统计表

地层及代号	岩石名称	块数	密度/(g/cm^3) 极值	密度/(g/cm^3) 常见值	磁化率/($4\pi\times10^{-6}$SI) 极值	磁化率/($4\pi\times10^{-6}$SI) 常见值
大熊山	玄武岩	41	2.21~2.67	2.45	160~8536	1355
孙吴组（E$_3$—N$_2$）s	中粒长石砂岩	25	1.92~2.35	2.05		0
孙吴组（E$_3$—N$_2$）s	含砾粗砂岩	18	2.05~2.52	2.22		0
乌云组 E$_1$w	烟煤	27	1.25~1.82	1.52		0
乌云组 E$_1$w	含碳质泥岩	6	1.59~1.79	1.72		0
乌云组 E$_1$w	泥质页岩	13	1.58~2.09	1.99		0
乌云组 E$_1$w	泥质细沙岩	20	1.85~2.01	1.94		0
太平林场组 K$_2$tp	长石细砂岩	23	1.92~2.35	2.05		0
太平林场组 K$_2$tp	泥岩	20	1.82~2.04	1.98		0
太平林场组 K$_2$tp	泥质页岩	21	1.91~2.37	2.02		0
淘淇河组 K$_1$t	含砾粗砂岩	17	2.04~2.24	2.18		0
淘淇河组 K$_1$t	泥岩	12	1.97~2.62	2.29		0
淘淇河组 K$_1$t	角岩	1				0
淘淇河组 K$_1$t	粗砂岩	9	2.34~2.51	2.43		0
淘淇河组 K$_1$t	含铁锰质砾岩	4	2.52~2.56	2.54		0
淘淇河组 K$_1$t	粉砂岩	11	1.02~2.31	2.04		0
福民河组 K$_1$f	珍珠岩	56	2.00~2.38	2.31	0~180	50
福民河组 K$_1$f	流纹质熔结凝灰岩	54	2.55~2.72	2.65		0
福民河组 K$_1$f	流纹质凝灰岩	27	2.32~2.47	2.39	0~290	93
宁远村组 J$_3$n	流纹质熔凝灰岩	9	2.17~2.42	2.32		0
美丰组 J$_3$mf^2	安山质凝灰岩	30	2.42~2.71	2.58	0~460	171
美丰组 J$_3$mf^2	流纹质熔结凝灰岩	13	2.26~2.69	2.50	0~210	71
美丰组 J$_3$mf^2	气孔状橄榄玄武岩	20	1.99~2.57	2.20	20~2389	142
美丰组 J$_3$mf^2	杏仁状橄榄玄武岩	24	2.33~2.66	2.50	20~450	99
美丰组 J$_3$mf^2	英安岩	32	2.44~2.65	2.55	250~930	459
美丰组 J$_3$mf^1	统纹岩	32	2.53~2.62	2.58		0
美丰组 J$_3$mf^1	流纹质晶屑凝灰岩	37	2.17~2.55	2.33	0~560	25
美丰组 J$_3$mf^1	辉石橄榄玄武岩	52	2.09~2.73	2.55	0~2244	435
红绣沟组 J$_3$h	泥岩	19	1.69~1.97	1.87		0
红绣沟组 J$_3$h	含砾砂岩	7	1.75~1.99	1.88		0
结列河组 J$_3$jl	流纹岩	30	2.55~2.64	2.60	40~500	169
结列河组 J$_3$jl	安山质熔结凝灰岩	31	2.30~2.60	2.52	0~180	29

表 4.48　绥化−庆安地区岩石密度和磁化率实测资料统计表

层位		岩石露头测定				钻井岩心测定					备注
		处	件	密度/(g/cm³)	磁化率/(4π×10⁻⁶SI)	井	件	密度/(g/cm³)	井	件	磁化率/(4π×10⁻⁶SI)	
Q				1.94								
αβQ		12	60	2.77	473							
E				2.06								
K₂m						1	7	2.11	1	7	4	
K₂n						21	503	2.14	17	422	16	
K₂y		4	20	2.26	10	17	464	2.18	11	257	15	
K₂qn						32	1100	2.26	20	526	23	
K₁qt						47	2597	2.48	23	1121	43	
K₁d		10	56	2.38	5	18	731	2.63	11	325	34	
J	J₃jn	10	40	2.59	4	14	270	2.62	15	260	62	Q、E 引用邻区资源；标本共计 9377 件；数据共计 10000 件
	J₃n	12	65	2.64	302							
	J₃tn	8	39	2.59	334							
P—D	P₂w	7	62	2.65	602	13	81	2.72	15	71	16	
	P₁tm	9	46	2.68	91							
	D₁x	5	26	2.68	18							
Xγ₅²		3	15	2.59	65	1	2	2.62	1	2	4	
γ₅²		2	14	2.59	588							
γδ₅²		2	20	2.62	1058							
Xγ₄³		13	79	2.57	87							
γ₄³		8	48	2.59	597							
γδ₄³		5	23	2.63	878							
γπ		2	10	2.58	322							
δμ						2	4	2.76	2	4	38	
合计		112	623			166	5759		116	2995		

(3) 1996 年 4～8 月，江苏省有色金属华东地质勘查局八一四队受东北裂谷系石油勘探项目经理部委托，在汤元山–伊春盆地进行 1/20 万重磁力概查工作，对区内 59 处地质露头，采集 894 块岩石密度与磁性标本，进行测定与统计工作，编写了《东北裂谷系兴安北（漠河、汤元山–伊春）地区重磁力概查成果报告》，物性参数测定统计结果见表 4.49。

表 4.49 汤元山–伊春盆地物性参数测定统计结果表

层位	岩性	采集地点	块数	密度/(10^3kg/m^3) 变化范围	常见值	磁化率/($4\pi \times 10^{-6}$SI) 变化范围	常见值
K$_1$t	火山碎屑岩	90/3	14	2.20～2.58	2.44	10～230	85
	泥炭质粉砂岩	15-1	25	1.98～2.20	2.15	0	0
	粉砂岩、砂岩	15-2	30	2.07～2.25	2.14	0	0
J$_3$—K$_1$	长石石英砂岩	171/12, 16	41	2.16～2.44	2.35	0～20	<20
J$_3$y	火山角砾岩	44/3	10	2.20～2.30	2.25	40～60	50
	熔积角砾岩	6/2	5	2.50～2.51	2.50	230～900	578
	凝灰岩	26/4, 88/2, 14	55	2.10～2.46	2.38	0～400	88
	安山玢岩	13	20	2.13～2.51	2.42	10～20	<20
	英安斑岩	35/3, 124/3, 125/3	28	2.49～2.34	2.55	540～2100	1135
	英安斑岩	134/3	15	2.74～3.22	2.88	160～1800	495
	安山玢岩	12-1	18	2.22～2.44	2.32	120～900	279
	凝灰岩	12-2, 120/2, 48/4	41	2.31～2.65	2.48	0～380	182
	玄武质安山岩	48/4, 18/4	13	2.69～2.76	2.73	1450～3200	2613
J$_3$t	流纹斑岩	67/4, 71/4	14	2.49～2.56	2.54	30～400	134
	泥质板岩	10-1	9	2.53～2.70	2.58	0	0
	英安玢岩	48/2	7	2.45～2.49	2.46	30～45	39
	凝灰岩	48/2, 10-2	38	2.49～2.65	2.58	30～1000	302
P$_2$w	安山玢岩	7-1	31	2.57～2.63	2.64	20～840	148
	流纹斑岩质安山玢岩	7-1	30	2.50～2.61	2.57	150～850	427
P$_1$tm	泥质粉砂岩	11-1	20	2.50～2.71	2.64	10～850	61
	大理岩	11-2	20	2.65～2.70	2.68	0	0
	板岩	11-2	30	2.61～2.72	2.67	10～35	20
P$_2$w	流纹斑岩质凝灰岩	2, 16/3	28	2.41～2.65	2.53	0～1000	214
	流纹斑岩	106/4, 5	40	2.40～2.66	2.57	0～50	0
	黄铁矿化、铅锌矿化凝灰岩	8	26	2.60～3.10	2.75	15～30	53
	板岩	7-2	29	2.47～2.68	2.60	20～280	80
D$_2$	流纹斑岩	87/9	24	2.51～2.62	2.56	0～410	184
γ$_4$	花岗岩	1#,84/3,160/4,89/10	43	2.48～2.65	2.55	0～580	156
	花岗闪长岩	3#, 4#, 171/12	75	2.50～2.74	2.59	5～100	432
	闪长玢岩	18/3, 239/3, 6	42	2.53～2.65	2.60	0～50	<10
	花岗闪长岩	157/3, 239/3	25	2.53～2.69	2.61	0	0
	白岗质花岗岩	43/4, 5-1, 45/4	49	2.42～2.65	2.56	0～50	0

（4）2004年，江苏省有色金属华东地质勘探局八一四队在海伦–伊春地区进行重力勘探施工项目，共采集565块岩石露头标本，测定了岩石标本的密度参数，统计结果详见表4.50。

表4.50 2004年海伦–伊春及其周缘地区密度统计表

系	地层组或岩体名称	代号	岩性	块数	密度/(g/cm³) 最大值	最小值	平均值	综合密度/(g/cm³)
第四系		Qh	玄武岩	40	2.49	2.25	2.32	2.32
古近系—新近系	孙吴组	$(E_3—N_2)s$	细砂岩	30	2.44	1.88	2.14	2.11
白垩系	嫩江组	K_2n	细砂岩	30	2.15	2.00	2.08	2.63
	龙江组	K_1l	火山碎屑岩	30	2.63	2.55	2.60	
	甘河组	K_1g	玄武岩	30	2.72	2.59	2.65	
侏罗系	白音高老组	J_3b	火山碎屑岩	30	2.64	2.56	2.60	2.63
	塔木兰沟组	J_3tm	凝灰岩	30	2.73	2.55	2.67	
	帽儿山组	J_3m	火山角砾岩、火山碎屑岩	30	2.66	2.55	2.61	
二叠系	林西组	P_3l	粉砂岩	30	2.78	2.65	2.72	2.72
	红山组	P_2h	砂岩	30	2.63	2.53	2.60	2.63
	五道岭组	P_2w	火山碎屑岩、凝灰岩	30	2.69	2.60	2.65	
奥陶系	小金沟组	O_2x	大理岩	30	2.77	2.69	2.72	2.76
寒武系	铅山组	$\in_1q$	白云岩、灰岩	35	2.86	2.71	2.77	
	五星镇组	$\in_1w$	大理岩	30	2.85	2.78	2.80	
中生代侵入体		$T_3\xi\gamma$	正长花岗岩	30	2.69	2.57	2.60	2.62
古生代侵入体		$P_2\eta\gamma$	二长花岗岩	40	2.68	2.58	2.63	
		$D_1\gamma$	辉长岩	30	2.79	2.67	2.74	2.74
		$O_2\gamma$	花岗岩	30	2.71	2.59	2.66	2.66

（5）2004年，受中国石油天然气总公司新区勘探事业部东北裂谷系石油勘探项目经理部（甲方）委托，江苏省有色金属华东地质勘查局八一四队（乙方）编写了《2004年哈尔滨东区块重力测量工作报告》，在哈尔滨–宾县周边区域开展地表裸露岩石物性标本的采集工作，涉及16个地层组及7个侵入岩体，共采集66个地层647块岩石标本，测定密度，统计结果见表4.51。

表4.51 哈尔滨东区块岩石密度统计表

地层	代号	岩性	块数	最大值/(g/cm³)	最小值/(g/cm³)	平均值/(g/cm³)	密度层/(g/cm³)
第四系	Q_4	砂土、黏土	30	1.91	1.83	1.86	1.86
宝泉岭组	$E_{2-3}bq$	砂岩、泥岩、砾岩	36	2.06	1.62	1.90	1.90

续表

地层	代号	岩性	块数	最大值/(g/cm³)	最小值/(g/cm³)	平均值/(g/cm³)	密度层/(g/cm³)
嫩江组	K_2n	砂岩、泥岩、粉砂岩	33	2.24	1.98	2.16	2.45
淘淇河组	K_1t	砂砾岩、粗砂岩	39	2.41	2.29	2.38	
建兴组	K_1jn	砂岩、砂砾岩	32	2.62	2.54	2.59	
宁远村组	J_3n	泥质粉砂岩、细砂岩	35	2.34	2.21	2.30	
		凝灰岩、流纹斑岩	33	2.67	2.58	2.63	
板子房组	J_3b	凝灰岩、英安岩、安山岩	33	2.61	2.50	2.56	2.58
帽儿山组	J_3m	凝灰岩、安山玢岩、火山碎屑岩	45	2.62	2.54	2.58	
太安屯组	J_2t	凝灰岩、安山玢岩、流纹岩	35	2.62	2.54	2.58	
五道岭组	P_2w	凝灰岩、流纹岩、安山岩	33	2.71	2.60	2.65	2.67
土门岭组	P_1tm	砂岩、板岩、大理岩	35	2.71	2.65	2.68	
杨木岗组	$(C_2—P_1)y$	板岩、砾岩、安山玢岩	33	2.70	2.64	2.68	2.68
唐家屯组	C_2t	安山玢岩、变粒岩、石英玢岩	31	2.72	2.64	2.69	
黑龙宫组	D_1h	硬砂岩、凝灰岩、泥板岩	30	2.72	2.63	2.68	2.68
小金沟组	O_2x	混合砂岩	10	2.69	2.66	2.68	2.68

（6）为配合2010年方正断陷电法勘探资料处理解释，受大庆油田有限责任公司勘探分公司（甲方）委托，江苏省有色金属华东地质勘查局八一四队（乙方）在方正断陷及周边区域开展地表裸露岩石物性标本的采集工作，共采集11个地层3个岩体，共计岩石标本630块，测定密度和磁化率，统计结果详见表4.52。

表4.52 方正断陷地层密度和磁化率统计表

地层	岩性	块数	密度/(g/cm³) 最大值	最小值	平均值	磁化率/(4π×10⁻⁵SI) 最大值	最小值	平均值	
Ed	细砂岩、砂质页岩	41	2.39	2.03	2.15	12	1	5	
K_2s	玄武质安山岩	16	2.64	2.43	2.55	1050	35	242	508
	安山玢岩	25	2.67	2.53	2.60	2.58	2230	350	817
K_1t	长石砂岩	35	2.62	2.50	2.57	68	11	25	
P_2w	安山岩	35	2.63	2.56	2.59	122	23	65	
P_1y	凝灰质砂岩	17	2.63	2.56	2.59	320	61	129	31
	蚀变安山玢岩	19	2.64	2.57	2.61	2.66	8	3	6
	硬砂岩	22	2.79	2.72	2.75	22	10	17	
D_1x	大理岩	22	2.70	2.63	2.68	2.67	9	2	5	9
	长英质角岩	23	2.71	2.60	2.66	104	5	16	
Sx	黑云斜长变粒岩	20	2.87	2.77	2.83	120	16	52	38
	千枚状板岩	17	2.76	2.62	2.68	2.76	217	15	29
	混合岩	18	2.85	2.62	2.77	56	11	34	

续表

地层	岩性	块数	密度/(g/cm³)			磁化率/(4π×10⁻⁵SI)		
			最大值	最小值	平均值	最大值	最小值	平均值
Pt₁s	云母石英片岩	35	3.06	2.83	2.97	968	23	107
Pt₁jg	云母钠长片岩	36	2.77	2.62	2.66	31	6	11
Pt₁l	白云质大理岩	26	2.85	2.65	2.77	2.76	19	2	7	9
	绿片岩	21	2.86	2.64	2.74		36	5	14	
Pt₁j	绿泥角闪片岩	23	2.70	2.64	2.67	2.64	6760	1040	3495	245
	白云钠长片岩	17	2.62	2.57	2.59		11	5	7	
γ₅	中细粒、白岗质花岗岩	44	2.60	2.48	2.56	183	2	15
γ₄	花岗岩、闪长花岗岩	81	2.63	2.52	2.59	1740	32	317
δ₄	闪长岩	37	2.94	2.77	2.89	832	143	365

（7）1996年10月，受中国石油天然气总公司新区勘探事业部东北裂谷系石油勘探项目经理部（甲方）委托，地矿部航空物探遥感中心承担兴安北地区航磁资料处理解释及区域评价工作，编写了《兴安北（北安、汤元山、伊春盆地）航磁资料处理解释及区域评价研究成果报告》；收集了历年来工区航磁工作中有关岩石磁化率参数资料，详见表4.53。

表4.53 松辽盆地外围地层磁化率简表

地层	代号	岩性	磁化率/(4π×10⁻⁵SI)			测量地点
			次数	变化范围	平均值	
前震旦系	Anzm	混合岩	37	100～4000	1874	法库县东南
	Anzl	黑云变粒岩、斜长角闪岩	11	35～1700	620	法库县东
	Anzm	混合岩	21	100～2400	1660	调兵山东
	Anzg	各种片岩、片麻岩	13	210～740	330	法库东
	Anzg	各种片岩、片麻岩	10	100～285	187	调兵山南
黑龙江群	Pt₁h₁	石墨片岩	26	0	0	磨刀石东南
麻山群	Pt₁ms	大理岩	38	0～47	20	海南乡拉古采石场
	Pt₁ms	片岩	9	0～190	56	海南乡拉古采石场
	Pt₁ms	云母片岩	13	0	0	海南乡拉古采石场
侏罗系	J₃n	砾岩	18	3～25	10	亮珠东南
石炭系	C	板岩	9	0～13	5	五大连池北边河村
白垩系	K₂	砂砾岩	18	0～30	8	温春镇
	K₁	砂岩	29	0	0	磨刀石西
新近系	E	胶结白色、红色沙土	18	3～15	7	北安东北

综上所述，滨东小区古生界主要分布泥盆系、石炭系—二叠系地层，由于滨东小区大多为基岩出露区，其物性参数工作程度较低，本次统计成果见表4.54。由表4.54可知，

本区上古生界密度较稳定，平均值在 2.64g/cm³ 左右，磁性整体较微弱，地层中局部火山碎屑沉积岩段具中等磁性。

表 4.54　内蒙古草原–松花江地层区滨东小区地层区古生界密度和磁化率测定统计表

地层及代号		采集地点	块数	密度/(g/cm³)		磁化率/(4π×10⁻⁵SI)	
				变化范围	平均值	变化范围	平均值
二叠系	红山组 P₂h	敦化	30	2.35~2.62	2.52		
		伊春	30	2.53~2.63	2.60		
	玉门岭组 P₂y	伊春	194	2.40~2.68	2.59	0~1000	0~214
		海伦	30	2.60~2.69	2.65		
		哈东	33	2.60~2.71	2.65		
		宾县	46		2.68		91
石炭系—二叠系	杨木岗组 (C₂—P₁)y	哈尔滨东	33	2.64~2.70			
		敦化	30	2.53~2.58	2.54		
石炭系	宏川组 C₁x	孙吴			2.52		
泥盆系	黑龙宫组 D₁h	伊春	24	2.51~2.62	2.56	0~410	184
		黑河	70	2.75~2.84	2.80		
		哈尔滨东	30	2.63~2.72	2.68		
		方正	45	2.60~2.71	2.67	2~104	9

（三）吉中小区

吉中小区主要包括：蛟河盆地、舒兰–伊通盆地、辉桦–柳河盆地、平岗盆地等开展过重磁测量工作的盆地和地区，现分述如下。

（1）2009 年，受吉林油田有限责任公司勘探部（甲方）委托，江苏省有色金属华东地质勘查局八一四队（乙方）在蛟河盆地及周边区域开展地表裸露岩石物性标本的采集工作，采集 14 个地层 4 个岩体，共计岩石标本 565 块，测定密度和磁化率，统计结果详见表 4.55。

表 4.55　蛟河盆地地层密度和磁化率统计表

地层	岩性	块数	密度/(g/cm³)			磁化率/(4π×10⁻⁵SI)		
			最大值	最小值	平均值	最大值	最小值	平均值
K₁b	砂岩、砂砾岩	45	2.54	2.37	2.44	49	5	13
K₁m	砂岩	36	2.46	2.33	2.40	23	6	13
K₁w	砂岩	43	2.55	2.30	2.43	32	4	11
J₃n	砂岩	32	2.58	2.32	2.45	51	7	12
P₂yn	变质砂岩	20	2.69	2.63	2.67 / 2.64	65	13	27 / 24
	砂质板岩	22	2.66	2.58	2.61	29	11	21

续表

地层	岩性	块数	密度/(g/cm³)			磁化率/(4π×10⁻⁵SI)		
			最大值	最小值	平均值	最大值	最小值	平均值
P₁y	凝灰岩	40	2.76	2.64	2.71	61	6	28
P₁f	变质砂岩	38	2.74	2.64	2.70	106	15	29
P₁d	凝灰质砂岩	30	2.69	2.62	2.66	35	16	25
γ₅	黑云母花岗岩	47	2.65	2.59	2.63 / 2.60	765	8	77 / 38
	钾长花岗岩	17	2.58	2.54	2.57	31	11	21
	花岗岩	23	2.62	2.57	2.59	110	6	14
ηο₅	石英二长斑岩	16	2.63	2.57	2.60 / 2.55	73	16	42 / 19
	二长斑岩	16	2.52	2.49	2.51	11	5	8
γ₄	花岗岩	34	2.65	2.53	2.60	19	6	11
γδ₄	花岗闪长岩	44	2.70	2.65	2.67	1579	98	297

（2）2006年3~6月，受中国石油吉林油田公司勘探部（甲方）委托，江苏省有色金属华东地质勘查局八一四队，于2006年在伊通盆地进行高精度重力测量工作，编写了《2006年伊通盆地重磁电勘探项目成果报告》，在伊通盆地及周缘地区采集地面露头57处、地层层位22组，测定了895块基岩岩心的密度、磁化率及9口钻井岩心标本，统计结果详见表4.56和表4.57。

表4.56 伊通盆地岩石标本密度统计表

系	统	组（岩体）	代号	主要岩性	标本数	密度/(g/cm³)		
						最大值	最小值	平均值
古近系	始新统	富峰山组	E₂f	玄武岩	30	2.85	2.44	2.70
		吉舒组	E₂j	砂岩	30	2.62	2.31	2.47
白垩系	下统	泉头组	K₁qt	砂岩、砾岩	45	2.61	2.02	2.22
侏罗系	上统	沙河子组	K₁sh	砂岩	30	2.52	2.28	2.39
		火石岭组	J₃h	凝灰质砾岩、安山岩	45	2.54	2.19	2.39
		安民组	J₃a	火山碎屑岩、安山岩	30	2.67	2.1	2.44
	下统	南楼山组	J₁n	安山岩、碳质页岩	60	2.8	2.42	2.61
三叠系	上统	大酱缸组	T₃d	板岩	15	2.88	2.72	2.82
		四合屯组	T₃s	安山岩	30	2.70	2.59	2.64
二叠系	上统	林西组	P₃l	板岩、砂岩	30	2.70	2.46	2.64
	中统	哲斯组	P₂z	砂岩、粉砂岩、砂砾岩、灰岩	70	2.76	2.56	2.68
	下统	范家屯组	P₁f	砂岩	30	2.66	2.25	2.41
		大河深组	P₁d	凝灰岩、凝灰质砾岩	30	2.78	2.57	2.71
石炭系	中统	磨盘山组	C₂m	灰岩	15	2.70	2.6	2.68
	下统	余富屯组	C₁y	角斑岩	30	2.70	2.52	2.60
		鹿圈屯组	C₁l	灰岩、砂岩	30	2.71	2.56	2.64

续表

系	统	组（岩体）	代号	主要岩性	标本数	密度/(g/cm³) 最大值	最小值	平均值
志留系	下统	石缝组	S_1s	火山碎屑岩	30	2.89	2.79	2.84
奥陶系	上统	烧锅屯岩组	O_3s	片岩	30	2.78	2.67	2.72
	中统	黄顶子岩组	O_2h	大理岩	30	2.71	2.67	2.70
	下统	放牛沟火山岩	O_1f	凝灰岩、灰岩	30	2.72	2.62	2.67
寒武系		头道沟岩组	$\in t$	大理岩	30	2.72	2.67	2.70
元古界		西保安岩组	$Ptxb$	片岩	45	2.88	2.76	2.85
中生代侵入岩		正长花岗岩	$K_1\zeta\gamma$	花岗岩	15	2.58	2.56	2.57
		二长花岗岩	$J_2\eta\gamma$	花岗岩	30	2.62	2.53	2.58
		二长花岗岩	$T_3\eta\gamma$	花岗岩	30	2.6	2.56	2.58
		二长花岗岩	$T_1\eta\gamma$	花岗岩	15	2.58	2.55	2.57
古生代侵入体		花岗闪长岩	$P_2\gamma\delta$	花岗岩闪长岩	30	2.66	2.59	2.64
		斜长花岗岩	$P_2\gamma o$	花岗岩	30	2.60	2.57	2.58

表 4.57　伊通盆地岩石标本磁化率统计表

系	统	组（岩体）	代号	主要岩性	标本数	磁化率/($4\pi\times10^{-5}$SI) 最大值	最小值	平均值
古近系	始新统	富峰山组	E_2f	玄武岩	30	9351	237	1175
		吉舒组	E_2j	砂岩	30	934	17	82
白垩系	下统	泉头组	K_1qt	砂岩、砾岩	45	33	8	15
侏罗系	上统	沙河子组	K_1sh	砂岩	30	184	8	36
		火石岭组	J_3h	凝灰质砾岩、安山岩	45	61	1	15
		安民组	J_3a	火山碎屑岩、安山岩	30	1238	1	43
	下统	南楼山组	J_1n	安山岩、碳质页岩	60	1305	6	28
三叠系	上统	大酱缸组	T_3d	板岩	15	64	26	48
		四合屯组	T_3s	安山岩	30	2274	7	110
二叠系	上统	林西组	P_3l	板岩、砂岩	30	43	6	17
	下统	哲斯组	P_2z	砂岩、粉砂岩、砂砾岩、灰岩	70	57	1	16
		范家屯组	P_1f	砂岩	30	10	1	2
		大河深组	P_1d	凝灰岩、凝灰质砾岩	30	2810	29	187
石炭系	中统	磨盘山组	C_2m	灰岩	15	5	1	2
	下统	余富屯组	C_1y	角斑岩	30	28	1	4
		鹿圈屯组	C_1l	灰岩、砂岩	30	12	2	6
志留系	下统	石缝组	S_1s	火山碎屑岩	30	5060	2720	3583

续表

系	统	组（岩体）	代号	主要岩性	标本数	磁化率/($4\pi\times10^{-5}$SI) 最大值	最小值	平均值
奥陶系	下统	烧锅屯岩组	O_3s	片岩	30	62	25	44
	中统	黄顶子岩组	O_2h	大理岩	30	5	1	2
	下统	放牛沟火山岩	O_1f	凝灰岩、灰岩	30	555	2	17
寒武系		头道沟岩组	ϵt	大理岩	30	4	0	2
元古界		西保安岩组	Ptxb	片岩	45	4006	96	865
中生代侵入岩		正长花岗岩	$K_1\zeta\gamma$	花岗岩	15	21	14	17
		二长花岗岩	$J_2\eta\gamma$	花岗岩	30	25	4	11
		二长花岗岩	$T_3\eta\gamma$	花岗岩	30	1447	4	92
		二长花岗岩	$T_1\eta\gamma$	花岗岩	15	121	41	64
古生代侵入体		花岗闪长岩	$P_2\gamma\delta$	花岗岩闪长岩	30	3127	1198	2135
		斜长花岗岩	$P_2\gamma o$	花岗岩	30	9	3	5

（3）江苏省有色金属华东地质勘查局八一四队，于2009年在伊通盆地舒兰地区进行高精度重力工作，编写了《2009年伊通舒兰断陷高精度重磁电勘探物性工作小结报告》，收集了江苏省有色金属华东地质勘查局八一四队于1992年编写的《吉林省舒兰地区重力测量成果报告》中的物性资料，统计结果详见表4.58。同时，在舒兰地区测定了250块基岩岩心的密度、磁化率参数，统计结果详见表4.59和表4.60。

表4.58　1992年舒兰地区有关地层综合物性分层表

构造层	地层		密度分层/(g/cm³)		磁性分层/($4\pi\times10^{-5}$SI)		电性分层/($\Omega\cdot$m)		综合物性分层
盖层	第四系	Q	1.81	低密度层	2	无磁性	7.7	低阻层	低密度、无磁性、低阻层
	水曲柳组	$E_{2-3}sh$	2.24	低密度层	11	微弱磁性层	15.6	低阻层	低密度、微弱磁性、低阻层
	舒兰组	E_2s							
	新安村组	$E_{1-2}x$					26.6	中低阻层	低密度、微弱磁性、中低阻层
基底	嫩江组	K_2n	2.32	中低密度层	27	微弱磁性层	70.9	中阻层	中低密度、微弱磁性、中阻层
	泉头组	K_1qt							
	登楼库组	K_1d							
	营城组	K_1yc							
	杨家沟组	P_2y	2.65	高密度层	23	微弱磁性层	174.9	中高阻层	高密度、微弱或中强磁性、中高阻层
	一拉溪组	P_1y			500	中强磁性层			
	呼兰群	$(\epsilon-S)h$			14	微弱磁性层			
	燕山期	γ_5	2.62	中高密度体	44	弱-强变化磁性体	636.0	高阻体	中高密度、弱-中变化磁性、高阻体
	海西期	γ_4			616				

表4.59 2009年伊通-舒兰地区物性采样综合统计表

时代	地层	块数	密度/(g/cm³) 变化范围	密度/(g/cm³) 平均值	密度层划分	密度层划分	平均密度/(g/cm³)
第四系	表土、黄土 Q			1.81	表层		1.81
第四系	凤凰山玄武岩 Q_1f	43	2.60~2.82	2.69	表层		1.81
古近系	舒兰组 E_2s	315	1.30~2.50	2.04	盖层密度层	上层	2.06
古近系	棒槌沟组 E_1b	79	2.05~2.25	2.15	盖层密度层	上层	2.06
白垩系	泉头组 K_1qt	57	1.93~2.35	2.18	盖层密度层	下层	2.21
白垩系	登娄库组 K_1d	40	2.00~2.43	2.26	盖层密度层	下层	2.21
二叠系	马达屯组 P_2m	80	2.60~2.78	2.68	基底密度层		2.61
二叠系	杨家沟组 P_2y	132	2.40~2.68	2.58	基底密度层		2.61
二叠系	一拉溪组 P_1y	87	2.53~2.72	2.61	基底密度层		2.61
寒武系—志留系	呼兰群	61	2.43~2.66	2.53	基底密度层		2.61
喜马拉雅期	$\beta_6^{2(1)}$	139	2.58~2.93	2.81	基底密度层		2.61
燕山期	γ_5^2	95	2.50~2.70	2.60	基底密度层		2.61
印支期	γ_5^1	12	2.43~2.55	2.51	基底密度层		2.61
海西期	γ_4^3	235	2.48~2.77	2.61	基底密度层		2.61

资料来源：江苏省有色金属华东地质勘查局八一四队于1992年编写的《吉林省舒兰地区重力测量成果报告》。

表4.60 2009年伊通-舒兰地区岩石磁性参数统计表

地层	岩性	块数	磁化率/($4\pi \times 10^{-6}$SI) 变化范围	磁化率/($4\pi \times 10^{-6}$SI) 平均值	剩磁/(mA/m) 变化范围	剩磁/(mA/m) 平均值
马达屯组 P_2m	凝灰熔岩	8	0~1366	339	0~153	31
杨家沟组 P_2y	相变砂岩、凝灰质砂岩	5	微磁			
一拉溪组 P_1y	凝灰质砂砾岩、砂岩	5	微磁			
第四系 Q_1f	凤凰山玄武岩	3	144~2990	1103	1689~2129	1957
	次玄武岩	14	79~1840	470	405~14732	3273
$\gamma_5^{2(3)}$	碱长花岗岩	2	微磁			
$\gamma_5^{2-3(2)}$	花岗岩	8	微磁			
$\gamma_4^{3-2(2)}$	花岗闪长岩	5	355~886	556	22~100	56
$\gamma_4^{3-2(2)}$	花岗岩	35	0~1142	337	0~114	21

资料来源：江苏省有色金属华东地质勘查局八一四队于1992年编写的《吉林省舒兰地区重力测量成果报告》。

(4) 1991年11月江苏省有色金属华东地质勘查局八一四队编写于《吉林省辉南-桦甸地区重力测量成果报告》，对77个地表岩石露头采集密度标本1072块、具有磁性的标本265块，其物性统计结果见表4.61和表4.62。

表 4.61　1991 年辉南–桦甸地区标本密度统计表

系	群组		代号	主要岩性	块数	密度/(g/cm³) 变化范围	平均值
第四系			Q	表土、黄土	收集	1.81~1.90	1.81
			βQ_2^2	致密块状及气孔状玄武岩	24	2.30~2.85	2.70
古近系	梅河群	桦甸组	$E_{1-2}h$	油页岩、泥质页岩、泥岩、粉–细砂岩	16	1.38~2.22	1.72
		梅河组	$E_{1-2}m$	油页岩、泥质页岩、泥岩、粉–细砂岩	47	1.35~2.50	2.22
白垩系	黑崴子组		K_1hw	砂岩、细砂岩、砂砾岩、紫红色砂岩	46	2.21~2.62	2.43
	亨通山组		K_1h	细砂岩	1		2.54
	榆木桥子组		K_1y	砂岩、砂砾岩	47	2.25~2.55	2.39
侏罗系	下桦皮甸子组		J_3x	细砂岩	3	2.51~2.54	2.52
	大沙滩组		J_3d	凝灰质砂岩、砂砾岩	7	2.44~2.52	2.49
	硷门子组		J_3l^2	多斑安山质火山熔岩	25	2.51~2.98	2.68
			J_3l^1	中细粒砂岩	37	2.36~2.60	2.50
	德仁组		J_3dr	火山杂岩	38	2.44~2.64	2.55
	苏密沟组		J_3s	动力变质细砂岩、钙页岩（含煤）	75	2.63~2.87	2.71
	小营子组		J_1x	中细粒砂岩	49	2.38~2.72	2.56
石炭系	鹿圈屯组		C_1l^2	黄褐色细砂岩（夹泥岩）	59	2.41~2.60	2.53
奥陶系	马家沟组		O_2m	灰岩	6	2.74~2.78	2.75
	亮甲山组		O_1l	灰岩	28	2.66~2.86	2.70
	冶里组		O_1y	灰岩	63	2.42~2.71	2.66
寒武系	凤山组		ϵ_3f	灰岩	32	2.67~2.70	2.68
青白口系	南芬组		Q_bf	泥灰岩	26	2.62~2.70	2.66
前震旦系	三道沟组		Arsn	混合花岗岩、斜长石英片岩、正长岩化混合岩、黑云母石英片麻岩等	121	2.47~2.89	2.61
	杨家店组		Ary	混合片麻岩、混合岩、绿片岩	59	2.50~2.78	2.63
燕山期			γ_5^2	花岗岩、正长岩、正长斑岩	88	2.45~2.60	2.53
海西期			γ_4^3	混合花岗岩、花岗岩、钾长花岗岩	91	2.42~2.72	2.57
阜平–龙岗期			γ_1^1	混合花岗岩	48	2.46~2.72	2.61

表 4.62　1991 年辉南–桦甸地区标本磁性参数统计表

岩性	采集地点	测定块数 定性	测定块数 定量	磁化率/($4\pi\times10^{-6}$SI) 变化范围	磁化率/($4\pi\times10^{-6}$SI) 平均值	剩磁/(mA/m) 变化范围	剩磁/(mA/m) 平均值
变质石英砂岩	大兴屯		9	2~254	103	38~208	137
多斑安山质火山熔岩	黑石咀		20	161~1720	764	31~937	361
玄武岩	大椅山、大湾沟		19	26~2037	1090	194~34466	4682
基性岩脉	样子哨		4	527~656	597	17~63	34
花岗片麻岩	山城镇		4	680~1142	955	32~134	75
正长岩化花岗岩	山城镇、北山头		2	1368~3640	2231	407~10181	2060
晶屑凝灰熔岩	海龙镇		6	914~2694	1409	23~1060	129
凝灰岩	海龙镇正义		3	565~1904	1004	189~498	353
变质凝灰细砂岩	兴隆镇		5	778~1538	1209	202~834	561
斜长石英混合片岩	三合屯	30		0		0	
花岗混合岩	德胜堡	10		微弱		微弱	
粗粒黑云母混合岩	前锋机械厂	8		微		微	
石英岩	前锋机械厂	1		0		0	
灰岩	王家街	4		0		0	
灰岩	样子哨	6		0		0	
灰岩	苇圹沟	4		0		0	
砂岩	王家街	4		0		0	
细砂粉砂岩	黑石咀	1		0		0	
混合岩	庙前堡	1		0		0	
混合岩	蛤蟆沟	2		0		0	
正长岩化混合岩	冯大院	2		0		0	
粗粒正长岩	辉发城	3		极微		极微	
粗粒钾长花岗岩	徐家街	6		0		0	
蚀变火山岩	海龙化肥厂	1		0		0	
花岗岩脉	海龙镇	1		弱		弱	
硅化灰岩	朝阳镇	1		微		微	
火山杂岩	朝阳镇	4		弱		弱	
海西期花岗岩	海龙水库	3		0		0	
混合岩	龙山 416 高地	10		微		微	
绢云母化片岩混合岩	山城镇肖家街	19		0		0	
海西期花岗岩	山城镇长兴沟	5		0		0	
绢云母化片岩	大湾沟	4		0		0	
第三系砂砾岩	海龙水库	3		0		0	
细砂岩（石墨化）	红石大砬子 ZKl	9		0		0	
泥质细砂岩	灰安堡	2		0		0	

（5）2011年5月江苏省有色金属华东地质勘查局八一四队承担了吉林大学子项目下设的《松辽盆地外围重磁连片处理解释》外协项目。在松辽盆地东南部辉桦、柳河、通化地区开展露头区岩石物性标本的采集和测定工作，共采集39个地层6个岩体，总计岩石标本1623块，测定密度和磁化率，统计结果见表4.63。

表4.63　2011年辉桦–柳河盆地地层密度和磁化率统计表

地层	岩性	块数	密度/(g/cm³) 最大值	最小值	平均值		磁化率/(4π×10⁻⁵SI) 最大值	最小值	平均值	
βQ	气孔状玄武岩	22	2.72	2.43	2.62	2.72	4316	677	1901	936
	致密块状玄武岩	23	2.86	2.78	2.81		2341	140	475	
E₁₋₂m	粉砂岩	30	2.63	2.33	2.46	2.46	47	12	18	43
	泥岩	25	2.56	2.43	2.47		256	40	127	
K₂g	流纹斑岩	20	2.45	2.35	2.42	2.45	14	2	6	5
	石英粗面岩	12	2.53	2.47	2.51		8	1	4	
K₁h	砂岩	32	2.55	2.31	2.42		196	15	46	
K₁s	安山岩	30	2.62	2.42	2.56		4193	169	1355	
K₁y	砂砾岩	30	2.53	2.41	2.49		22	8	14	
J₃s	粉砂岩	32	2.62	2.52	2.58		34	11	20	
J₃h	砂岩、砂页岩	43	2.68	2.36	2.56		2128	11	27	
J₃x	砂岩、砂页岩、凝灰质砂岩	41	2.72	2.26	2.51		1674	12	99	
J₃b	粉砂岩、凝灰质粉砂岩	35	2.63	2.41	2.53		5	10	46	
J₃d	含砾砂岩	30	2.62	2.45	2.53		33	8	15	
J₃lm	砂岩、砂砾岩	39	2.64	2.38	2.54		40	7	19	
J₃l	晶屑凝灰岩、凝灰岩、凝灰质砂岩	37	2.73	2.36	2.56		9341	8	251	
J₃y	砂岩、砾岩	30	2.75	2.53	2.63		421	9	61	
J₃g	凝灰熔岩	10	2.59	2.38	2.46	2.54	47	16	24	65
	细砂岩	8	2.49	2.35	2.41		7	1	4	
	安山岩	15	2.73	2.55	2.66		2081	161	565	
J₂h	砂岩、砂砾岩	25	2.58	2.32	2.45	2.53	296	8	23	69
	凝灰岩	8	2.79	2.76	2.77		2880	1592	1925	
J₁x	砂岩、粗砂岩	38	2.67	2.44	2.57		123	4	16	
P₂sh	粗砂岩	32	2.63	2.55	2.59		82	14	25	
P₂s	砂岩	30	2.59	2.54	2.57		18	6	11	
P₁s	石英砂岩	30	2.66	2.60	2.63		29	8	14	
C₂b—C₂t	砂岩、泥灰岩	32	2.66	2.45	2.55		40	5	17	
C₁l	砂岩、粉砂岩	30	2.77	2.46	2.58		53	6	15	
O₁₋₂m	厚层灰岩	38	2.75	2.67	2.71		52	1	6	

续表

地层	岩性	块数	密度/(g/cm³) 最大值	最小值	平均值		磁化率/(4π×10⁻⁵SI) 最大值	最小值	平均值	
O_1l	含燧石结核灰岩	30	2.69	2.63	2.66		10	2	5	
O_1y	薄层灰岩、竹叶状灰岩	30	2.71	2.64	2.68		28	4	10	
$\epsilon_3 g+c+f$	灰岩	20	2.72	2.69	2.70	2.70	11	3	7	46
	粉砂岩、砂页岩	55	2.80	2.56	2.69		50	24	89	
$\epsilon_2 z$	厚层灰岩	32	2.74	2.69	2.70		11	4	6	
$\epsilon_2 x$	砂页岩	31	2.72	2.55	2.68		530	14	57	
$\epsilon_1 mo$	粉砂岩	30	2.70	2.63	2.65		63	18	28	
$Z_3 b$	厚层灰岩	32	2.76	2.69	2.70		2	3	6	
$Z_3 w$	灰岩	33	2.74	2.65	2.70		34	1	7	
$Z_3 q$	砂岩、砂质页岩	32	2.74	2.60	2.69		55	4	27	
Zqn	页岩	37	2.72	2.58	2.66		90	15	27	
Zqd	石英岩	18	2.86	2.81	2.83	2.75	19	1	4	4
	石英砂岩	14	2.68	2.62	2.64		24	2	5	
$Pt_2 h$	二云石英片岩、石英片岩	32	2.83	2.67	2.76		888	12	82	
$Pt_2 z$	白云质大理岩	30	2.88	2.72	2.78		9	0	0	
$Pt_1 q$	黑云变粒岩	21	2.75	2.62	2.70	2.67	732	16	73	3
	含墨大理岩	10	2.63	2.58	2.61		61	27	38	
$Ar_2 s$	绿片岩	43	2.73	2.51	2.60		29	6	13	
$Ar_1 y$	混合斜长角闪岩	5	2.93	2.87	2.91	2.79	65	48	56	46
	混合花岗岩、混合岩	34	2.70	2.54	2.62		274	3	37	
	变粒岩	8	2.99	2.84	2.93		72	55	63	
	片麻岩	10	2.74	2.65	2.70		1008	21	92	
$Ar_1 s$	混合斜长角闪岩	25	2.87	2.58	2.69	2.71	87	10	31	40
	片麻岩	8	2.87	2.71	2.82		60	35	44	
	混合岩	9	2.67	2.57	2.63		166	44	74	
γ_5	黑云母花岗岩	13	2.65	2.60	2.62	2.59	1308	246	720	98
	钾长花岗岩	48	2.61	2.50	2.58		245	6	57	
δo_5	石英闪长岩	31	2.72	2.64	2.67		880	37	161	
δ_5	闪长岩	30	3.02	2.87	2.91		8652	215	707	
γ_4	闪长花岗岩	15	2.72	2.61	2.69	2.63	423	94	161	263
	黑云母花岗岩	20	2.60	2.53	2.58		1384	40	379	
δo_4	石英闪长岩	30	2.65	2.53	2.61		883	23	260	

综上所述，吉中小区古生界主要分布石炭系—二叠系地层，由于吉中小区大多为基岩出露区，其物性参数工作程度较低，本次统计成果见表4.64。由表4.64可知，本区上古

生界密度较稳定，均值在 2.65g/cm³ 左右，磁性整体较微弱，地层中局部火山碎屑沉积岩段具中等磁性。

表 4.64　内蒙古草原–松花江地层区吉中小区地层区古生界物性测定统计表

地层及代号		采集地点	块数	密度/(g/cm³)		磁化率/(4π×10⁻⁵ SI)	
				变化范围	平均值	变化范围	平均值
二叠系	杨家沟组 P₂y	伊通	30	2.46~2.70	2.64	6~63	17
	范家屯组 P₁f	舒兰	132	2.40~2.68	2.58	0~弱	弱
	大河深组 P₁d	蛟河	30			16~43	32
	寿山沟组 P₁ss	伊通	30	2.25~2.66	2.41	1~10	2
		伊通	30	2.57~2.78	2.71	29~2810	187
		伊通			2.65		27
石炭系	磨盘山组 C₂m	伊通	15	2.60~2.70	2.68	1~5	2
	鹿圈屯组 C₁l	伊通	30	2.56~2.71	2.64	2~12	6
		辉桦	59	2.41~2.60	2.53		
泥盆系	王家街组 D₂₋₃w						
志留系	西别河组 S₁x	伊通	30	2.79~2.89	2.84	2720~5060	3583

三、宝清–密山地层二级区

宝清–密山地层二级区分为密山小区，区内中新生代盆地群主要包括：鹤岗盆地、三江盆地、勃利盆地、鸡西盆地、虎林盆地等，现分述如下。

（1）1995 年 5 月，受大庆石油管理局勘探公司（甲方）委托，核工业航测遥感中心七〇三研究所（乙方）承担了鹤岗–勃利地区航磁航放油气地质解释综合研究工作，编写了《鹤岗–勃利地区航磁航放油气地质解释成果报告》，收集了黑龙江东三江、勃利东盆地高精度构造航磁普查成果报告（1988 年）中有关鹤岗–勃利地区磁性参数资料，详见表 4.65。

表 4.65　鹤岗–勃利地区磁性统计表

地层及代号			岩性	磁化率/(4π×10⁻⁴ SI)			剩磁/(mA/m)		
				样数	变化范围	几何平均值	样数	变化范围	几何平均值
新近系	玄武岩	QN₂	气孔状块状玄武岩	88	3~316		19	744~2398	
	平岗玄武岩	βN₂		14	34~504	220	14	300~5900	2500
	道台桥组	N₁d	含砾中粒砂岩	34	0~2		3		0

续表

地层及代号			岩性	样数	磁化率/$(4\pi \times 10^{-4} \text{SI})$		样数	剩磁/(mA/m)	
					变化范围	几何平均值		变化范围	几何平均值
古近系	宝泉岭组	$E_{2-3}bq$	粉-细砂岩，泥岩			0			0
	八虎力组	$E_{2-3}b$	粗-细沙砾岩	43	0~2		1		0
白垩系	松木河组	K_2s	粗-细沙岩	23	0~2				
			安山质流纹岩	4	25~56				
	伊敏组	K_1y	中基性火山熔岩	52	55~793	397	52	0~17500	4200
	猴石沟组	K_1h	含砾中-细粒砂岩	54	0~3.5		3	0	
	东山组	K_1dn	粉-细砂岩，含砾石粗砂岩		0~11				
			中酸性火山碎屑岩		10~130	81			
侏罗系	穆棱组	J_3m	粉-细砂岩	35	0~22.5				
	城子河组	J_3ch	粉-细砂岩	41	0~2.5				
	滴道组	J_3d	细砂岩	35	0~2.5		1	0	
	裴德组	J_2p	粗-细砂岩	54	0~10		5	0	
二叠系	龙山组	P_3l		21	0~270	250	21	0~1400	300
	塔头河组	P_1t		8	0~10	7	8		弱
泥盆系	老秃顶子组	D_3l		23	8~1080	220	23	600~140000	29000
	黑台组	$D_{1-2}h$			弱				
元古界		Pt	大理岩	78	0~1		11	0	弱
			云母片岩	42	0~2.5		5	0	
			绿泥石片岩	16	0~2.5		3	0	
			石英岩	4	0		1	0	
			角闪云母片岩		170~400				弱
			含铁绿片岩		110~250			300~4000	
			片麻岩		弱				
			云母石英片岩	5	30~170	110	5	74~154	弱
吕梁期混合花岗岩		γ_2		65	0~10		23	微	107
海西期花岗岩		γ_4^3			0~10				
燕山期花岗岩		γ_5^3		54	0~2.5		6	微	

（2）2003年10月~2004年3月，受大庆油田有限责任公司勘探分公司（甲方）委托，江苏省有色金属华东地质勘查局八一四队（乙方）在鹤岗盆地开展1/10万重磁测量工作，在工区及周边37处地质观察采样点位进行地表裸露岩石物性标本的采集工作，共采集8个地层层位，501块岩石物性标本。其岩石密度和磁化率测定、统计结果见表4.66和表4.67。

表 4.66　2003 年度鹤岗地区物性界面分层一览表

地层及代号	厚度/m	地震分层（1995）	密度分层/(g/cm³)	磁性分层/(4π×10⁻⁶SI)
立春屯组 βN₂	>12.5		高密度层 (2.78)	高磁性层 (200)
道台桥组 N₁₋₂f	70	T₁	低密度层 (2.11)	微弱磁性层 (0)
宝泉岭组 E₂₋₃bq	288.55			
松木河组 K₂s	>1190		中高密度层 (2.57)	次高磁性层 (90)
猴石沟组 K₁h	750	T₃		微弱磁性层 (0)
东山组 K₁dn	721			
石头庙子组 K₁st	604.65	T₄	中低密度层 (2.46)	
石头河子组 K₁s	979.17			
基底（元古界 Pt₁h）			高密度层 (2.70)	
基底（混合花岗岩 Mγ₂）		T₅	高密度层 (2.60)	次高磁性层 (100)
基底（海西期花岗岩 γ⁴）			高密度层 (2.65)	
基底（海西期白岗质花岗岩 γ₄）			高密度层 (2.60)	

表 4.67　2003 年江苏省有色金属华东地质勘查局八一四队测定岩石密度和磁化率统计表

界	系、统	组	代号	厚度/m	标本块数	密度/(g/cm³) 变化范围	常见值	磁化率/(4π×10⁻⁶SI) 变化范围	常见值
新生界	新近系	立春屯组	βN₂	>12.5	30	2.75~2.91	2.78	40~400	219.7
		道台桥组	N₁₋₂f	70					
	古近系	宝泉岭组	E₂₋₃bq	288.55					
中生界	上白垩统	松木河组	K₂s	>1190	83	2.35~2.59	2.46	0~400	27.8
	下白垩统	猴石沟组	K₁h	750	49	2.51~2.74	2.66	0~2560	984.7
		东山组	K₁dn	721	36	2.55~2.70	2.63	0~160	19.5
		石头庙子组	K₁st	604.65	82	2.36~2.75	2.57	0~12	0.9
		石头河子组	K₁s	979.17	81	2.20~2.61	2.40	0~100	11.6
元古界			Pt₁h		91	2.59~2.90	2.72	0~50	6.6
混合花岗岩与海西晚期花岗岩			Mγ₂ γ₄³		49	2.53~2.64	2.60	0~240	59.2

（3）勃利盆地重磁测量工作主要有两次，均受大庆石油管理局勘探分公司（甲方）委托。

第一次是 1994 年 10 月~1995 年 5 月，江苏省有色金属华东地质勘查局八一四队与煤田六О八队（乙方），在勃利盆地进行 1/20 万重磁测量工作，编写了《黑龙江省勃利盆地重磁测量成果报告》，在工区基岩露头处测定了 1370 块密度标本和 176 块磁性标本，以及部分钻井岩心的密度参数，见表 4.68。

表 4.68 1995 年勃利盆地岩石密度统计表

系	组	代号	岩性	采样位置 点号/线号	块数	密度 /(g/cm³)	加权平均密度 /(g/cm³)
新近系	玄武岩	βN₂	气孔状块状玄武岩	59/35, 20/37, 69/45	51	2.64	2.34
	道台桥组	N₁d	含砾中砂岩	勃利西 1km	31	2.31	
古近系	八虎力组	E₂₋₃b	粗-细砂砾岩	桦南城北	42	2.32	
白垩系	松木河组	K₂s	粗-细砂岩	105/13, 107/14	23	2.38	2.44
			安山质流纹岩	109/20	13	2.54	
	金沙组	K₁j	粉、细砂岩	30/40, 34/41, 金沙西山	74	2.46	
	猴石沟组	K₁h	含砾中-细砂岩	长安城北塘口 23/45	91	2.46	
	东山组	K₁dn	粉-细砂岩，含砾石粗砂岩	30/38, 52/42, 大巴山北	76	2.47	
侏罗系	穆棱组	J₃m	中-细砂岩	20/32, 36/36, 21/49	93	2.48	2.52
			煤	36/35	2	2.54	
	城子河组	J₃ch	粉-细砂岩	38/30, 40/37, 23/51	89	2.51	
	滴道组	J₃d	中-细砂岩	25/35, 46/39, 16/42	34	2.54	
			安山玄武岩	13.5/42	30	2.53	
	裴德组	J₂p	粗-细砂岩、角砾岩	37/37, 48/35, 22/51	79	2.56	
	安山岩、安山质凝灰岩	α₅	含角砾安山质凝灰岩、安山岩	69/45 北侧	31	2.64	
	燕山期花岗岩	γ₅	灰白色、肉红色花岗岩	64/11, 72/27	48	2.52	
	燕山期辉玢岩	βμ	深绿色辉玢岩	37/34	7	2.49	
	海西期花岗岩	γ₄	花岗岩	10/42	31	2.60	
三叠系	南双鸭山组	T₃n	青磐岩化安山质凝灰岩	34/55	38	2.64	
上古生界	龙山组	P₃l	流纹岩	农大北山	33	2.56	2.62
		C—P	砂岩	55/54 东侧	38	2.66	
	老秃顶子组	D₃l	灰色硅质砂板岩	12/45	29	2.69	
	青龙山组	D₂q	浅灰色变质粉砂岩	珍子山	30	2.53	
元古界	大理岩		白色、灰色大理岩	孟家岗，大金缸	57	2.65	2.63
	片岩	Pt	灰褐色片岩	团子山	13	2.65	
			云母片岩	81/27	23	2.53	
			绿泥石片岩	团子山	13	2.81	
	石英岩		灰白色石英岩	81/21	3	2.57	
	混合花岗岩	γ₂	灰白色、肉红色混合花岗岩	54/30, 102/24	42	2.54	

第二次是 2008 年 10 月~2009 年 5 月，江苏省有色金属华东地质勘查局八一四队（乙方），在勃利盆地进行 1/20 万重磁测量和数据处理解释工作，编写了《2009 年黑龙江省勃利盆地重磁测量成果报告》，在勃利盆地及周边区域开展地表裸露岩石物性标本的采集工作，共采集 1312 块岩石标本，测定了其密度与磁化率参数，其中 34 块测定了磁性标本

的剩余磁化强度参数,见表4.69。

表4.69 2009年勃利盆地岩石磁性统计表

地层时代			岩性	采样位置 点号/线号	CR2-69 磁力仪测定			WCL-1 型磁化率仪测定	
系	组				块数	磁化率/ $(4\pi\times10^{-5}\mathrm{SI})$	剩磁/ (mA/m)	块数	磁化率/$(4\pi\times10^{-5}\mathrm{SI})$
新近系	玄武岩	βN_2	气孔状块状玄武岩	59/35, 20/37, 69/45	69	22~2527	44-2398	19	200~2200
	道台桥组	$N_1 d$	含砾中砂岩	勃利西1km	3	无	无	31	0~15
古近系	八虎力组	$E_{2-3} b$	粗-细砂砾岩	桦南城北	1	无	无	42	0~15
白垩系	松木河组	$K_2 s$	粗-细砂岩	105/13, 107/14				23	0~15
			安山质流纹岩	109/20	4	弱	弱	13	200~450
	金沙组	$K_1 j$	粉-细砂岩	30/40, 34/41				42	0~20
	猴石沟组	$K_1 h$	含砾中-细砂岩	长安城北塘口	3	无	无	51	0~30
	东山组	$K_1 dn$	粉-细砂岩,含砾粗砂岩	30/38, 52/42				45	0~90
侏罗系	穆棱组	$J_3 m$	粉-细砂岩	20/32, 36/36				35	0~180
			煤	36/35				2	0
	城子河组	$J_3 ch$	粉-细砂岩	38/30, 40/37				47	0~20
	滴道组	$J_3 d$	细砂岩	25/35, 46/39	1	无	无	34	0~20
	裴德组	$J_2 p$	粗-细砂岩	37/37, 48/35	5	无	无	49	0~80
			硅质岩、破碎角砾岩	24/37, 41/35	5	0~524	0-234	5	80~810
燕山期	安山岩	α_5	深灰色块状安山岩	69/45 北侧	29	123~1647	19-377		
	花岗岩	γ_5	灰白色、肉红色花岗岩	64/11, 72/27	6	微	微	48	0~20
	辉绿玢岩	$\beta\mu$	深绿色辉绿玢岩	37/34	1	1298	132	7	80~200
元古界	大理岩	Pt	白色、灰色大理岩	孟家岗,大金缸	11	无	无	57	0~10
	片岩		云母片岩、片岩	81/27	5	无	无	37	0~20
			绿泥石片岩	团子山	3	无	无	13	0~20
	石英岩	γ_2	灰白色石英岩	81/27	1	无	无	3	0
	混合花岗岩		浅灰绿色、肉红色混合花岗岩		23	微	微	42	10~80
合计					170			645	

（4）2004年12月~2005年5月,受中国石化东北勘探新区项目管理部（甲方）委托,江苏省有色金属华东地质勘查局八一四队（乙方）承担三江盆地新老重磁资料处理解释项目,编写了《2004年三江盆地新老重磁资料处理解释成果报告》,收集了工区及周边

地区历年来八份有关物性参数资料，详见表4.70。

表4.70 三江盆地密度和磁化率综合统计表

界	系	组	代号	密度/(g/cm³) 变化范围	密度/(g/cm³) 平均值	密度分层 西三江	密度分层 东三江	磁化率/(4π×10⁻⁵SI) 变化范围	磁化率/(4π×10⁻⁵SI) 平均值	磁性分层 西三江	磁性分层 东三江
新生界	第四系		Q	1.67~2.02	1.82	低密度层		0~19	10	无磁性层	
新生界	新近系	船底山玄武岩	N₁₋₂c	2.34~3.01	2.71	火山岩局部高密度层		220~2200	860	火山岩局部强磁性层	
新生界	新近系	富锦组	N₁f	1.99~2.83	2.33	低密度层	2.29	0~15	微	微弱磁性层	
新生界	古近系	宝泉岭组	E₂₋₃bq	1.64~2.91	2.23	低密度层		0~80	微	微弱磁性层	
中生界	白垩系	松木河组 敖其段	K₂Sᵃ	2.28~2.80	2.58	火山岩局部中密度层		0~4000	1090	火山岩局部中强磁性层	
中生界	白垩系	松木河组 西格木段	K₂Sˣ								
中生界	白垩系	猴石沟组	K₁h	2.35~2.74	2.51	局部中低密度层		0~985	300	局部中弱磁性层	
中生界	白垩系	东山组	K₁dn	2.52~2.81	2.61	火山岩局部中密度层	2.60	0~1300	143	火山岩局部中弱磁性层	
中生界	白垩系	皮克山组	K₁p	2.55~2.65	2.60			13~88	27		
中生界	侏罗系	穆棱组	J₃m	2.36~2.75	2.54	中低密度		0~180	14	微弱磁性层	
中生界	侏罗系	城子河组	J₃ch	2.20~2.69	2.52		2.53	0~140	10		
中生界	侏罗系	东荣组	J₃dr	2.53	2.53			0	0		
中生界	侏罗系	曙光组	J₃s	2.44~2.69	2.59	局部中密度层		0~48	19	局部微弱磁性层	
中生界	侏罗系	朝阳组	J₃c	—	—		2.57	0	0		
中生界	侏罗系	七虎林河组	J₂qh	2.46~2.59	2.54			0~10	微		
中生界	侏罗系	裴德组	J₂p	2.56	2.56			0~810	80		
中生界	三叠系	郝家屯组	T₃h	2.51~2.71	2.56	中密度层		0~22	微	微弱磁性层	
中生界	三叠系	南双鸭山组	T₃n	2.49~2.70	2.61		2.60	11~1326	44		
中生界	三叠系	大岭桥组	T₃d	2.56~2.67	2.61			6~24	13		
中生界	三叠系	大佳河组	T₂d	2.51~2.66	2.59			0~29	14		
古生界	二叠系	红山组	P₂h	2.50~2.73	2.58	中高密度层		0~48	15	变化磁性层	
古生界	二叠系	二龙山组	P₁e	2.56	2.56		2.57	250~2000	1130		
古生界	石炭系	珍子山组	C₂z	2.41~2.64	2.54			40	40		
古生界	泥盆系	老秃顶子组	D₃l	2.61~2.85	2.72		2.65	80~10800	1700		
古生界	泥盆系	黑台组	D₁₋₂h	2.53~2.70	2.62			弱	弱		
古生界	寒武系	金银库组	∈₁jn	2.59~2.71	2.68			0	0		
元古界		马家街群	Pt₃m	2.65~2.81	2.71	高密度层		0~73	微	弱磁性层	
元古界		湖南营岩组	Pt₂h	2.50~2.86	2.72		2.71	0~150	80		
元古界		建堂组	Pt₁j	2.58~2.89	2.66			4~67	13		
元古界		大盘道组	Pt₁dp	2.60~3.25	2.76			0~1500	90		
元古界		大马河组	Pt₁d	2.47~2.87	2.71			0~150	60		

续表

界	系	组	代号	密度/(g/cm³) 变化范围	平均值	密度分层	磁化率/(4π×10⁻⁵SI) 变化范围	平均值	磁性分层 西三江	东三江
		花岗岩类		2.50~2.86	2.63	中密度体	0~2270	97	无-弱磁	
	侵入岩	闪长岩类		2.30~2.90	2.67	中高密度体	10~53400	1468	中强	
		基性、超基性类		2.30~3.25	2.85	高密度体	弱~33656	5180	强磁	

（5）2005年6月~10月，受大庆油田有限责任公司勘探分公司委托，江苏省有色金属华东地质勘查局八一四队及中国石油东方地球物理公司综合物化探事业部，共同承担三江盆地东部地区1/10万重磁勘探工程，编写了《2005年三江盆地东部重磁资料处理解释成果报告》，收集了工区及周边地区历年来有关物性参数资料，分5条路线采集露头岩石标本1282件，测定钻井岩心标本263件。统计结果详见表4.71和表4.72。

表4.71 三江盆地东部密度和磁性综合统计表

界	系	组	代号	密度/(g/cm³) 变化范围	平均值	密度分层	磁化率/(4π×10⁻⁵SI) 变化范围	平均值	剩磁/(mA/m)	磁性分层
新生界		第四系	Q	1.61~1.96	1.82	低密度层	0~19	10		无磁性层
	新近系	道台桥玄武岩	Nd	2.34~3.01	2.71	火山岩局部高密度层	220~2200	860	2500	火山岩局部强磁性层
		富锦组	N₁f	1.99~2.83	2.33	2.29 低密度层	0~15	微		微弱磁性层
	古近系	宝泉岭组	E₂₋₃b	1.64~2.91	2.23		0~80	微		
中生界	白垩系	松木河组 敖其段	K₂Sᵃ	2.28~2.80	2.52	火山岩局部中低密度层	0~4000	1090	4200	火山岩局部强磁性层
		松木河组 西格木段	K₂Sˣ							
		雁窝组	K₂yw	2.24~2.58	2.36	2.53 中低密度层	17~76	29		弱磁性层
		七星河组	K₂q	2.26~3.06	2.52		5~156	27		
		海浪组	K₂h	2.32~2.69	2.54		7~260	38		
		东山组	K₁dn	2.52~2.81	2.61	2.60 火山岩局部中密度层	100~1300	810		火山岩局部中弱磁性层
		皮克山组	K₁p	2.49~2.65	2.60		13~88	27		
	侏罗系	穆棱组	J₃m	2.36~2.75	2.54	2.53 中低密度层	0~180	14		微弱磁性层
		城子河组	J₃ch	2.20~2.69	2.52		0~140	10		
		东荣组	J₃dr	2.53	2.53		0	0		
		曙光组	J₃s	2.44~2.69	2.59	2.57 局部中密度层	0~48	19		局部微弱磁性层
		七虎林河组	J₂qh	2.46~2.59	2.55		0~10	微		
		裴德组	J₂p	2.56	2.56		0~810	80		
	三叠系	郝家屯组	T₃h	2.48~2.72	2.56	2.58 火山岩局部中密度层	758~1324	915	1225	火山岩局部中强磁性层
		南双鸭山组	T₃n	2.49~2.70	2.61		11~1326	44		
		大岭桥组	T₃d	2.56~2.67	2.61	2.60 中密度层	6~24	13		微弱磁性层
		大佳河组	T₂d	2.51~2.66	2.59		0~29	14		

续表

界	系	组	代号	密度/(g/cm³) 变化范围	密度/(g/cm³) 平均值	密度分层	磁化率/(4π×10⁻⁵SI) 变化范围	磁化率/(4π×10⁻⁵SI) 平均值	剩磁/(mA/m)	磁性分层
古生界	二叠系	红山组	P₂h	2.47~2.73	2.59	中高密度层	0~48	15		变化磁性层
古生界	二叠系	二龙山组	P₁e	2.56~2.79	2.63	中高密度层	250~2000	1130	300	变化磁性层
古生界	石炭系	珍子山组	C₂z	2.51~2.67	2.61	中高密度层	0~199	20		变化磁性层
古生界	泥盆系	老秃顶子组	D₃l	2.61~2.85	2.72	中高密度层	80~10800	2200	29000	变化磁性层
古生界	泥盆系	黑台组	D₁₋₂h	2.53~2.70	2.62	中高密度层	弱	弱		变化磁性层
元古界		马家街群	Pt₃m	2.65~2.81	2.71	高密度层	0~73	3		弱磁性层
元古界		湖南营岩组	Pt₂h	2.50~2.86	2.72	高密度层	0~150	80		弱磁性层
元古界		建堂组	Pt₁j	2.58~2.89	2.66	高密度层	4~67	13		弱磁性层
元古界		大盘道组	Pt₁dp	2.60~3.25	2.76	高密度层	0~1500	90		弱磁性层
元古界		大马河组	Pt₁d	2.47~2.87	2.71	高密度层	0~150	60		弱磁性层
侵入岩		花岗岩类		2.54~2.64	2.59	中密度体	0~2270	97	弱	弱磁性体
侵入岩		闪长岩类		2.61~2.84	2.72	中高密度体	10~53400	1468	170~1200	中强磁性体
侵入岩		基性、超基性类		2.30~3.25	2.85	高密度体	弱~33656	5180	330~49600	强磁性体

表4.72 三江盆地岩石密度和磁化率统计表

界	系	组（群）或岩体	代号	岩性	块数	密度/(g/cm³) 最大值	密度/(g/cm³) 最小值	密度/(g/cm³) 平均值	磁化率/(4π×10⁻⁵SI) 最大值	磁化率/(4π×10⁻⁵SI) 最小值	磁化率/(4π×10⁻⁵SI) 平均值
新生界	新近系	富锦组	N₁f	泥岩	30	2.65	2.45	2.55	37	9	19
中生界	白垩系	松木河组敖其段	K₂Sᵃ	英安岩	30	2.72	2.57	2.65	118	0	9
中生界	白垩系	松木河组西格木段	K₂Sˣ	砂岩	30	2.54	2.36	2.45	1264	25	237
中生界	白垩系	淘淇河组	K₁t	砂岩	30	2.59	2.46	2.55	940	4	8
中生界	白垩系	猴石沟组	K₁h	粉砂岩、砂岩	44	2.62	2.43	2.53	2644	4	124
中生界	白垩系	皮克山组	K₁p	英安岩	35	2.65	2.55	2.60	88	13	27
中生界	白垩系	东山组	K₁dn	集块岩、泥岩	30	2.75	2.56	2.64	68	3	18
中生界	侏罗系	曙光组	J₃s	砂岩	30	2.69	2.44	2.59	48	10	19
中生界	侏罗系	七虎林组	J₂qh	砂岩	30	2.59	2.46	2.54	10	0	6
中生界	侏罗系	大秃山组	J₁d	砂岩	20	2.83	2.62	2.70	55	41	48
中生界	三叠系	大岭桥组	T₃d	片岩	33	2.67	2.56	2.61	22	0	3
中生界	三叠系	南双鸭山组	T₃n	板岩	30	2.63	2.49	2.57	24	6	13
中生界	三叠系	郝家屯组	T₃h	凝灰岩、硅质岩	40	2.71	2.51	2.56	1326	11	44
中生界	三叠系	大佳河组	T₂d	片岩	36	2.66	2.51	2.59	29	0	14
古生界	二叠系	杨岗组	P₂y	流纹岩	30	2.62	2.55	2.59	8	0	4
古生界	二叠系	红山组	P₂h	砂岩	30	2.73	2.50	2.58	48	7	25
古生界	石炭系	珍子山组	C₂z	砂岩	35	2.64	2.41	2.50	199	0	20

续表

界	系	组（群）或岩体	代号	岩性	块数	密度/(g/cm³) 最大值	最小值	平均值	磁化率/(4π×10⁻⁵SI) 最大值	最小值	平均值
古生界	泥盆系	老秃顶子组	D₃l	安山岩	15	2.85	2.61	2.77	3280	309	1209
	寒武系	金银库组	∈jn	灰岩	30	2.71	2.59	2.68	4	0	2
元古界		马家街群	Pt₃m	灰岩	35	2.81	2.67	2.71	73	0	3
		跃进山岩群	Pt₃yj	板岩	15	2.95	2.84	2.87	1110	94	251
		大盘道组	Pt₁dp	板岩、大理岩	60	3.25	2.71	2.86	1121	11	135
		建堂组	Pt₁j	片岩	31	2.89	2.58	2.66	67	4	13
		大马河组	Pt₁d	二云母石英砂岩	30	2.62	2.55	2.59	47	3	9
中生代侵入体			K₁kγ	花岗岩	30	2.57	2.52	2.54	10	0	4
			J₁γδ	花岗闪长岩	18	2.70	2.62	2.67	30	10	19
			T₃kγ	花岗岩	30	2.57	2.52	2.55	190	5	32
			T₃ηγ	二长花岗岩	30	2.72	2.59	2.63	39	8	18
			T₂N	辉绿岩	33	3.03	2.66	2.92	12564	36	631
古生代侵入体			P₂kγ	花岗岩	15	2.59	2.51	2.56	804	444	629
			O₂kγ	花岗岩	30	2.60	2.56	2.59	1224	9	90
元古代侵入体			Pt₃ν	辉长岩	45	3.05	2.77	2.95	175	23	46
			Pt₃Σ	蛇纹石化橄榄岩	30	2.72	2.33	2.49	33656	3418	6330
			Pt₁γ	花岗岩	30	2.71	2.47	2.63	2057	6	38

综上所述，宝清–密山地区密山小区古生界主要分布泥盆系、石炭系—二叠系地层，物性参数工作程度较低，本次统计成果见表4.73。由表4.73可知，本区上古生界密度较小，平均值在2.61g/cm³左右，磁性整体较微弱，地层中局部火山碎屑沉积岩段具中等磁性。

表4.73 宝清–密山地区密山小区地层区古生界物性测定统计表

地层及代号		采集地点	块数	密度/(g/cm³) 变化范围	平均值	磁化率/(4π×10⁻⁵SI) 变化范围	平均值
二叠系	红山组	三江	30	2.50-2.73	2.58	7~48	25
		东三江	30	2.47~2.73	2.59	0-48	15
	杨岗组	三江	30	2.55~2.62	2.59	0~8	4
	二龙山组	三江		2.56~2.79	2.63	250~2000	1130
		鹤岗	21			0~270	250
		勃利	33		2.56		91
石炭系	珍子山组	三江	35	2.41~2.67	2.61	0~199	20
	北兴组						
泥盆系	老秃顶子组	三江	15	2.61~2.85	2.72	309~3280	1209
		鹤岗	23			8~1080	220
		勃利	29		2.69		
	黑台组	三江		2.53~2.70	2.62	0~弱	弱

第二节 华北地层大区

华北地层大区分为赤峰-龙井两个地层二级区，由于本次工作重点在佳蒙地层大区，故华北地层区未作详细工作。涉及本地层区新生代盆地群主要有松江盆地、通化盆地、鄣武盆地等，涉及本地层区古生界海相盆地仅鸭绿江盆地，现将鸭绿江盆地物性工作叙述如下。

（1）2007年9月中国石油东方地球物理公司综合物化探事业部承担《2007年松江盆地重磁电勘查成果报告》工作时，在松江盆地地表采测涉及12组地层、159处露头密度1305块物性标本、磁化率1335块物性标本、电阻率675块物性标本，进行密度、磁化率测定，统计结果见表4.74。

表4.74 2007年松江盆地重磁电勘探岩石密度和磁化率资料表

地层	岩性	块数	密度/(g/cm³)	厚度/m	密度平均值/(g/cm³)	磁化率/(4π×10⁻⁵SI)
K_2g	粗面岩	10	2.68	772.06	2.61	409
	流纹岩、熔岩	65	2.54	1051.63		
K_1s	安山岩	50	2.62	3924.83		1735
K_1h	砾岩、页岩、砂岩、粉砂岩	50	2.57	658.74		
J_3x	页岩、泥岩、砂岩、粉砂岩、砾岩、凝灰岩	100	2.56	957.4	2.52	<150
J_3b	砂岩、泥岩、页岩	30	2.45	563.99		253
	安山岩、凝灰岩	65	2.65	241.13	2.65	
J_3d	粉砂岩、砂岩、页岩、泥岩、砾岩	85	2.50	765.30	2.50	<150
J_3l	安山岩、凝灰岩	100	2.68	4561.54	2.68	1594
	凝灰质砂岩	15	2.34	223.85	2.57	
J_2h	砾岩、砂岩、泥岩	65	2.60	1760.44		<150
C	灰黑色灰岩	10	2.73	300		
O	灰色灰岩	10	2.71	760.13		
E	灰色灰岩	70	2.72	690.86		
Z	灰岩、灰白色石英岩	20	2.65	551.42	2.72	
Pt	白云岩、灰岩、大理岩	25	2.79	11697.88		
Ary	斜长角闪岩、片麻岩	25	2.67	9656.87		100
Ars	花岗片麻岩、变粒岩	30	2.65	6532.67		200
γ	黑云母花岗岩	20	2.65			
$\delta\gamma_5$	石英闪长岩	5	2.68			

（2）2007年8月中国石油东方地球物理公司综合物化探事业部《2007年通化盆地重

磁勘查成果报告》在通化盆地地表采测12组地层、151处露头的1465块物性标本,进行密度和磁化率参数测定,统计结果见表4.75。

表4.75 2007年通化盆地重磁勘探岩石磁性参数资料表

地层及代号		岩性	块数	厚度/m	密度/(g/cm³) 变化范围	平均值	磁化率/(4π×10⁻⁵SI) 变化范围	平均值	电阻率/(Ω·m) 变化范围	平均值
第四系	βQ	玄武岩	90		2.08~2.91	2.57	250~1415	539	3048~47854	16746
第三系	βN	玄武岩	90		2.11~2.90	2.61	301~4779	1935	5652~42238	22082
下白垩统	K₁d	粗砂岩、砂岩、砾岩、页岩、油页岩	215	2849	2.13~2.55	2.38	4~47	20	158~1142	599
上侏罗统	J₃c	粗砂岩、泥岩、砾岩	115	2300	2.12~2.50		3~134		426~1507	897
	J₃x	砂岩、砂岩、煤	70	330	2.17~2.67		3~49		423~3158	1179
中侏罗统	J₂t	安山岩、凝灰岩、砂岩	95	1414	2.00~2.85	2.52	2~3120	422	635~50599	11981
古生界	S—D	安山岩、凝灰岩、流纹岩、绿泥片岩	80	2500	2.50~2.88		5~3980	911	5369~51605	
震旦系	Z	石英砂岩	20	100	2.51~2.74	2.69	10~36	20	10037~25876	15843
中元古界	Pt₂	大理岩、石英岩	80	1500	2.55~2.80		0~24		3050~28569	
下元古界	Pt₁	片岩、石英岩、角闪岩、变粒岩	105	1700	2.49~3.03		1~1134	158	2422~45970	
太古界	Aγjs	片麻岩、变粒岩	40	1400	2.63~2.91		23~1658	572	7210~29873	
燕山期	γ₅²	花岗岩	30				39~1257	200	3792~27436	15748
海西期	γ₄²	花岗岩	240				2~1804	594	5572~35884	18385

(3) 江苏省有色金属华东地质勘查局八一四队,于2006年在松辽盆地南部彰武地区进行重磁勘探,共在65处采集新生代—太古代16个地层组及中生代—元古代侵入体11个,共计810块岩石标本,分别测定了岩石标本的密度、磁化率参数,统计结果见表4.76和表4.77。

表4.76 松辽盆地南部彰武地区岩石密度统计表

界	系	组	代号	岩性	块数	密度/(g/cm³) 最大值	最小值	平均值	密度/(g/cm³)
新生界	新近系	汉诺坝组	N₁h	玄武岩	30	2.678	2058	2.638	-0.48
中生界	白垩系	热河群义县组	K₂y	安山岩、凝灰岩、凝灰质砂岩	30	2.793	2.55	2.688	0.101
		大兴庄组	K₂dx	粗安岩、英安岩	30	2.87	2.459	2.637	
		孙家湾组	K₂s	复成分砾岩	30	2.203	2.089	2.157	
		泉头组	K₁qt	粉砂岩、泥质粉砂岩	30	2.477	2.015	2.219	
		沙海组	K₁s	砂岩、砂砾岩	30	2.411	2.229	2.32	
		阜新组	K₁f	砾岩、砂岩、砂砾岩	30	2.472	2.119	2.326	

续表

界	系	组	代号	岩性	块数	密度/(g/cm³) 最大值	密度/(g/cm³) 最小值	密度/(g/cm³) 平均值	密度界面/(g/cm³)
中生界	侏罗系	义县组	J_3y	晶屑凝灰岩、安山岩、火山碎屑岩	30	2.709	2.396	2.562	0.236
		海房沟组	J_2h	粉砂质页岩	30	2.618	2.458	2.52	
古生界	志留系	西别河组	S_3x	大理岩化灰岩	30	2.713	2.654	2.68	0.179
	寒武系	佟家屯岩组	ϵt	变质安山岩	30	2.792	2.522	2.635	
	蓟县系	雾迷山组	Jxw	白云岩	30	2.867	2.787	2.814	
元古界	长城系	大红峪组	C_hd	硅质粉砂岩、粉砂岩	30	2.638	2.482	2.558	0.179
		高于庄组	C_hg	粉砂岩	30	2.639	2.554	2.6	
太古界		百厂门片麻岩单元	Ar_3bgn	花岗片麻岩	30	2.69	2.464	2.549	
		牵马岭片麻岩单元	Ar_3xqgn	闪长片麻岩	30	2.736	2.546	2.616	
中生代侵入体		安山玢岩	$K\alpha\mu$	安山玢岩	30	2.683	2.559	2.626	
		望海寺单元	J_3w	二长花岗岩	30	2.561	2.431	2.485	
		双泉寺单元	J_3sq	似斑状花岗岩	30	2.627	2.528	2.561	
		恒山单元	J_3hs	二长花岗岩	30	2.65	2.533	2.592	
		梨树沟单元	J_3l	似斑状二长花岗岩	30	2.616	2.452	2.528	−0.265
古生代侵入体		花岗岩	Pr	花岗岩	30	2.56	2.437	2.517	
		柴杖子单元	P_1cz	二长花岗岩、角闪二长花岗岩	30	2.641	2.473	2.561	
		套卜河洛单元	P_1tp	二长花岗岩、花岗岩	30	2.571	2.483	2.532	
元古代侵入体		周家台单元	$Pt_3-\epsilon_1zj$	片麻状石英闪长岩	30	2.68	2.545	2.628	
		海力板单元	Pt_2h	闪长岩	30	2.898	2.689	2.798	
		大巴沟单元	Pt_2db	花岗斑岩	30	2.639	2.549	2.604	

表4.77 松辽盆地南部彰武地区岩石磁化率统计表

界	系	组	代号	岩性	块数	磁化率/($4\pi\times10^{-5}$SI) 最大值	磁化率/($4\pi\times10^{-5}$SI) 最小值	磁化率/($4\pi\times10^{-5}$SI) 平均值
新生界	新近系	汉诺坝组	N_1h	玄武岩	30	1728	271	1040
中生界	白垩系	热河群义县组	K_2y	安山岩、凝灰岩、凝灰质砂岩	30	11389	13	682
		大兴庄组	K_2dx	粗安岩、英安岩	30	2175	629	1024
		孙家湾组	K_2s	复成分砾岩	30	57	4	15
		泉头组	K_1qt	粉砂岩、泥质粉砂岩	30	27	4	9
		沙海组	K_1s	砂岩、砂砾岩、	30	44	9	24
		阜新组	K_1f	砾岩、砂岩、砂砾岩	30	289	10	29

续表

界	系	组	代号	岩性	块数	磁化率/($4\pi \times 10^{-5}$SI)		
						最大值	最小值	平均值
中生界	侏罗系	义县组	J_3y	晶屑凝灰岩、安山岩、火山碎屑岩	30	1491	39	522
		海房沟组	J_2h	粉砂质页岩	30	31	14	19
古生界	志留系	西别河组	S_3x	大理岩化灰岩	30	1	0	0
	寒武系	佟家屯岩组	ϵt	变质安山岩	30	82	20	40
	蓟县系	雾迷山组	Jxw	白云岩	30	1	0	0
元古界	长城系	大红峪组	Chd	硅质粉砂岩、粉砂岩	30	25	0	4
		高于庄组	Chg	粉砂岩	30	24	0	3
太古界		百厂门片麻岩单元	Ar_3bgn	花岗片麻岩	30	1874	20	216
		牵马岭片麻岩单元	Ar_3xqgn	闪长片麻岩	30	115	37	58
中生代侵入体		安山玢岩	$K a\mu$	安山玢岩	30	526	20	82
		望海寺单元	J_3w	二长花岗岩	30	290	4	61
		双泉寺单元	J_3sq	似斑状花岗岩	30	388	5	100
		恒山单元	J_2hs	二长花岗岩	30	1111	27	177
		梨树沟单元	J_2ls	似斑状二长花岗岩	30	876	12	99
古生代侵入体		花岗岩	Pr	花岗岩	30	389	6	25
		柴杖子单元	P_1cz	二长花岗岩、角闪二长花岗岩	30	2379	8	144
		套卜河洛单元	P_1tp	二长花岗岩、花岗岩	30	1084	9	143
元古代侵入体		周家台单元	$Pt_3-\epsilon_1 zj$	片麻状石英闪长岩	30	281	8	27
		海力板单元	Pt_2h	闪长岩	30	607	42	73
		大巴沟单元	Pt_2db	花岗斑岩	30	7	3	5

(4) 2007年10月~2008年6月，受中国石油股份有限公司吉林油田公司（甲方）委托，江苏省有色金属华东地质勘查局八一四队（乙方）承担吉林南部地区碳酸盐岩油气勘探领域重力-航磁资料处理解释和综合地质研究工作，编写了《吉林南部重磁资料处理与解释项目》。在吉林南部多处地质露头点共采集59类地层组（含岩体），测定其密度、磁化率参数各1717块，测定其电阻率参数1119块；对全区岩石物性参数进行系统采集和统计，统计成果见表4.78~表4.80。

表4.78 吉林南部地区露头岩石密度和磁化率统计表

系	组	代号	主要岩性	密度/(g/cm³)		磁化率/($4\pi \times 10^{-5}$SI)		视电阻率/($\Omega \cdot$m)
				均值	组均值	均值	组均值	均值
白垩系	三棵榆树组	K_2sh	安山岩	2.32	2.52	561	797	1089
	小南沟组	K_1x	安山质晶屑凝灰岩	2.72		1134		1647
			砂泥岩					158

续表

系	组	代号	主要岩性	密度/(g/cm³) 均值	组均值	磁化率/(4π×10⁻⁵SI) 均值	组均值	视电阻率/(Ω·m) 均值
侏罗系	石人组	J₃s	粗砂岩	2.52	2.52	3	7	689
			砂页岩	2.53		17		2024
	亨通山组	J₃h	页岩夹泥砂岩	2.37	2.48	11	15	186
			砂砾岩	2.50		15		7114
			细砂岩	2.61		24		1307
	大沙滩组	J₃d	粉砂岩	2.50	2.50	14	14	2561
	林子头组	J₃l	绿色凝灰岩	2.50	2.59	8	50	211
			凝灰质砂岩	2.67		304		7218
	果松组	J₃g	粗砂岩	2.39	2.51	130	568	1232
			安山质晶屑凝灰岩	2.64		2734		5756
	小东沟组	J₂x	砾岩	2.71	2.67	11	42	5961
			钙质细砂岩	2.67		36		1990
			泥灰岩	2.64		176		373
	义和组	J₁y	粗砂岩	2.49	2.65	15	29	384
			粉砂岩	2.72		38		1674
三叠系	长白组	T₃c	凝灰岩	2.67	2.67	110		7172
	四合屯组	T₃s	英安质流纹岩	2.66		92		1333
碳系—二叠系	孙家沟组	P₂sj	细砂岩	2.50		86		11429
	寿山沟组	P₁ss	灰色砂岩	2.65		27		5869
	山西组、大河深组并层	P₁s—P₁d	砂岩	2.53		15		749
	本溪组与太原组并层	C₂b—C₃t	石英砂岩	2.49		8		3307
	磨盘山组	C₂m	厚层状结晶灰岩	2.70		2		171793
	鹿圈屯组	C₁l	灰黑色砂页岩	2.52		31		204

表 4.79 吉林南部侵入岩物性参数资料表

时代	代号	主要岩性	密度/(g/cm³) 均值	组均值	磁化率/(4π×10⁻⁵SI) 均值	组均值	视电阻率/(Ω·m) 均值
新太古代	Ar₃msr	石英岩	2.58	2.78	11	微弱	17677
		斜长角闪岩	2.99		88		2527

续表

时代	代号	主要岩性	密度/(g/cm³) 均值	密度 组均值	磁化率/(4π×10⁻⁵SI) 均值	磁化率 组均值	视电阻率/(Ω·m) 均值
中太古代	Ar₂gn	云英片麻岩	2.63	2.69	238	48	6650
		黑云母变粒岩	2.64		19		1578
		斜长角闪岩	2.88	2.75	43		12472
	Ar₂msr	角闪岩	2.89		68	133	3540
		变粒岩	2.62		261		187929
白垩纪侵入岩	K₁γ	花岗岩	2.52		9		35431
	K₁ξγ	正长花岗岩	2.53		11		28656
	K₁γδ	花岗闪长岩	2.57		529		9683
侏罗纪侵入岩	J₃γ	钾长花岗岩	2.54		41		3245
	J₃ξγ	正长花岗岩	2.59		419		24096
	J₃ηγ	二长花岗岩	2.58		29		17278
	J₁γβ	黑云母花岗岩	2.63		817		137889
	J₃δ	闪长岩	2.73		3057		7038
三叠纪侵入岩	T₁γβ	黑云母花岗岩	2.56		460		2076
	T₁γδ	花岗闪长岩	2.58		68		7712
二叠纪侵入岩	P₂ξγ	正长花岗岩	2.63		11		1207
	P₂γπ	黑云母花岗斑岩	2.66		324		94928
	P₂γβ	黑云母花岗岩	2.61		329		29258
	P₁δο	石英闪长岩	2.70		1363		12188
元古代侵入岩	Pt₃ηγ	似斑状二长花岗岩	2.62		22		18545
	Pt₂kγ	碱性花岗岩	2.60		21		24676

表4.80 吉林南部综合物性参数统计一览表

界	系	代号	密度/(g/cm³)		磁化率/(4π×10⁻⁵SI)	视电阻率/(Ω·m)
新生界	第四系	Q	1.85	1.85	0	0~50
	新近系	N	2.11	2.10	301~4779	22082
	古近系	E	2.22			
中生界	白垩系	K₂	2.52	2.50	797	1368
		K₁	2.48		7	158~2024
	侏罗系	J₃	2.59	2.58	8~1594	211~5756
		J₂	2.67		42	373~5961
		J₁	2.65		29	384~1674
	三叠系	T₃	2.67	2.67	92~110	1333~7172

续表

界	系	代号	密度/(g/cm³)		磁化率/(4π×10⁻⁵SI)	视电阻率/(Ω·m)
古生界	二叠系	P	2.57	2.57	86	749~11429
	石炭系	C	2.56		8	3307
	奥陶系	O	2.72	2.71	5	49648
	寒武系	∈	2.70		0~1000	900~24000
	震旦系	Z	2.72	2.65	0~50	9000
	青白口系	Qn	2.60		0~50	300~8000
	元古界	Pt	2.77		0~300	2000~8000
	太古界	Ar	2.75		0~1000	1000~10000
	花岗岩		2.56		0~500	>10000
	黑云母花岗岩		2.58		50~1000	>10000
	花岗闪长岩		2.62		300~1500	>10000
	闪长岩		2.70		500~3000	>10000

(5) 2008 年 12 月，江苏省有色金属华东地质勘查局八一四队编写的《2008 年鸭绿江盆地、伊通盆地外围综合物化探勘探工程成果报告》，对 59 个地表岩石露头（含岩体）进行了采集，测定密度、磁化率参数各 1717 块，测定电阻率参数 1119 块，统计结果见表 4.81。

表 4.81　2008 年吉林南部综合物性参数统计一览表

界	系	代号	组名		密度/(g/cm³)	磁化率/(4π×10⁻⁵SI)	视电阻率/(Ω·m)
新生界	第四系	Q	黄土冲积层		1.81~1.90		
	新近系	N	船底山组	N₂ch	2.11~2.90	301~4779	22082
	古近系	E	水曲柳组	E₂₋₃Sh			
			梅河组	E₁₋₂m	2.22		
中生界	白垩系	K₂	三棵榆树组	K₂Sh	2.52	797	1368
			龙井组	K₂l			
		K₁	营城组	K₁yc	2.43		158
中生界	侏罗系	J₃	石人组	J₃s	2.52	7	689~2024
			梨树沟组	J₃l	2.60	1594	
			鹰嘴砬子组	J₃y	2.59	8~304	211~7218
			果松组	J₃g	2.51	568	1232~5756
			砬门子组	J₃l	2.50~2.68		1368
		J₂	小东沟组	J₂x	2.67	42	373~5961
			夏家街组	J₂xj			
			望江楼组	J₂w			
		J₁	义和组	J₁y	2.65	29	384~1674

续表

界	系	代号	组名		密度/(g/cm³)	磁化率/($4\pi\times10^{-5}$SI)	视电阻率/($\Omega\cdot$m)
中生界	三叠系	T_3	长白组	T_3c	2.67	92~110	1333~7172
			二股砬子组	T_3er			
			小河口组	T_3x			
		T_2					
古生界	二叠系	P_3	孙家沟组	P_2sj	2.50	86	11429
		P_2	石千峰组	P_2sh	2.53	15	749
			大河深组	P_1d			
		P_1	寿山沟组	P_1ss	2.65	27	5869
			山西组	P_1s	2.53	15	749
	石炭系	C_3	太原组	C_3t	2.49	8	3307
		C_2	本溪组	C_2b	2.49	8	
		C_1	鹿圈屯组	C_1l	2.52	31	204
	泥盆系	D_3					
		D_2					
		D_1					
	志留系	S					
	奥陶系	O_3					
		O_2	上马家沟组	O_2m^2	2.71	2	49648
			下马家沟组	O_2m^1	2.73	2	
		O_1	亮甲山组	O_1l	2.74	5	23495
			冶里组	O_1y	2.66		
	寒武系	ϵ_3	凤山组	ϵ_3f	2.68		
			长山组	ϵ_3ch			
			崮山组	ϵ_3g			
		ϵ_2	张夏组	ϵ_2zh	2.75	10	110014
		ϵ_1	毛庄组	ϵ_1mo			
			馒头组	ϵ_1m	2.50~2.85	5~34	106~25655
			昌平组	ϵ_1c	2.66	15	8585
			黑沟子组	ϵ_1sh			
			水洞组	ϵ_1h	2.73	17	201524

续表

界	系	代号	组名		密度/(g/cm³)	磁化率/(4π×10⁻⁵SI)	视电阻率/(Ω·m)
上元古界	震旦系	Z	青沟子组	Z₂q			
			八道江组	Z₁b	2.79	15	5345
			万隆组	Z₁w	2.68	9	9930
			桥头组	Z₁q	2.57	20	14653
	青白口系	Qb	南芬组	Qbn	2.72	37	1791
			钓鱼台组	Qbd	2.63	6	23741
			白房子组	Qbb	2.63	17	8756
下元古界	蓟县系	Jx	色洛河群	Jxs			
	长城系	Ch	大栗子组	Chd	2.78	32~1199	8140~10832
			临江组	Chl	2.62	7	22615
			珍珠门组	Chz	2.82	3	21860
			达台山组	Chd			
	滹沱系	Ht	大东岔组	Htd		92	
			里尔峪岩组	Htlr		4~3137	
			蚂蚁河岩组	Htm	2.84	514~2733	2389~5330
			高家峪岩组	Htg			
			荒岔沟岩组	Hth	2.77	47~111	60509~190710
太古界	五台系	Wt	三道沟组	Wts			
			金凤岭岩组	Wtj			
			红透山岩组	Wth			
	阜平系	Ar₁	小莱河岩组	Ar₁x			
			四道砬子河组	Ar₁s		23~460	

（6）2010年9月江苏省有色金属华东地质勘查局八一四队承担了《吉林东部区域电法剖面勘探及解释》项目，编写了《2010年鸭绿江盆地重磁勘探成果报告》，在华北地台共对37个地层组（含岩体）采集了618块岩石标本，测定其密度和磁化率参数，统计结果见表4.82和表4.83。

表4.82 2010年鸭绿江盆地地层密度和磁化率统计表

系	组	代号	岩性	标本块数	密度/(g/cm³) 均值	组均值	磁化率/(4π×10⁻⁵SI) 均值	组均值
石炭系	太原组	C₃t	石英砂岩	17	2.49	2.49	8	8
	本溪组	C₂b	灰黑色海绿石细砂岩	5	2.62	2.64	16	15
			灰绿色砂页岩、泥页岩、粉砂质页岩	5	2.62		16	
			杂色砂页岩、泥页岩、碳质页岩	5	2.61		4	
			青灰色钙质砂岩	5	2.71		56	

续表

系	组	代号	岩性	标本块数	密度/(g/cm³) 均值	密度/(g/cm³) 组均值	磁化率/($4\pi\times10^{-5}$SI) 均值	磁化率/($4\pi\times10^{-5}$SI) 组均值
奥陶系	马家沟组	O_2m	豹皮灰岩	14	2.71	2.66	2	4
			浅灰色灰岩	4	2.63		6	
			深灰色灰岩	4	2.69		8	
			浅灰色灰岩	4	2.70		4	
			灰色灰岩	4	2.69		2	
			深灰色灰岩	4	2.66		4	
	亮甲山组	O_1l	含燧石结核灰岩	30	2.66	2.69	5	6
			青灰色灰岩	6	2.69		6	
			浅灰色灰岩	8	2.70		8	
			深灰色灰岩	6	2.69		6	
	冶里组	O_1y	薄层灰岩、竹叶状灰岩	30	2.68	2.70	10	7
			深灰色灰岩	6	2.73		6	
			浅灰色灰岩	6	2.69		6	
寒武系	凤山组、长山组、崮山组并层	ϵ_3g—ϵ_3f	灰岩	20	2.70	2.70	7	25
			粉砂岩、砂页岩	55	2.69		89	
	张夏组	ϵ_2zh	青灰色厚层状灰岩	10	2.75	2.75	10	5
			青灰色灰岩	4	2.79		4	
			浅灰色灰岩	4	2.70		4	
	徐庄组	ϵ_1x	粉砂质页岩	4	2.67	2.70	134	46
			鲕状灰岩	4	2.72		16	
	毛庄组	ϵ_1mo	灰绿色钙质页岩夹灰岩	6	2.72	2.67	21	13
			深灰色泥灰岩	6	2.57		24	
			青灰色鲕粒灰岩	8	2.71		4	
	馒头组	ϵ_1m	页岩	20	2.50	2.68	34	13
			灰岩	10	2.85		5	
	昌平组	ϵ_1c	钙质粉砂岩	11	2.66	2.66	15	15
震旦系	八道江组	Z_1b	灰岩	10	2.74	2.74	2	2
	万隆组	Z_1w	灰岩	20	2.68	2.70	9	14
			深灰色泥灰岩	4	2.71		16	
			灰色灰岩	12	2.71		16	
	桥头组	Z_1q	石英砂岩	15	2.57	2.57	20	20

续表

系	组	代号	岩性	标本块数	密度/(g/cm³) 均值	组均值	磁化率/(4π×10⁻⁵SI) 均值	组均值
青白口系	南芬组	Qbn	页岩	10	2.72	2.73	37	38
			钙质页岩	4	2.69		25	
			钙质泥页岩	4	2.78		59	
	钓鱼台组	Qbd	石英砂岩	10	2.63	2.63	5	5
	白房子组	Qbb	石英砂岩	10	2.63	2.63	17	17
	马达岭组	Qbm	紫灰色长石砂岩	30	2.59	2.59	7	7
长城系	大栗子组	Chd	板岩	17	2.75	2.78	31	193
			斜长角闪岩	10	2.83		1199	
	临江组	Chl	石英岩	30	2.62	2.62	7	7
	花山组	Chh	二云石英片岩	18	2.83	2.76	41	90
			灰色石英片岩	14	2.67		198	
	珍珠门组	Chz	白色大理岩	30	2.82	2.82	3	3
阜平系	杨家店组	Ar₁y	混合斜长角闪岩	5	2.91	2.73	56	65
			混合花岗岩、混合岩	34	2.62		37	
			片麻岩	10	2.70		92	
	四道砬子河组	Ar₁s	混合斜长角闪岩	25	2.69	2.71	31	47
			片麻岩	8	2.82		44	
			混合岩	9	2.63		74	
燕山期		$\gamma\pi_5^3$	花岗岩	30	2.52	2.52	9	9
		γ_5^2	黑云母花岗岩	31	2.62	2.62	840	840
		δo_5^2	石英闪长岩	31	2.67	2.67	161	161
印支期		δ_5^1	闪长岩	30	2.91	2.91	707	707
阜平期		γ_1	混合花岗岩	8	2.67	2.67	19	19

表 4.83　2010 年鸭绿江盆地地层密度和磁性参数统计表

系	组	代号	主要岩性	密度（g/cm³） 均值	组均值	磁化率（4π×10⁻⁵SI） 均值	组均值	视电阻率/(Ω·m) 均值
奥陶系	马家沟组	O₂m	豹皮灰岩	2.71		2	微	49648
	冶里组、亮甲山组并层	O₁y—O₁l	灰岩	2.74		5	微	23495

续表

系	组	代号	主要岩性	密度（g/cm³）均值	密度 组均值	磁化率（4π×10⁻⁵SI）均值	磁化率 组均值	视电阻率/(Ω·m) 均值
寒武系	崮山组、炒米店组并层	$\epsilon_3 g$—$\epsilon_3 cm$	结晶灰岩	2.71	2.72	10	微	14442
	张夏组	$\epsilon_2 zh$	青灰色厚层状灰岩	2.75		10		110014
	水洞组、昌平组、馒头组并层	$\epsilon_1 sh$—$\epsilon_1 m$	灰岩	2.73		17		201524
			页岩	2.72		42		990
	昌平组、馒头组并层	$\epsilon_1 c$—$\epsilon_1 m$	石英砂岩	2.61		5		34373
			泥质粉砂岩	2.78		924		17040
	馒头组	$\epsilon_1 m$	灰岩	2.85		5		25655
			页岩	2.50		34		106
	昌平组	$\epsilon_1 c$	钙质粉砂岩	2.66		15		8585
震旦系	桥头组、万隆组、八道江组并层	$Z_1 q$—$Z_1 b$	薄层状灰岩	2.79		15	微	5345
	万隆组	$Z_1 w$	灰岩	2.68		9	微	9930
	桥头组	$Z_1 q$	石英砂岩	2.57		20	微	14653
青白口系	南芬组	Qbn	页岩	2.72		37	微弱	1791
	钓鱼台组	Qbd	石英砂岩	2.63		6		23741
	白房子组	Qbb	石英砂岩	2.63		17		8756
	钓鱼台组、南芬组并层	Qbd—Qbn	石英砂岩	2.50		49		603
			页岩	2.66		54		221
	马达岭组	Qbm	紫灰色长石砂岩	2.59		7		23741
早元古界	临江岩组	Chl	石英岩	2.62		7	微	22615
	珍珠门岩组	Chz	白色大理岩	2.82		3	微	21860
	蚂蚁河岩组	Htm	钠长浅粒岩	2.61	2.84	514	中等	5330
			变粒岩	3.06		2733	强	2389
	板房沟岩组	Htb	大理岩	2.86	2.79	2	微弱	132218
			石英片岩	2.75		31		
	大栗子岩组	Htd	板岩	2.75	2.78	32	弱	10832
			斜长角闪岩	2.83		1199	较强	8140
	荒岔沟岩组	Hth	变粒岩	2.83	2.77	111	弱	190710
			片麻岩	2.72		47		60509

第五章 重磁电场特征与成果解释

第一节 重力异常特征与地质认识

一、重力异常总特征

工区布格重力异常分布总特征是：以北北东—北东向大兴安岭断裂和嘉荫-佳木斯断裂为界，将工区自西向东分成三个重力场大区，即漠河-二连盆地重力低值区、松辽盆地重力高值区和三江盆地重力高值区。

（一）漠河-二连盆地重力低值区

漠河-二连盆地重力低值区位于松辽盆地和大兴安岭断裂（塔河—赤峰一线）以西地区，以大兴安岭断裂与松辽盆地重力高值区分界；重力场值由东向西逐渐变低，重力场值变化范围为$-70.0\times10^{-5} \sim -230.0\times10^{-5}$，重力差达$150.0\times10^{-5}\,\mathrm{m/s^2}$；大兴安岭断裂（塔河—赤峰一线）梯度变化较陡，形成一条长近千公里、宽约百公里的北北东向重力梯度带。

布格重力异常走向以西拉木伦河断裂和漠河南断裂为界分为三类，即"南、北两头以东西向为主，中间以北东向为主"。具体来说，在西拉木伦河断裂附近及以南地区以东西向为主，西拉木伦河断裂以北至漠河南断裂地区以北东向为主，漠河南断裂以北以东西向为主。三类走向分区反映不同构造地质体分区特征，北部为近东西向的漠河盆地分布；南部为近东西向的内蒙地轴分布；中部为近北东向的中新生代盆地分布区。以二连盆地和海拉尔盆地为典型代表，反映不同构造时期的产物。

另外，重力低值区反映本区莫霍面顶面埋深比松辽盆地重力高值区的莫霍面顶面埋深大。

（二）松辽盆地重力高值区

松辽盆地重力高值区位于大兴安岭断裂（塔河—赤峰一线）和嘉荫-牡丹江断裂之间，西拉木伦河断裂以北地区，以大兴安岭断裂与漠河-二连盆地重力低值区分界，以嘉荫-牡丹江断裂与三江盆地重力高值区分界。重力场值由西向东逐渐变大（比漠河-二连盆地重力低值区高），变化范围为$-70.0\times10^{-5} \sim 10.0\times10^{-5}\,\mathrm{m/s^2}$，重力差达$80.0\times10^{-5}\,\mathrm{m/s^2}$。大部分地区异常梯度变化较缓，仅东西边界地区受断裂影响，梯度变化较陡。

布格重力异常走向以北北东向或北东向为主，说明本区主要受新华夏构造影响，主要盆地为松辽盆地，其控制面积达26万$\mathrm{km^2}$，周边分布众多小盆地和断陷。

（三）三江盆地重力高值区

三江盆地重力高值区位于嘉荫-牡丹江断裂以东地区，以嘉荫-牡丹江断裂和松辽盆地重力高值区分界。重力场值变化范围为$-40.0\times10^{-5}\sim40.0\times10^{-5}\mathrm{m/s^2}$，重力差达$80.0\times10^{-5}\mathrm{m/s^2}$。大部分地区异常梯度变化较缓。

布格重力异常走向以北北东向或北东向为主，南北向和近东西向均有分布，说明本区主要受多期构造作用，构造较复杂。主要盆地有孙吴-嘉荫盆地、三江盆地、勃利盆地、鸡西盆地、虎林盆地、延吉盆地和鸭绿江海相盆地等。

二、上延处理后布格重力异常特征分析

利用松辽盆地外围上延不同高度的重力场分别计算其对数功率谱，求取浅源地质体的顶深，可指导全区重力场分离和综合地质解释工作。重力场上延不同高度和浅源顶深的关系如图5.1所示。

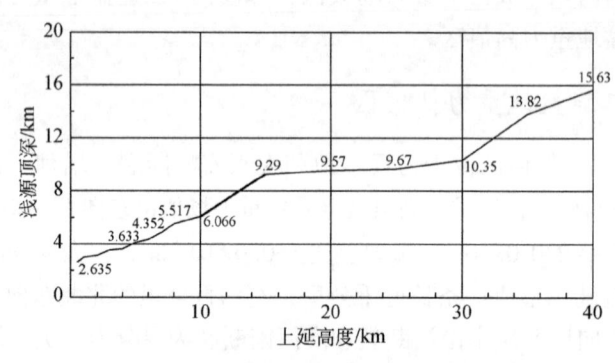

图5.1 上延高度和浅源顶深关系图

从图5.1可以看出：

（1）上延高度与浅源顶深总体上呈线性正比例关系，上延高度与浅源顶深关系大致是：上延高度小于15km时，浅源顶深约为上延高度的一半；上延高度为15~30km时，浅源顶深变化较小，趋于10km；上延高度为30~40km时，浅源顶深约为上延高度的2/5。

（2）上延高度越大，反映浅源顶深越大。

（3）上延到某一定高度后，浅源顶深线性变化梯度变缓，这一拐点上延高度应是区域深源场高度，该高度重力场为区域场（本区为上延15km）。

对工区布格重力异常进行上延7个不同高度（1km、5km、10km、15km、20km、30km、40km），随着延拓高度增加，其浅部重力局部异常特征逐渐消失，不同深部构造特征更加明显（选取大部分上延后重力场作插图，详见图5.2）。西部为区域重力低值区，中部和东部为区域重力高值区。上延15km后，反映深层异常体的形态基本变化较小，可选取上延15km以后重力场为本区区域场。

反映重力场上延不同高度后浅源平均深度的对数功率谱曲线图，是分析不同深度重力异常的重要参数资料，如图5.2和表5.1所示，上延后的布格重力异常平面图如图5.3~图5.6所示。

第五章 重磁电场特征与成果解释

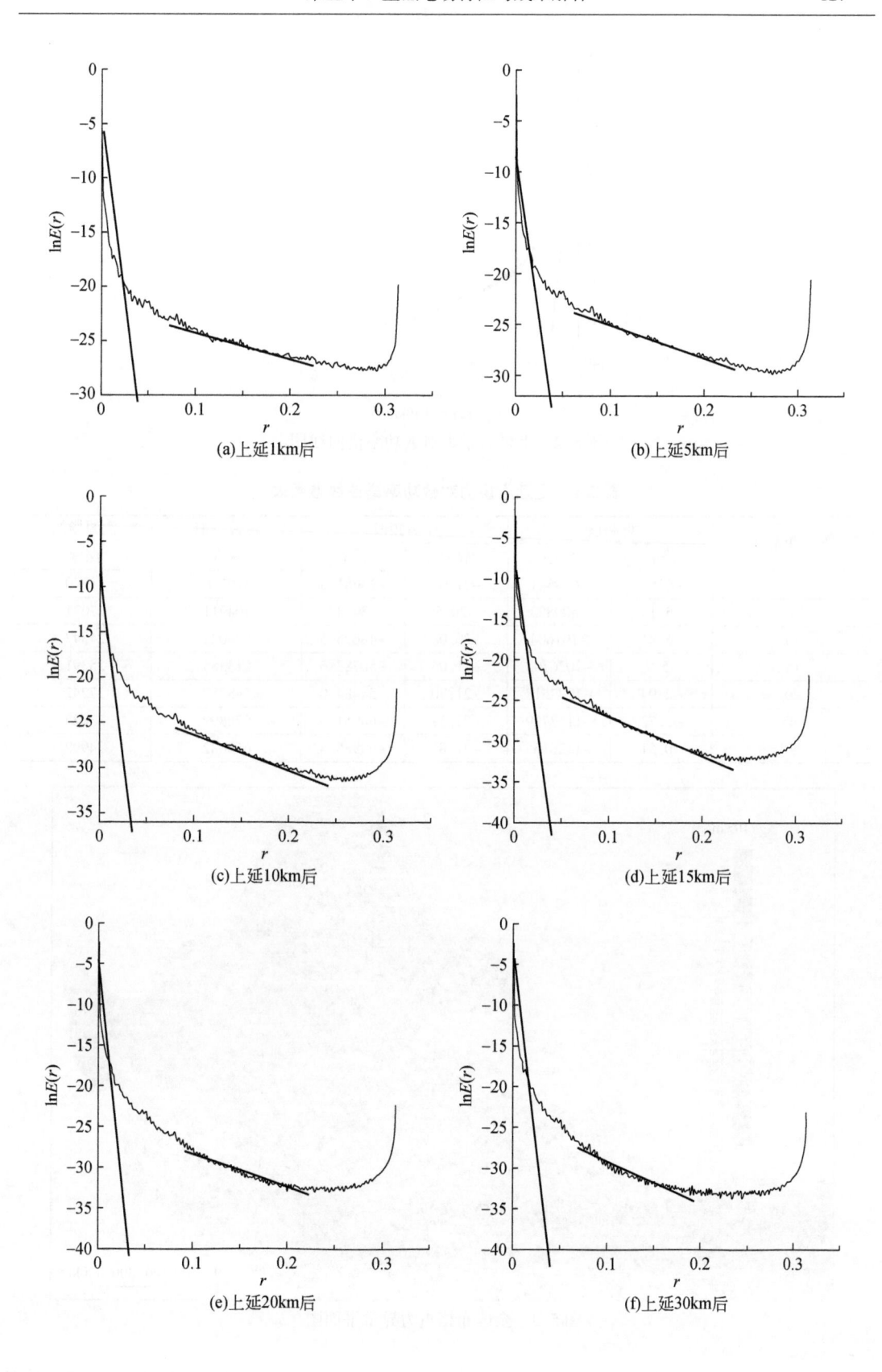

(a) 上延1km后

(b) 上延5km后

(c) 上延10km后

(d) 上延15km后

(e) 上延20km后

(f) 上延30km后

(g)上延40km后

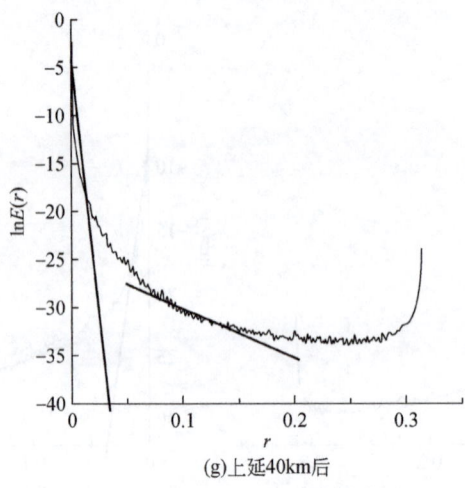

图 5.2　上延后重力对数功率谱曲线图

表 5.1　上延后重力对数功率谱曲线参数表

上延公里数/km	低频段 截距	低频段 斜率	中高频段 截距	中高频段 斜率	深源场似深度	浅源场似深度
1	-6.61	-639541	-21.05	-23681.5	319770	11840
5	-5.15	-809823	-20.5	-34143	404911	17071
10	-6.81	-101604	-20.08	-48695.5	508023	24347
15	-5.7	-1026708	-21.05	-50783.6	513354	25391
20	-2.94	-1097518	-21.70	-54484.0	548757	27242
30	-2.72	-1153799	-21.37	-66051.3	576899	33025
40	-0.51	-1326165	-21.81	-69985.4	663082	34992

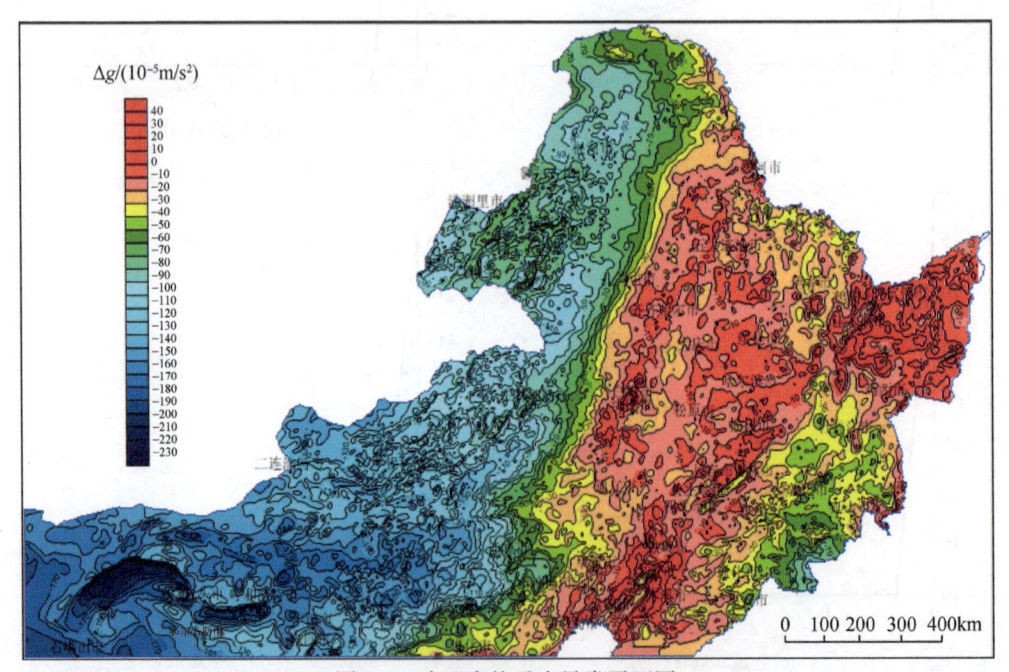

图 5.3　全区布格重力异常平面图

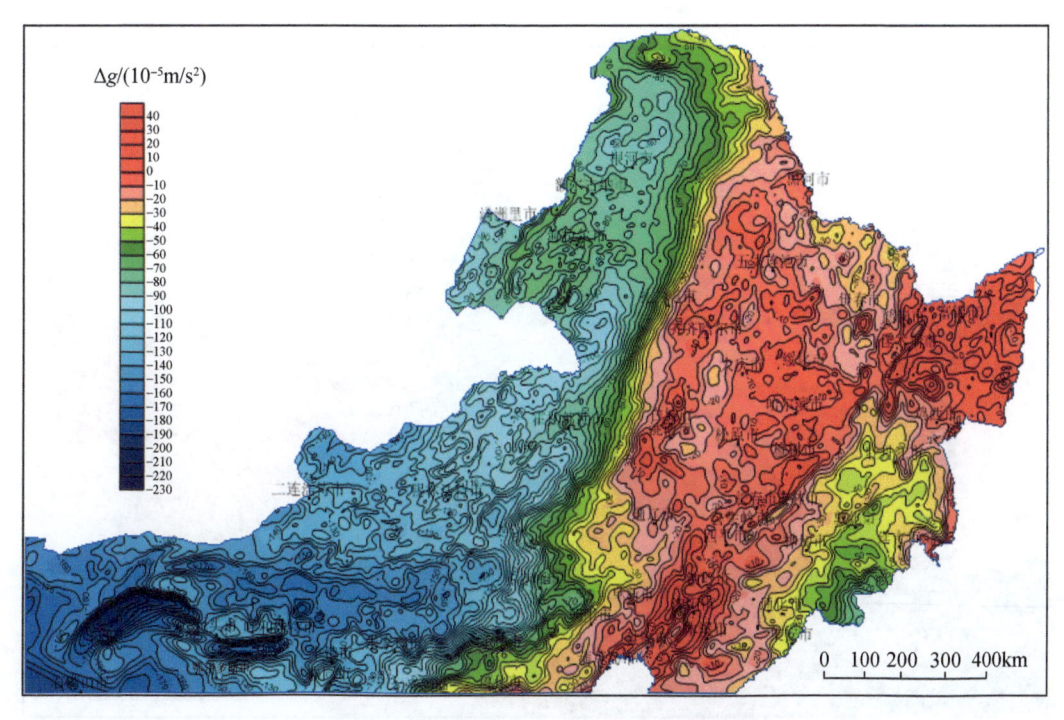

图 5.4 上延 5km 后布格重力异常平面图

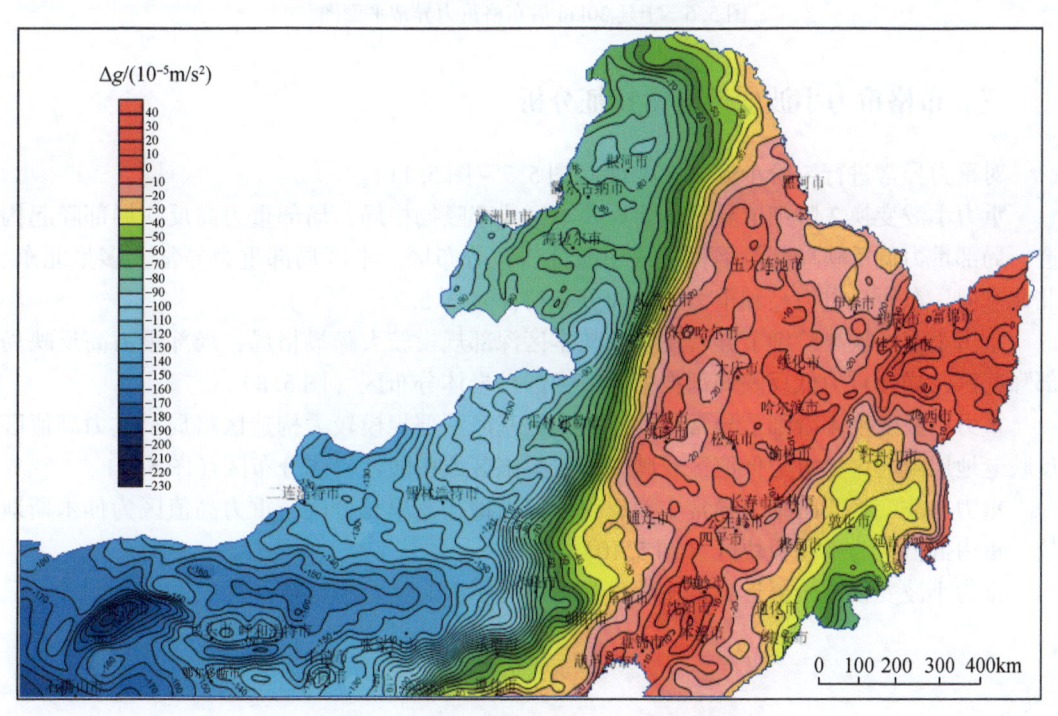

图 5.5 上延 15km 后布格重力异常平面图

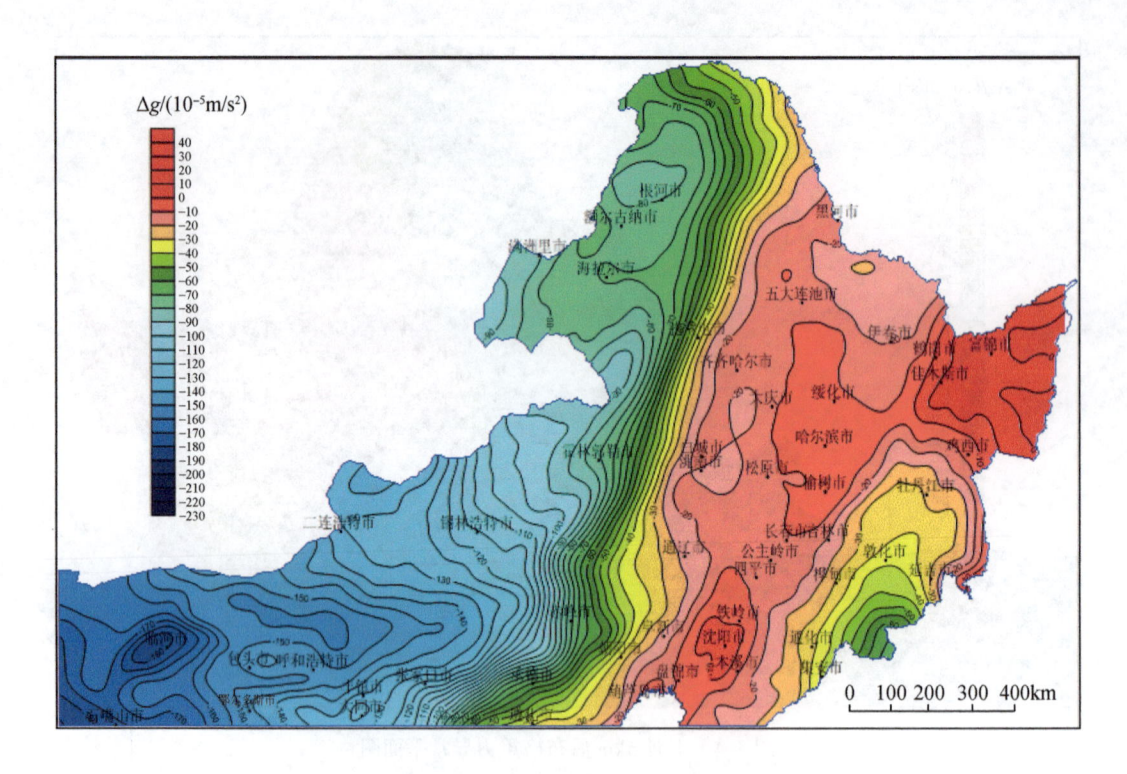

图 5.6 上延 30km 后布格重力异常平面图

三、布格重力小波变换异常特征分析

对重力异常进行 5 阶小波变换处理（图 5.7～图 5.11）。

重力小波变换 2 阶细节异常主要反映本区浅部隆拗格局，局部重力高反映局部隆起构造，局部重力低反映局部拗陷构造或中酸性岩体分布区。本区局部重力异常大多呈北东、北北东向，东西呈重力高和重力低相间分布特征（图 5.7）。

重力小波变换 3 阶细节异常主要反映本区深部规模较大隆拗格局，局部重力高反映局部隆起区，局部重力低反映局部拗陷区或中酸性岩体分布区（图 5.8）。

重力小波变换 4 阶细节异常主要反映本区基底深部规模较大构造区格局，重力高值区反映老地层隆起区，重力低值区反映老地层拗陷区或中酸性岩体分布区（图 5.9）。

重力小波变换 5 阶细节异常主要反映本区大地构造单元分区，重力高值区为佳木斯地块，重力低值区为中朝板块区（图 5.10）。

重力小波变换 5 阶逼近异常主要反映本区莫霍面起伏分布特征（图 5.11）。

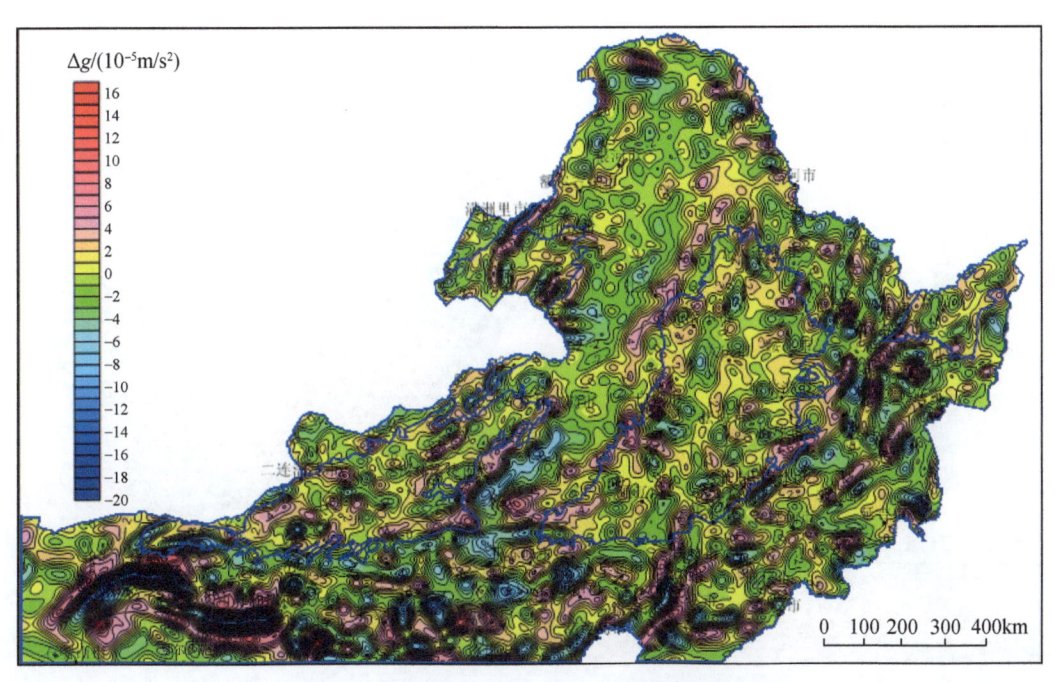

图 5.7　布格重力小波变换 2 阶细节异常平面图

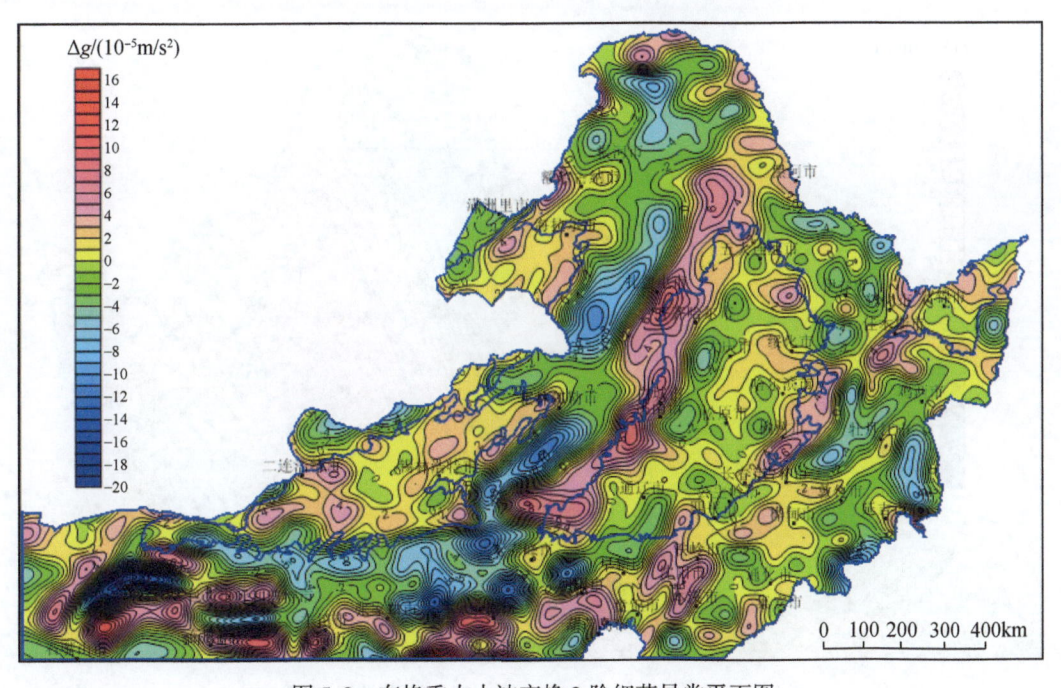

图 5.8　布格重力小波变换 3 阶细节异常平面图

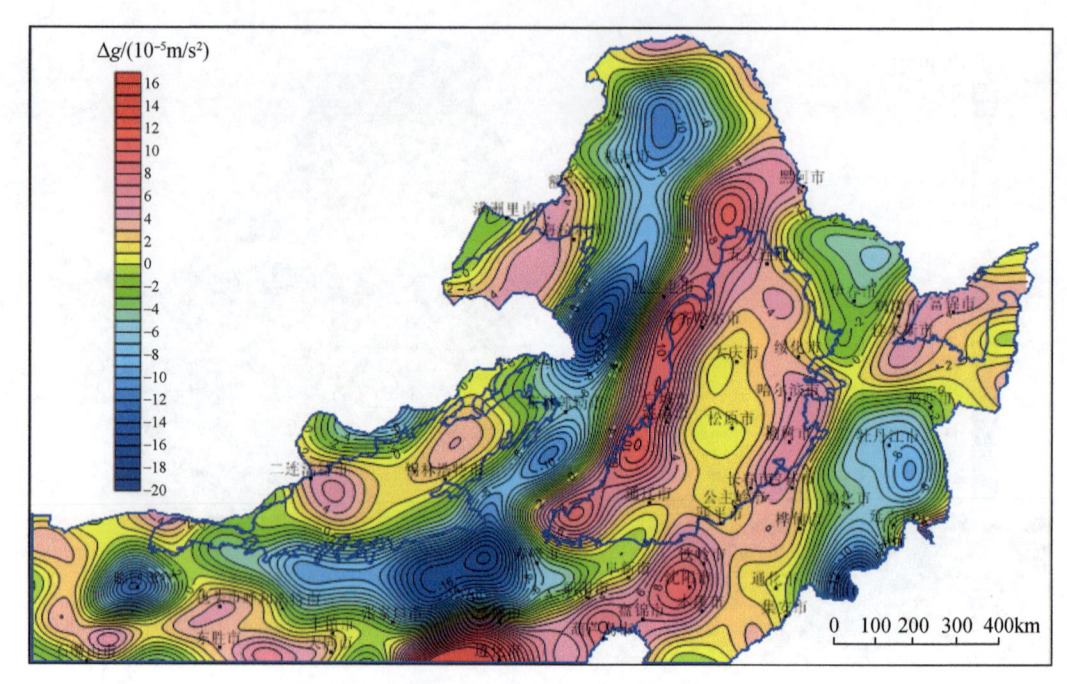

图 5.9　布格重力小波变换 4 阶细节异常平面图

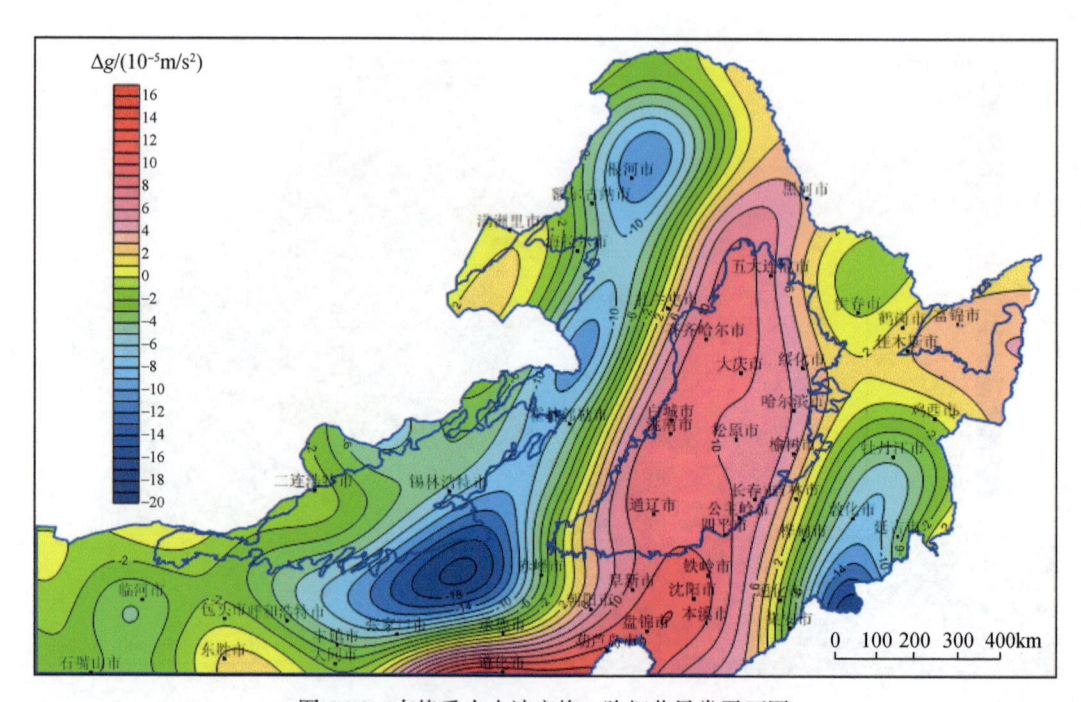

图 5.10　布格重力小波变换 5 阶细节异常平面图

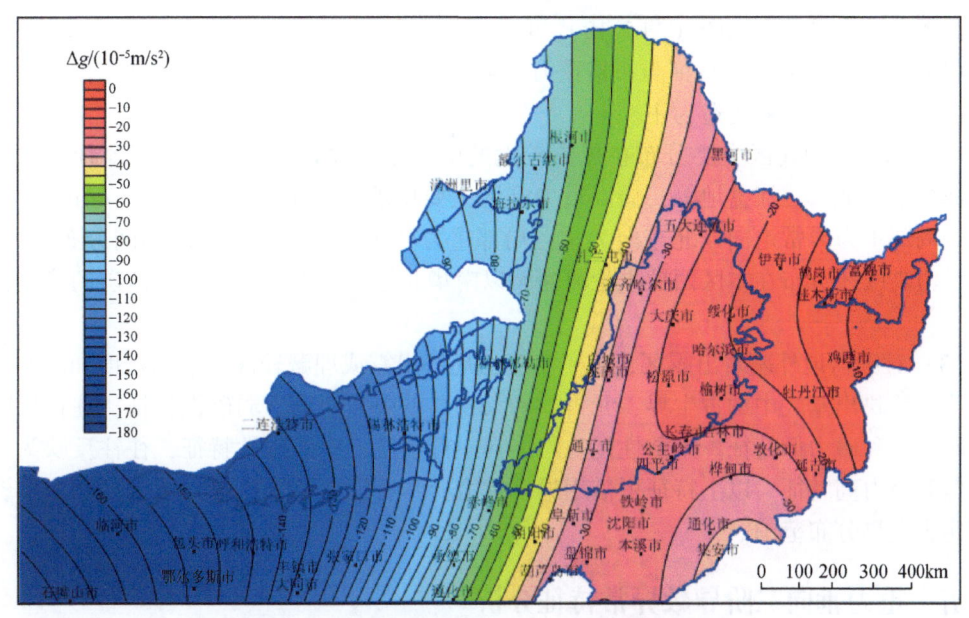

图 5.11 布格重力小波变换 5 阶逼近异常平面图

四、布格重力剩余异常特征分析

由于布格重力异常是地下所有密度不均匀体的共同反映,既包含沉积盖层的重力信息,又包含基底起伏、岩性变化及地壳深部因素引起的重力信息,剩余场主要是地下盖层和基底面的密度不均匀体整体效应。按常规求取剩余异常方法是实测布格重力异常减去区域背景场(本区为上延 15km 后重力场)以后获取的剩余场(图 5.12)。

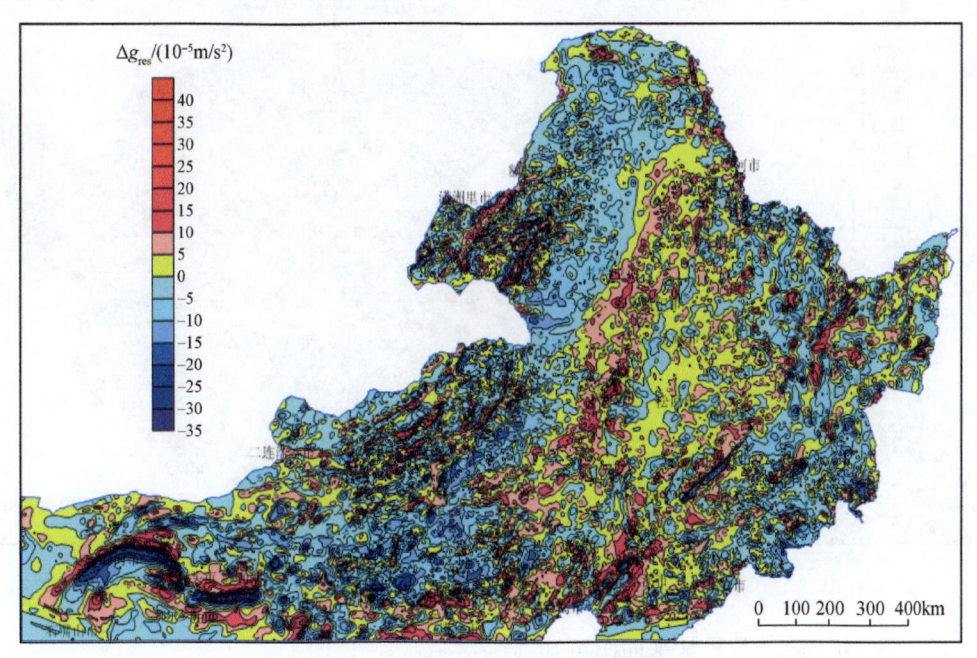

图 5.12 剩余布格重力异常平面图

由剩余重力异常平面图（图5.12）可知：

（1）剩余重力异常总特征与布格重力异常一致，异常走向以北东—北北东向为主，反映本区构造线以新华夏构造为主。

（2）局部重力高区主要分布在规模较大的中新生代盆地之上，如松辽盆地、二连盆地、海拉尔盆地、三江盆地等，局部重力高区主要反映盖层中局部隆起或凸起正向构造，盆地内局部重力异常走向以北东向为主，局部重力高区与局部重力低区相间分布。另外，局部重力高区还分布在本区西拉木伦河断裂以南华北地台区之上，反映老地层的隆拗构造特征。

（3）对于盆地外基岩出露区，由于基底已局部出露或埋藏较浅，基底密度和磁性不均匀性明显反映出基底中的古生界、元古界和太古界具中高密度、弱磁性特征，往往反映为局部重力高和磁力低特征。中酸性侵入岩体具中低密度、中强磁性特征，往往反映为局部重力低和磁力高特征。以上特征可借用局部重力异常特征，结合磁力异常等已知地质资料来圈定古生界分布范围。

五、重力垂向二阶导数异常特征分析

用垂向导数异常的目的是突出局部异常，本次选取半径 $R=2.0$ km、$R=5.0$ km、$R=8.0$ km 进行比较，发现 $R=8.0$ km 的地质效果较好（图5.13）。

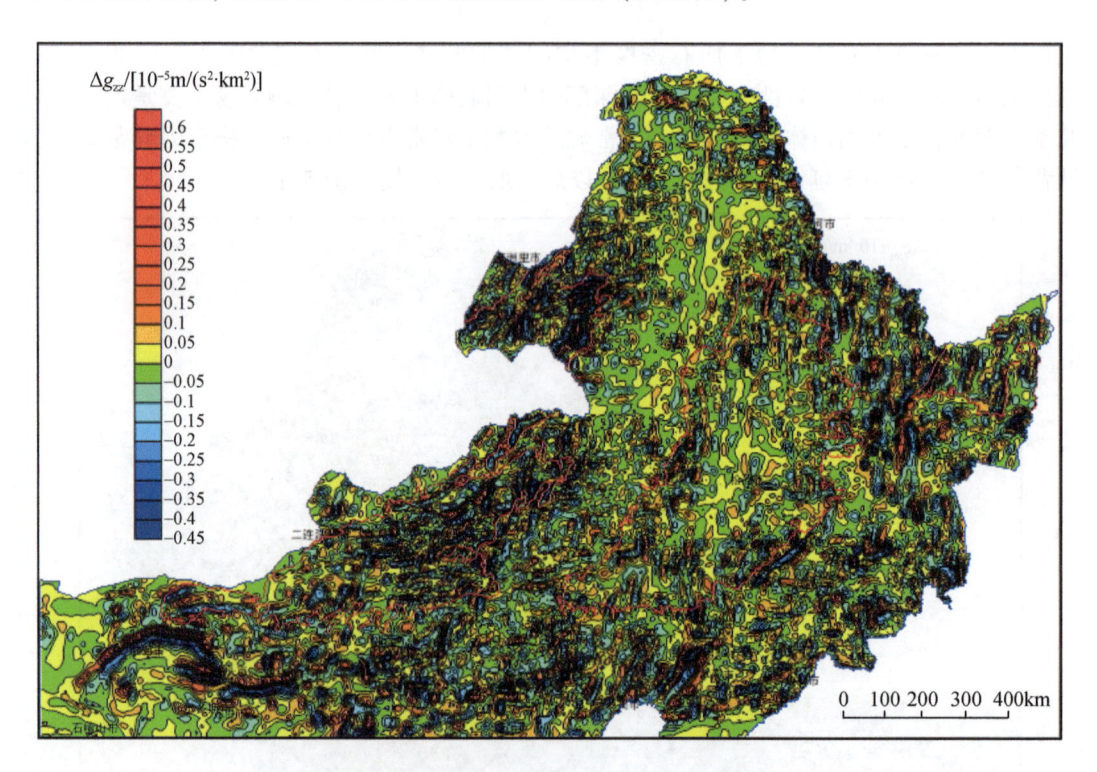

图5.13 重力垂向二阶导数异常平面图

由重力垂向二阶导数异常平面图可知：

（1）以近东西向的西拉木伦河断裂和近南北向的大兴安岭断裂将全区重力垂向二阶导数异常分成三大类：①西拉木伦河断裂以南，重力垂向二阶导数异常走向以近东西向为主，反映华北地台区构造线特征；②西拉木伦河断裂以北、大兴安岭断裂以西地区的重力垂向二阶导数异常走向以北东向为主，反映兴安地块构造线特征；③西拉木伦河断裂以北，大兴安岭断裂以东地区的重力垂向二阶导数异常走向以北东向、北北东向为主，反映松嫩地块和佳木斯地块构造线特征。

（2）在松嫩地块和佳木斯地块中新生代盆地上，重力异常走向以北东向为主，局部重力高区与局部重力低区相间分布。

（3）借鉴重力垂向二阶导数异常图和结合磁力异常等已知地质资料，可间接圈定古生界分布范围。

第二节 航磁（ΔT）异常特征与地质认识

一、航磁（ΔT）化极 Za 异常特征与地质认识

航磁（ΔT）化极参数通过 IGRF 计算，并采用 1980 球谐系数，求得各工区当年的地磁场强度、地磁倾角和地磁偏角。然后，采用上述参数对各工区航磁（ΔT）异常进行化极处理，最终拼图得到了本区的航磁（ΔT）化极异常平面图（图 5.14）。

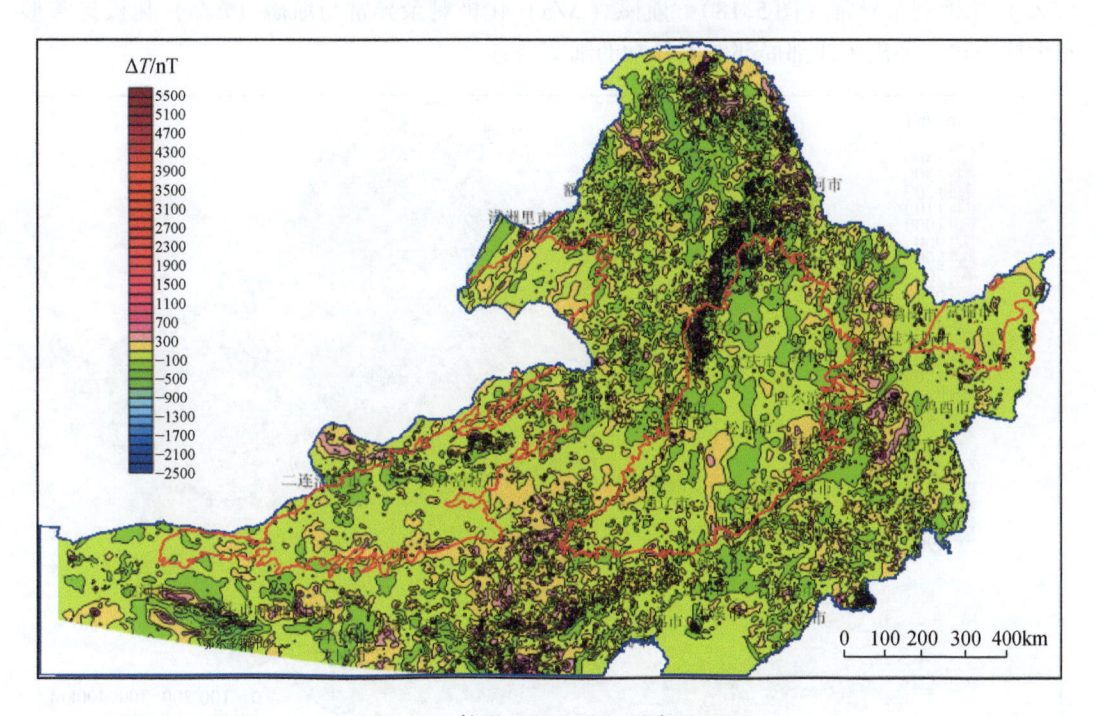

图 5.14 航磁（ΔT）化极异常平面图

松辽盆地及外围磁性地质体十分发育，主要分布在盆地周缘和骨架断裂附近，其特征

如下：

（1）松辽盆地、二连盆地、海拉尔盆地、三江盆地等中新生代盆地之上，航磁异常较平静，而盆地周缘航磁异常值较高且走向杂乱，反映盆地是中新生代正常沉积主要分布区，盆边缘为火山岩和侵入岩体发育区。

（2）北北东向大兴安岭断裂附近磁场值变化较大，反映沿大兴安岭断裂附近有大面积岩浆岩活动和发育。

（3）大兴安岭断裂以西地区，航磁异常较杂乱，既有反映侵入岩体的宽缓磁力异常高值带，又有反映火山岩体高频的杂乱的磁力高值异常带。

总之，航磁（ΔT）化极异常特征整体表现为："盆内低、盆外高"；盆内幅值一般为 $-300 \sim 300$nT，盆外幅值一般为 $-5000 \sim 7000$nT。这主要反映本区构造复杂、侵入岩和火山岩十分发育的特征，与本区大地构造单元复杂相关。

二、航磁（ΔT）化极 Za 异常上延不同高度异常特征分析

经过对上延不同高度（3km、10km、20km、25km、30km、40km）后航磁（ΔZa）化极异常（图 5.15～图 5.17）对比分析，认为上延 10km 后浅部磁性地质因素引起的异常基本上得到压制和消除，反映了本区深部磁性地质因素引起的磁力异常特征，故可以以上延 10km 后航磁场作为本区的区域航磁异常。

用航磁（ΔZa）化极异常减去上延 10km 后航磁异常（选为本区的区域场），得到航磁（ΔZa）化极剩余异常（图 5.18）。航磁（ΔZa）化极剩余异常与航磁（ΔZa）化极异常形态大体一致，突出了浅部局部航磁异常的细节信息。

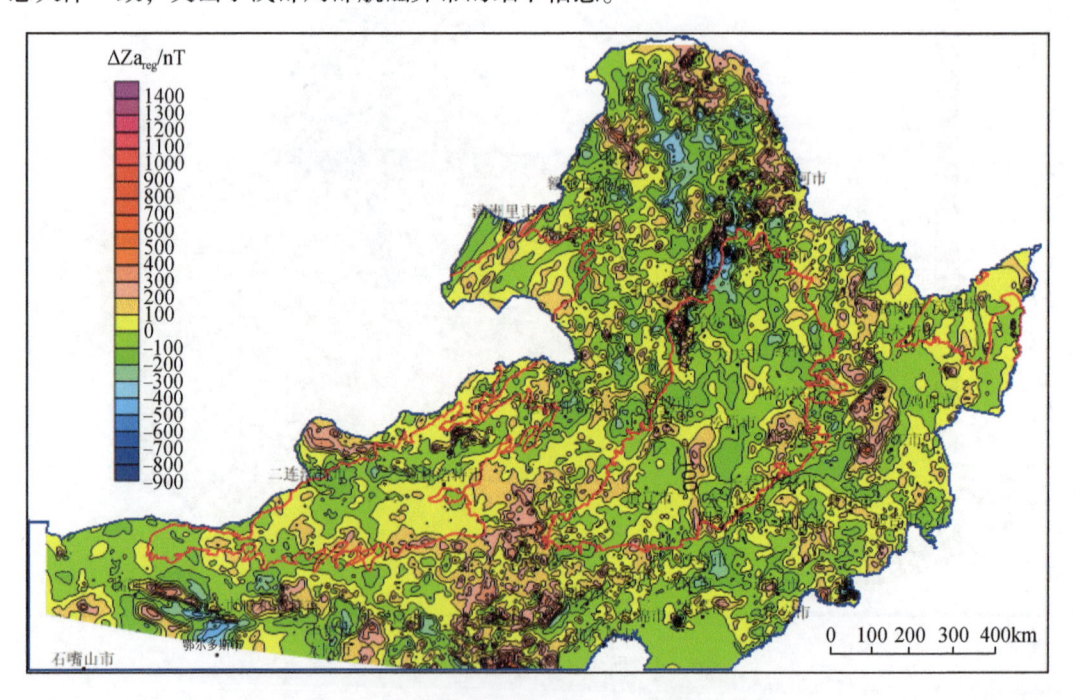

图 5.15 上延 3km 后航磁化极 Za 异常平面图

第五章 重磁电场特征与成果解释

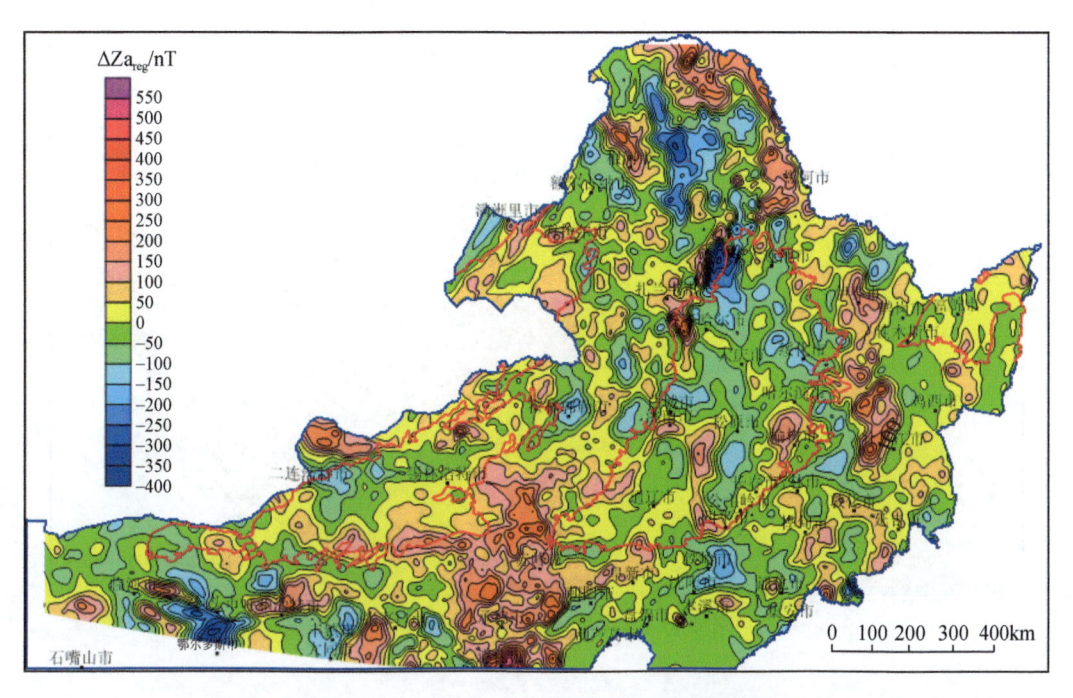

图 5.16 上延 10km 后航磁化极 Za 异常平面图

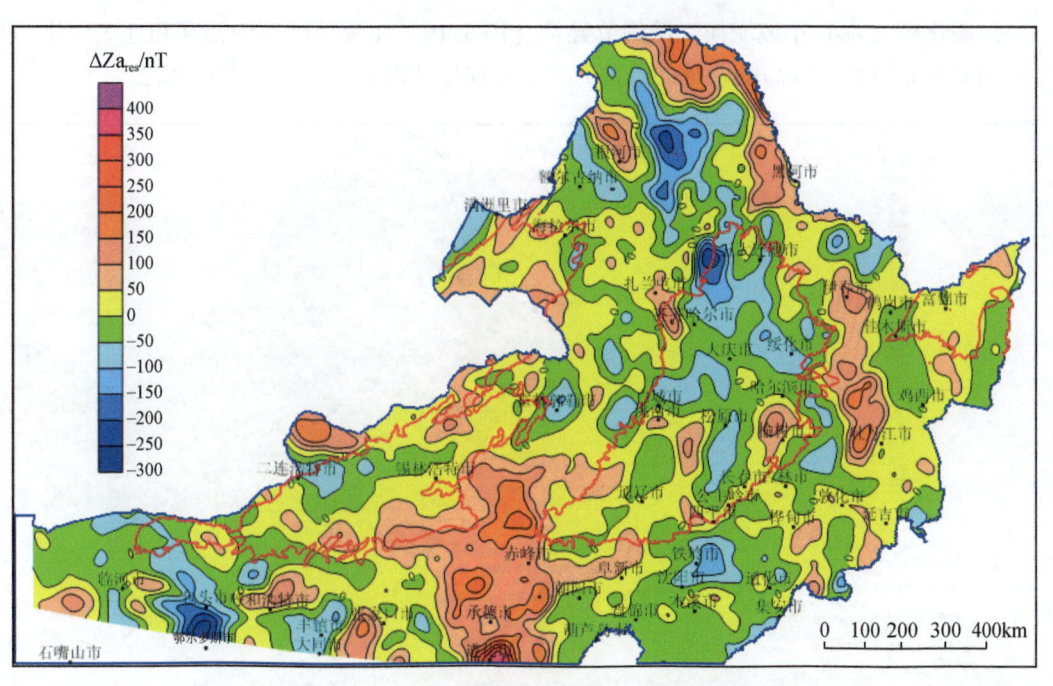

图 5.17 上延 20km 后航磁化极 Za 异常平面图

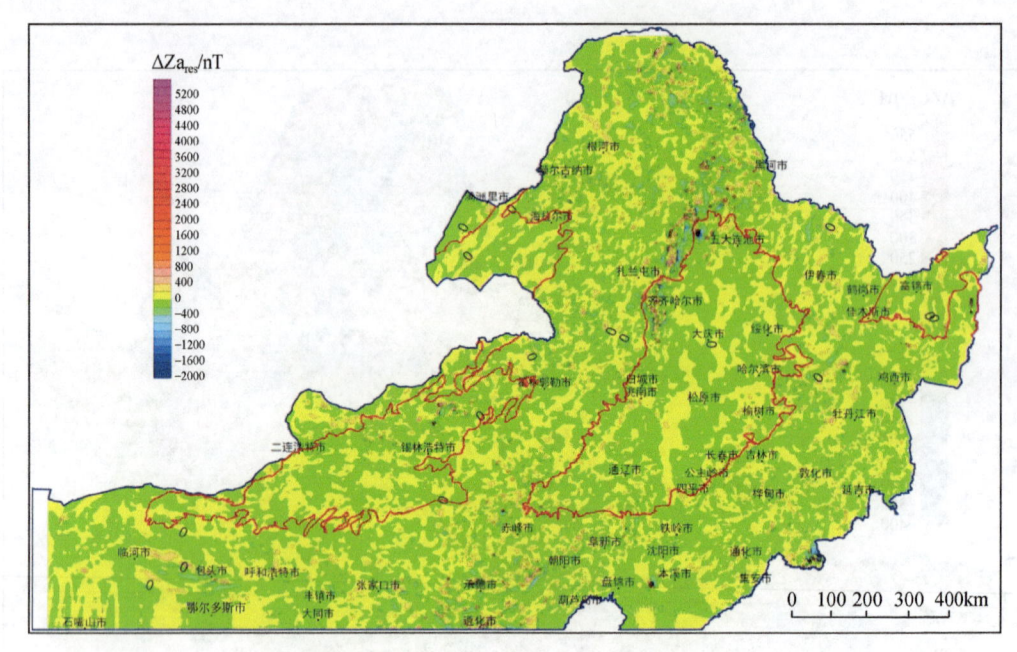

图 5.18 剩余航磁化极 Za 异常平面图

三、航磁（ΔT）化极 Za 异常 5 阶小波变换异常特征分析

航磁化极（Za）小波变换 2 阶细节异常（图 5.19）主要反映区内浅部和地表中中-基性火山岩分布特征；以高频杂乱的异常为主，走向以北西向为主，南北向次之。

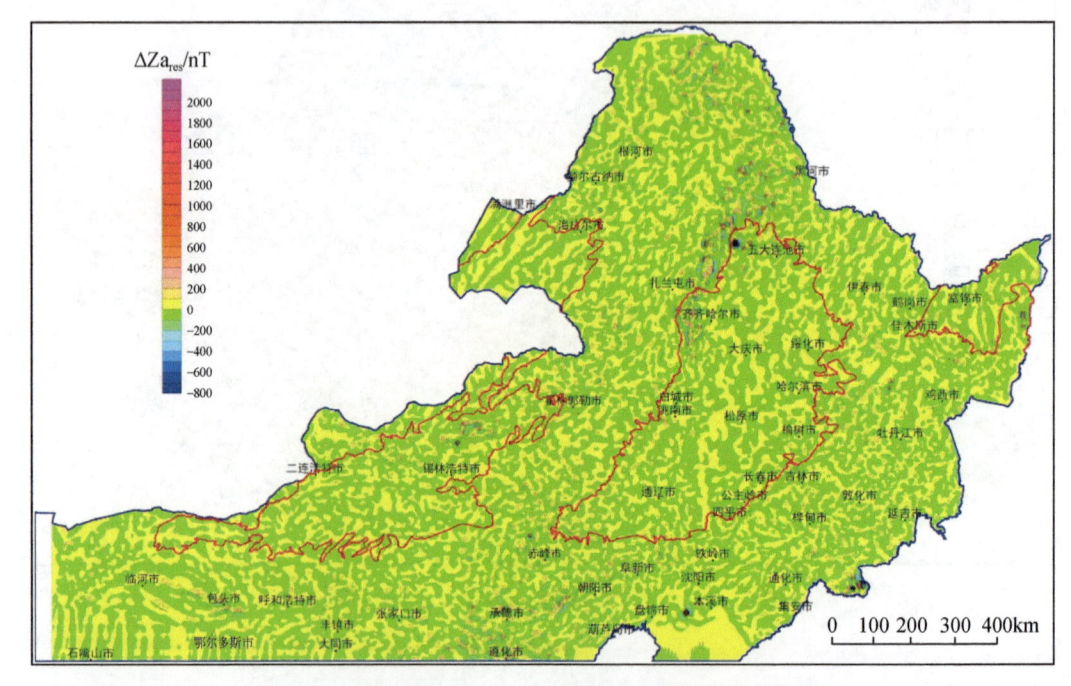

图 5.19 航磁化极（Za）小波变换 2 阶细节异常平面图

航磁化极（Za）小波变换 3 阶细节异常（图 5.20）主要反映区内浅部规模较小的侵入岩分布特征；以不规则长条带异常为主，走向以北东向为主，正值异常主要分布于盆地周缘基底出露区。

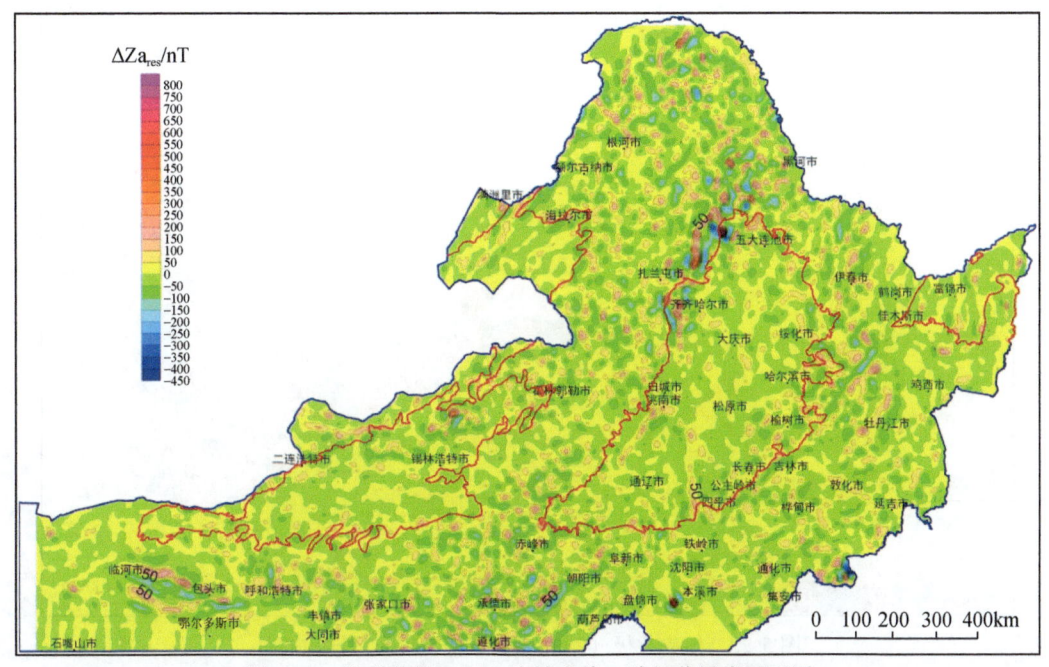

图 5.20 航磁化极（Za）小波变换 3 阶细节异常平面图

航磁化极（Za）小波变换 4 阶细节异常（图 5.21）主要反映区内深部侵入岩分布特征；以不规则长条带异常为主，走向以北东向为主，正值异常分布全区。

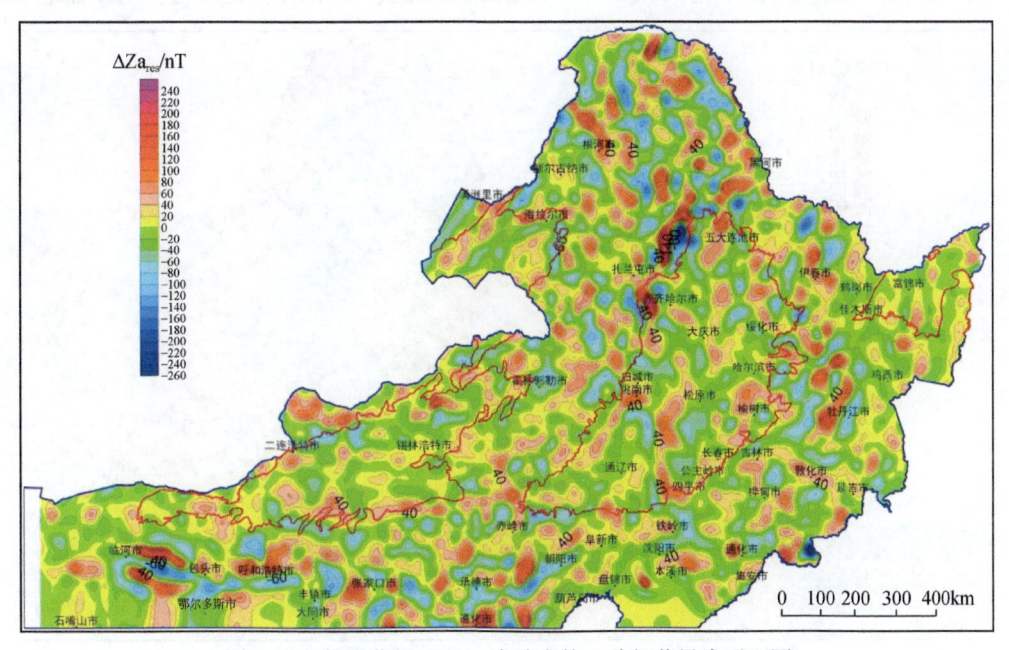

图 5.21 航磁化极（Za）小波变换 4 阶细节异常平面图

航磁化极（Za）小波变换 5 阶细节异常（图 5.22）主要反映区内深部规模较大的侵入岩分布特征；以不规则长椭圆形异常为主，走向以北东向为主，东西、北西和南北向次之；正值异常分布全区。

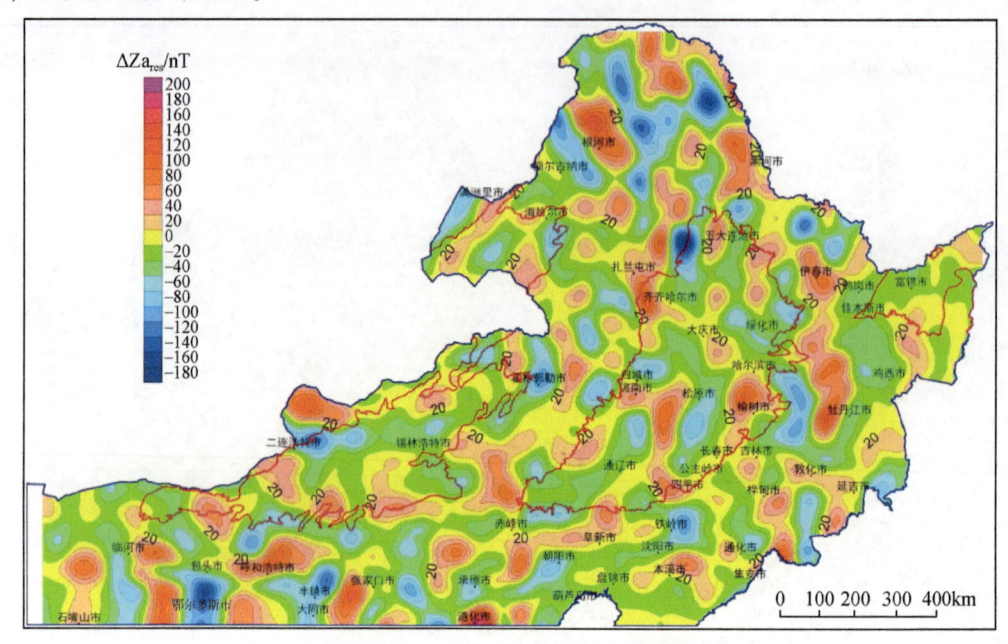

图 5.22 航磁化极（Za）小波变换 5 阶细节异常平面

航磁化极（Za）小波变换 5 阶逼近异常（图 5.23）主要反映区内深部侵入岩和无磁性老地层分布特征；不规则长椭圆形正值异常主要反映深部侵入岩，主要分布在大兴安岭—小兴安岭一线、西拉木伦河和赤峰—开原断裂附近、贺根山断裂以北、三江盆地等地

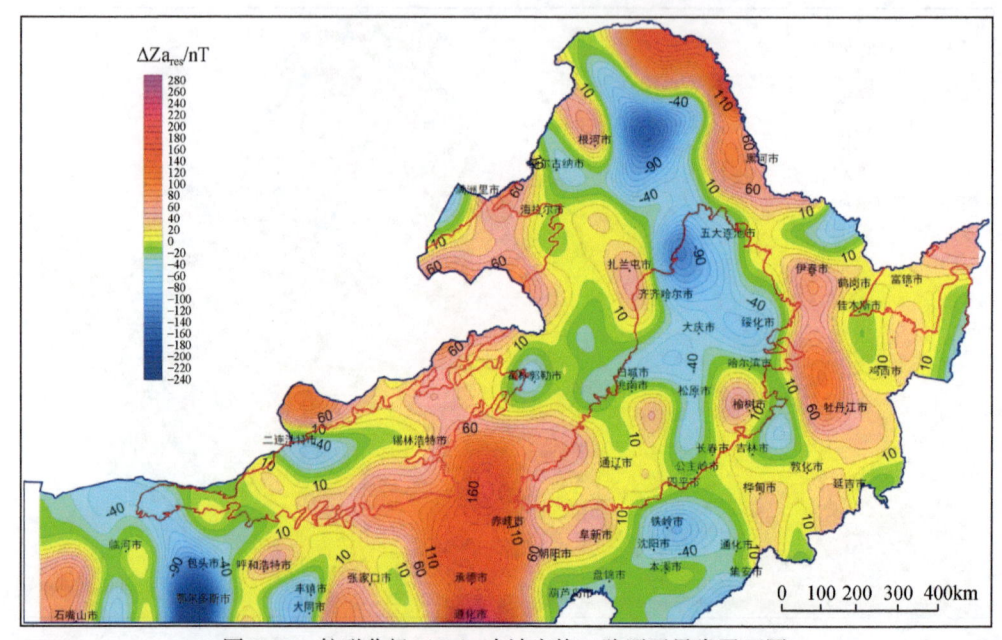

图 5.23 航磁化极（Za）小波变换 5 阶逼近异常平面图

区；磁场平静区主要分布在二连盆地—松辽盆地一线、勃利盆地西部、嘉荫盆地、海拉尔盆地西部等，反映上述地区深部以老地层分布为主，也可为古生界分布区。

第三节 大地电磁剖面综合地质解释

电法资料的垂向分辨率较高，可以有效弥补重磁资料垂向分辨能力差的缺陷，有效加强深部信息的提取和解释，本次工作收集、处理、解释了部分大地电磁剖面以帮助完成地下构造建模的任务。

一、松辽盆地

本书共收集 2005～2009 年完成的长岭、双辽、西部斜坡、德惠、十屋、榆树、洮南等地区 CEMP 电法剖面 16 条，总长度为 1029km，通过拼接、去除重叠点等工作，取得用于本书处理解释的剖面 9 条（图 5.24），共 689km，3433 个物理点。

图 5.24 CEMP 测线位置图

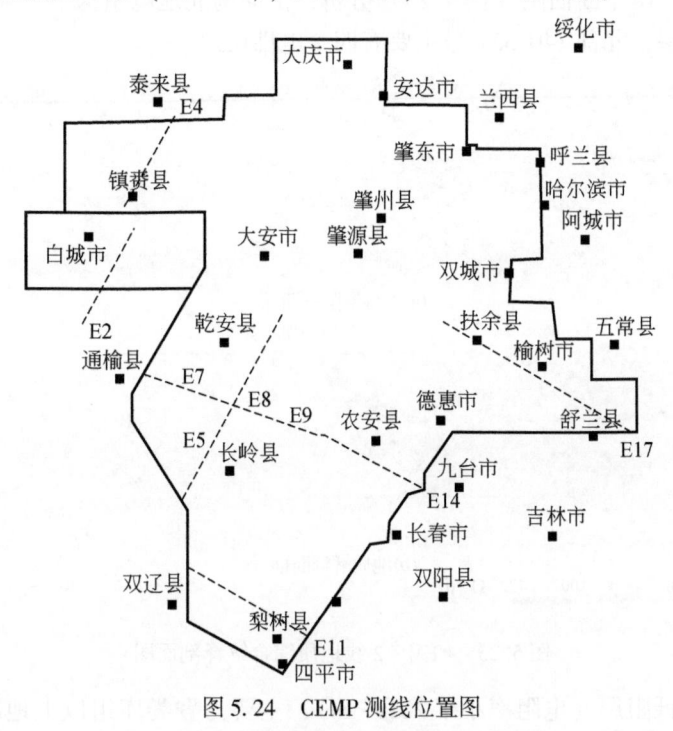

表 5.2 CEMP 测线资料来源一览表

线号	点数/个	长度/km	剖面
E2	351	69.9988	松辽盆地重磁电连片处理解释 CEMP-2 线解释剖面图
E4	327	68.0537	松辽盆地重磁电连片处理解释 CEMP-4 线解释剖面图
E5	671	134.7979	松辽盆地重磁电连片处理解释 CEMP-5 线解释剖面图
E7	293	58.8824	松辽盆地重磁电连片处理解释 CEMP-7 线解释剖面图
E8	113	22.3916	松辽盆地重磁电连片处理解释 CEMP-8 线解释剖面图

续表

线号	点数/个	长度/km	剖面
E9	139	27.6903	松辽盆地重磁电连片处理解释 CEMP-9 线解释剖面图
E11	446	89.1112	松辽盆地重磁电连片处理解释 CEMP-11 线解释剖面图
E14	392	77.9313	松辽盆地重磁电连片处理解释 CEMP-14 线解释剖面图
E17	701	139.9854	松辽盆地重磁电连片处理解释 CEMP-17 线解释剖面图
总计	3433	689	

（一）CEMP-2 线

CEMP-2 线位于工区西部洮南市–套保镇附近，由南向北纵向穿过洮南断陷，长 70km（点号 1-351）。

从二维反演电阻率断面图（图 5.25）分析，剖面南北地电结构不一致，南部 1-140 号主要有三个电性层，北部 140-351 号主要有四个电性层。

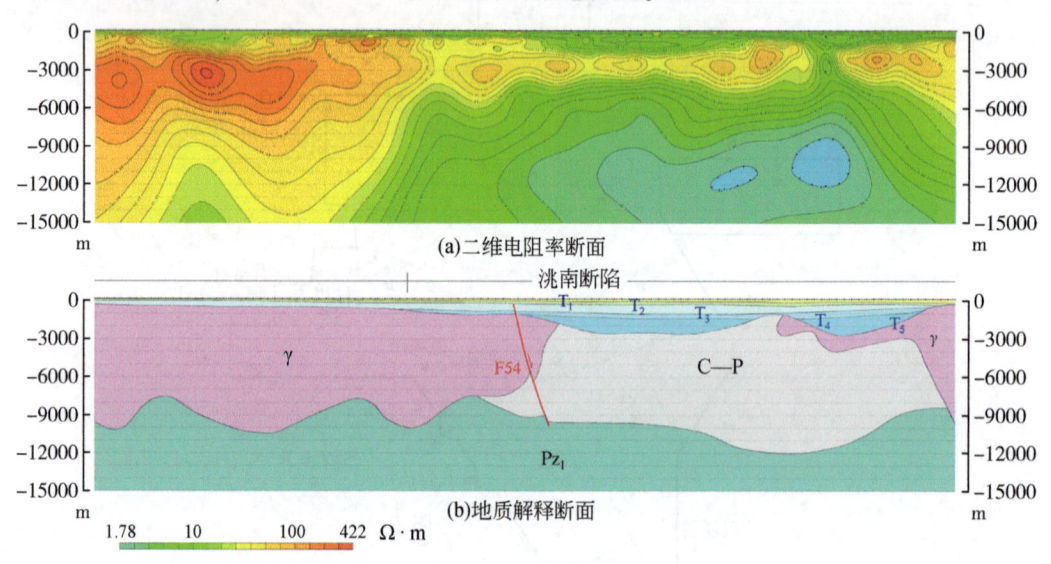

图 5.25　CEMP-2 线地质综合解释剖面图

（1）浅层中低阻层（电阻率小于 $20\Omega \cdot m$），主要为登娄库组以上地层总体反映，其南部厚度较小，主要为青山口组以上地层反映，其北部厚度稍大，主要为洮南断陷 T_4—T_5 火山岩层反映。

（2）中层中高阻层（电阻率为 $18\sim316\Omega \cdot m$），其南部主要为侵入岩反映，其北部主要为营城组、沙河子组、火石岭组火山岩建造和侵入岩体的综合反映。

（3）深层中低阻层（电阻率为 $1\sim18\Omega \cdot m$），其南部主要为古生界志留系—泥盆系地层反映，其北部主要为上古生界石炭系—二叠系地层和古生界志留系—泥盆系地层的综合反映。

该剖面洮南断陷附近有洮 4、白 91、白 116、洮 21、洮 20、洮 12、白 107、白 105 和白 89 钻井资料，大多钻井钻遇营城组以上地层，未钻遇上古生界地层。

（二）CEMP-4 线

CEMP-4 线位于工区西北部镇赉县–泰来县附近，纵向穿过镇赉断陷，长 68km（点号 10-335）。

从二维反演电阻率断面图（图 5.26）分析，从地面至 15km，有三个电性层。

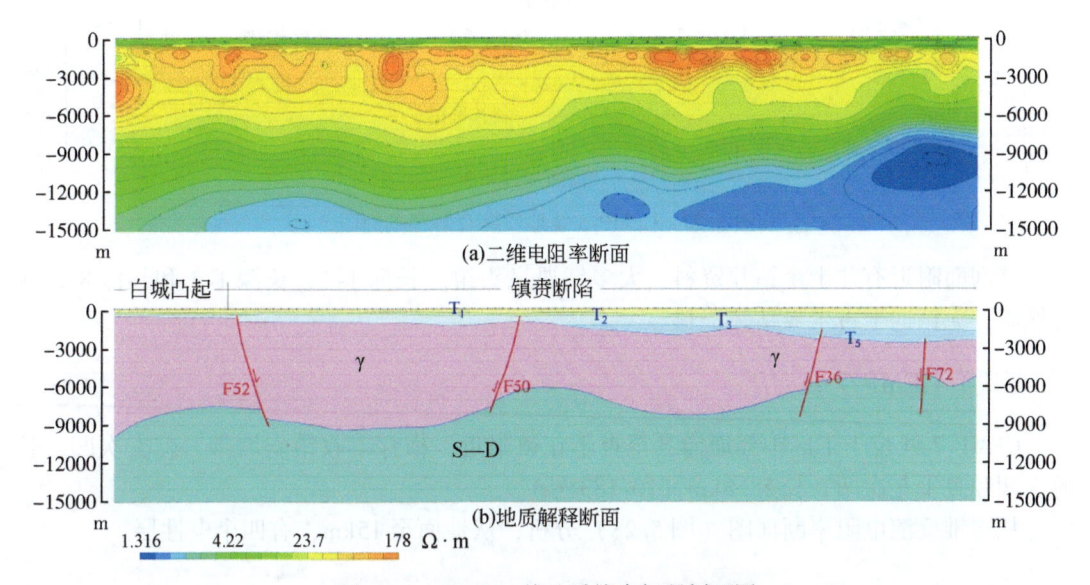

图 5.26　CEMP-4 线地质综合解释剖面图

（1）浅部中低阻层（电阻率为 10~50.0Ω·m），主要为登娄库组以上地层总体反映，其厚度较小，反映本区坳拗期地壳总体上升，沉积环境不稳定，沉积厚度不大。

（2）浅部中高阻层（电阻率为 17.78~200Ω·m），主要为营城组、沙河子组、火石岭组火山岩建造和侵入岩体的综合反映。

（3）深部低阻层（电阻率为 0.56~17.78Ω·m），主要为古生界志留系—泥盆系地层反映。

该剖面附近仅有来 12 钻井资料，883.97m 见泉头组。

（三）CEMP-5 线

CEMP-5 线位于工区中部长岭县–大安市地区，由南向北纵向穿过西南隆起区、长岭次凹、查干花断阶和乾安次凹，长 134.80km（点号 10-664）。

从二维反演电阻率断面图（图 5.27）分析，从地面至 15km，有四个电性层。

（1）浅层中低阻层（电阻率为 3.16~10.0Ω·m），主要为泉头组以上地层总体反映。

（2）浅层低阻层（电阻率小于 1.78Ω·m），主要为泉头组和登娄库组反映，相对其他地区有较大厚度，反映为沉积中心。

（3）中层中阻层（电阻率为 3.16~10Ω·m），主要为营城组、沙河子组、火石岭组火山岩建造和上古生界石炭系—二叠系地层的综合反映。

（4）深层中低阻层（电阻率小于 3.16Ω·m），主要为古生界志留系—泥盆系地层反映。

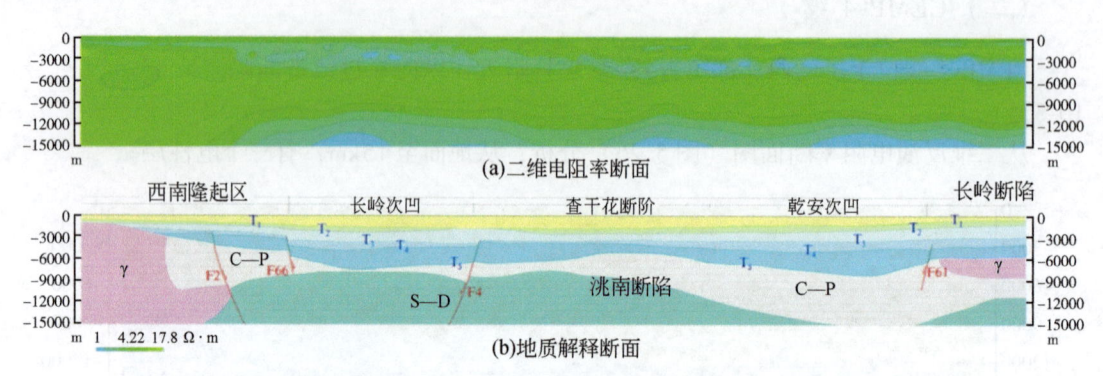

图 5.27 CEMP-5 线地质综合解释剖面图

该剖面附近有几十个钻井资料，大多钻遇泉头组。长深 1-1、长深 1-3 和长深 8 钻遇营城组，无钻遇上古生界钻井资料。

（四）CEMP-7 线

CEMP-7 线位于工区中部通榆县至查干花镇附近，横穿丰收镇斜坡带、乾安次凹、长岭次凹和查干花次凹，长 58.8km（10-183 号）。

从二维反演电阻率断面图（图 5.28）分析，从地面至 15km，有四个电性层。

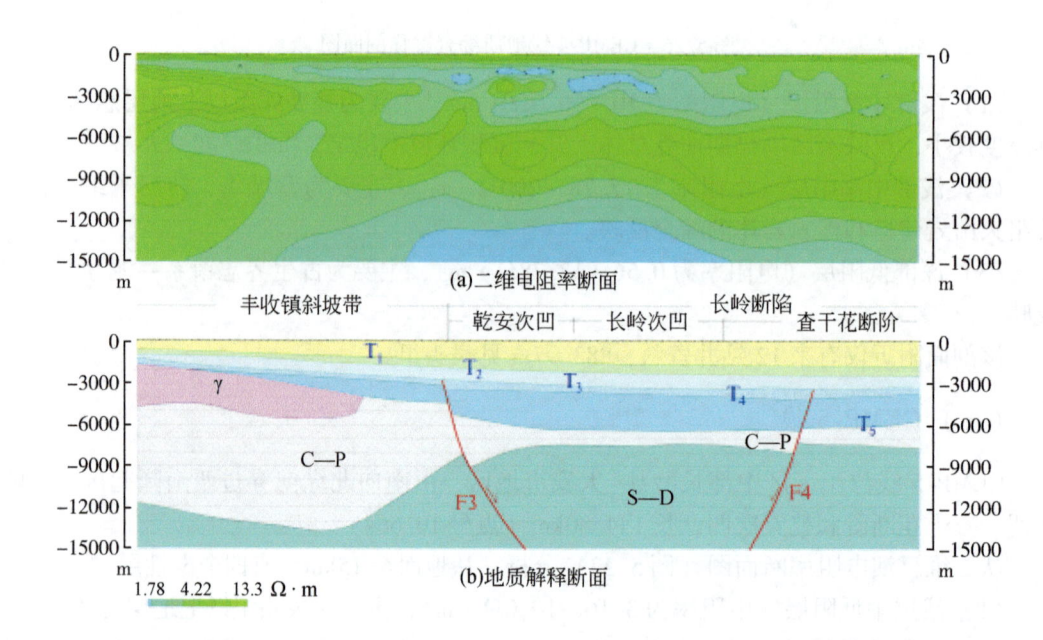

图 5.28 CEMP-7 线地质综合解释剖面图

（1）浅部中低阻层（电阻率为 2.37~10Ω·m），主要为姚家组地层总体反映，其厚度不大，层位稳定。

（2）浅部中低阻层（电阻率为 1.78~3.16Ω·m），主要为营城组以上地层反映，其

第五章　重磁电场特征与成果解释 ·145·

厚度从西向东逐渐变厚，西部为斜坡带，东部为乾安次凹和长岭次凹。

（3）中部中低阻层（电阻率为3.16~5.62Ω·m），主要为上古生界石炭系—二叠系地层反映。

（4）深部低阻层（电阻率小于2.37Ω·m），主要为古生界志留系—泥盆系地层反映。

该剖面附近有通1井，2160m见花岗岩，花46、长深6、黑153、黑159和黑134钻井资料，长深6井4031m见营城组，其余大多在泉头组终孔。

（五）CEMP-8线

CEMP-8线位于工区中部查干花镇附近，横穿长岭断陷查干花断阶，长22.4km（点号189-303）。

从二维反演电阻率断面图（图5.29）分析，从地面至15km，有四个电性层。

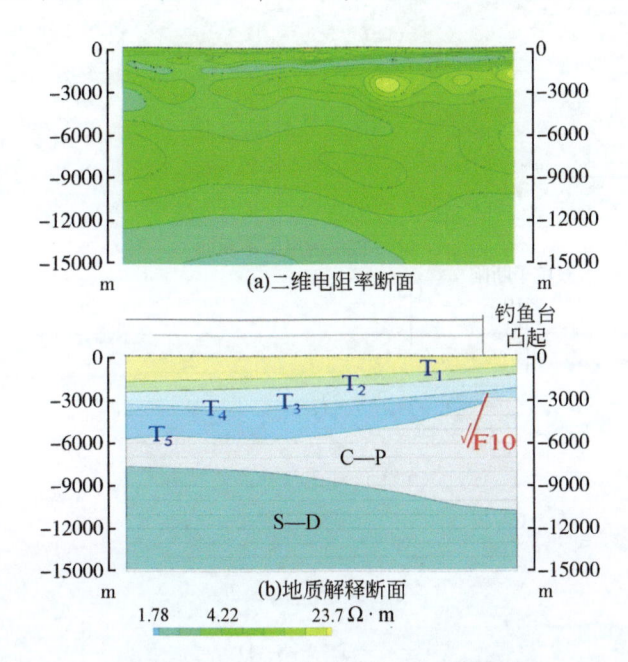

图5.29　CEMP-8线地质综合解释剖面图

（1）浅部中低阻层（电阻率为4.22~10.0Ω·m），主要为姚家组以上地层总体反映，其厚度不大。

（2）浅部低阻层（电阻率小于4.22Ω·m），主要为姚家组—青山口组反映，推测主要为湖相泥岩层反映，其厚度不大。

（3）中部中低阻层（电阻率为4.22~5.62Ω·m），主要为上古生界石炭系—二叠系地层反映。

（4）深部低阻层（电阻率小于4.22Ω·m），主要为古生界志留系—泥盆系地层反映。

该剖面附近有长深1和乾136钻井资料，钻井钻遇营城组以上地层，未钻遇到上古生界地层。

（六）CEMP-9 线

CEMP-9 线位于工区中部巨宝镇附近，横穿古中央隆起区双坨子断陷，长 27.6km（点号 341-368-12-120）。

从二维反演电阻率断面图（图 5.30）分析，从地面至 15km，有四个电性层。

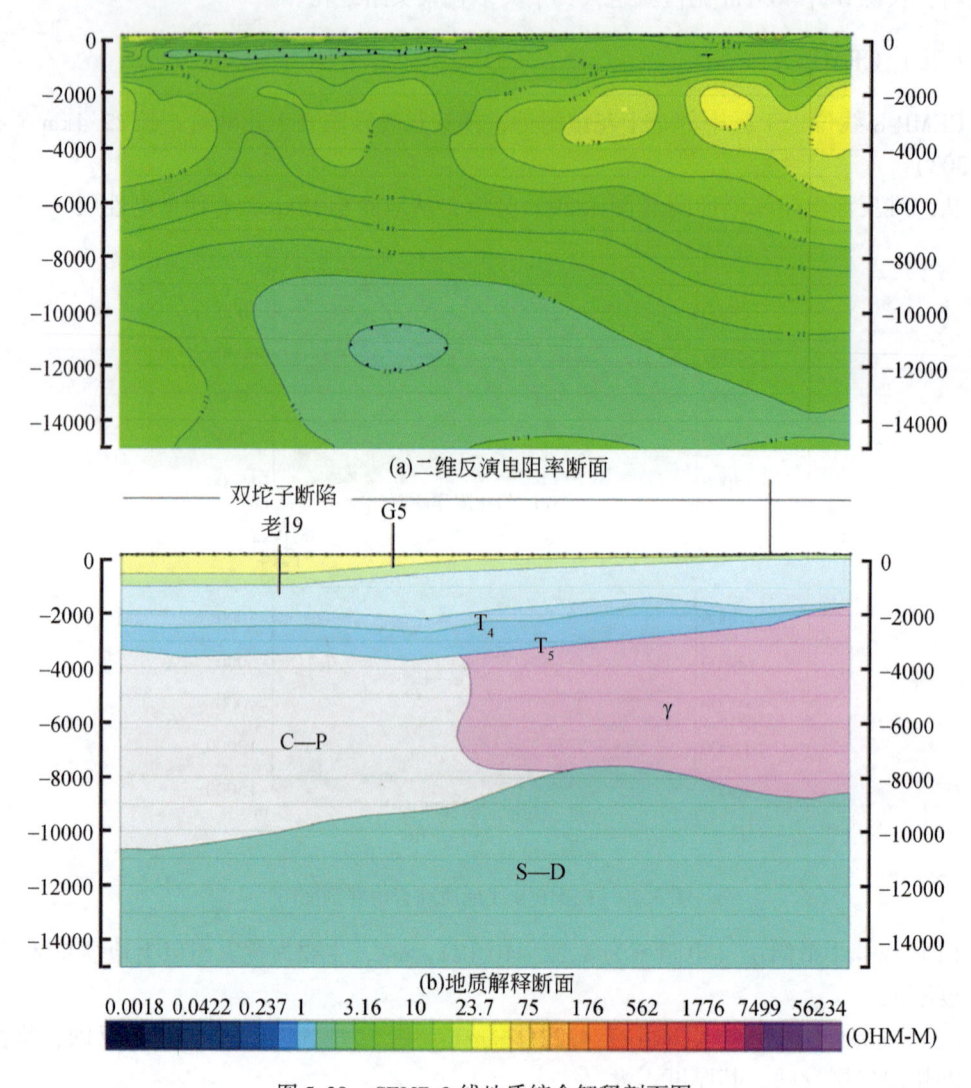

图 5.30 CEMP-9 线地质综合解释剖面图

（1）浅部中低阻层（电阻率为 7.5～17Ω·m），主要为姚家组以上地层总体反映，其厚度不大，西部厚度稍大。

（2）中层中高阻层（电阻率为 10～23.7Ω·m），主要为营城组、沙河子组、火石岭组火山岩建造和侵入岩体的综合反映，剖面 48-120 主要为花岗岩体反映。

(3) 中层中低阻层（电阻率为 3~7.50Ω·m），主要为上古生界石炭系—二叠系地层反映。

(4) 深部中低阻层（电阻率为 2.37~4.22Ω·m），主要为古生界志留系—泥盆系地层反映。

该剖面附近有老 19 钻井资料，钻井钻遇泉头组以上地层，无钻遇古生界钻井资料。

（七）CEMP-11 线

CEMP-11 线位于工区南部梨树-十屋地区，横穿双辽断陷、桑树台次凸、喇嘛甸次凹、公主岭次凸和小城子斜坡，长 89km（点号 10-455）。

从二维反演电阻率断面图（图 5.31）分析，从地面至 15km，有四个电性层。

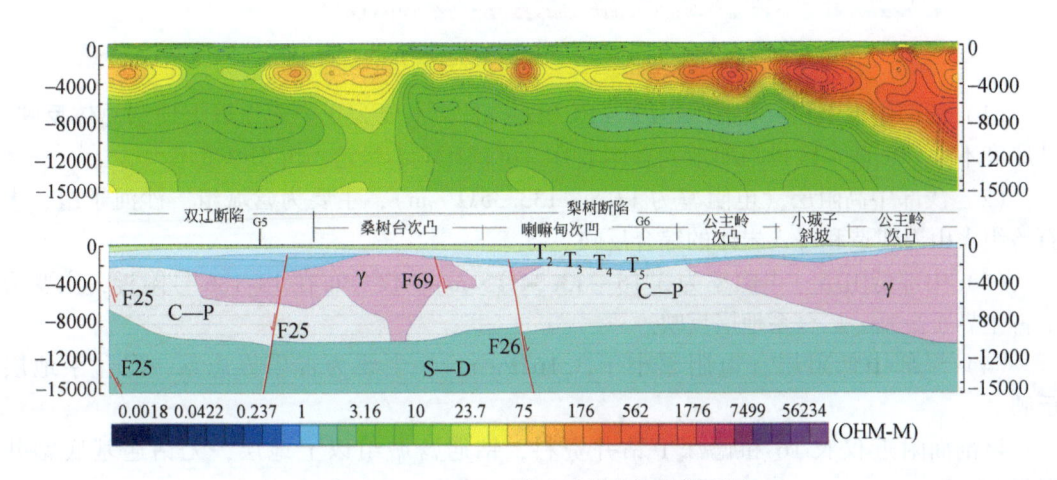

图 5.31 CEMP-11 线地质综合解释剖面图

(1) 浅部中低阻层（电阻率为 3~17Ω·m），主要为登娄库组以上地层总体反映，其厚度不大，反映本区坳陷期地壳总体上升，沉积环境不稳定，沉积厚度不大。

(2) 浅部中高阻层（电阻率为 18~100Ω·m），主要为营城组、沙河子组、火石岭组火山岩建造和侵入岩体的综合反映，剖面西部 60-200 号主要为花岗岩体反映，剖面中部—东部 311-455 号主要为花岗岩体反映。

(3) 中部低阻层（电阻率为 3~10Ω·m），主要为上古生界石炭系—二叠系地层反映。

(4) 深部中低阻层（电阻率大于 10Ω·m），主要为古生界志留系—泥盆系地层反映。

该剖面附近无钻井资料。

（八）CEMP-14 线

CEMP-14 线位于工区东南部农安县华家镇-米沙子镇附近，横穿钓鱼台次凸、农安次凸和鲍家镇次凹，长 78.0km（点号 11-186-12-222）。

从二维反演电阻率断面图（图 5.32）分析，从地面至 15km，有四个电性层。

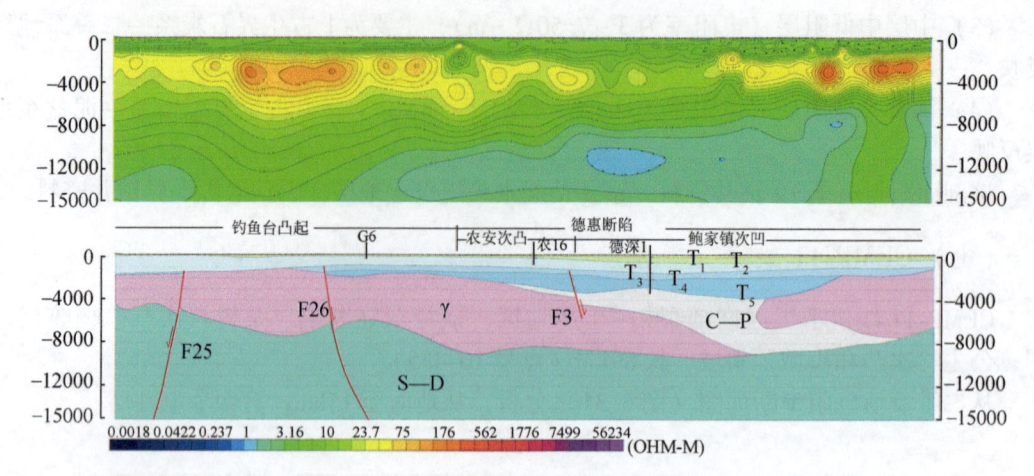

图 5.32 CEMP-14 线地质综合解释剖面图

（1）浅部中低阻层（电阻率为 3~10.0Ω·m），主要为登娄库组以上地层总体反映，其厚度不大，反映本区拗陷期地壳总体上升，沉积环境不稳定，沉积厚度不大。

（2）浅部中高阻层（电阻率为 17.8~133.35Ω·m），主要为营城组、沙河子组、火石岭组火山岩建造和侵入岩体的综合反映。

（3）中部低阻层（电阻率为 3.16~13.34Ω·m），仅分布在 18-186 号附近，主要为上古生界石炭系—二叠系地层反映。

（4）深部中低阻层（电阻率小于 3.16Ω·m），主要为古生界志系—泥盆系地层反映。

该剖面附近仅农 16 和德深 1 钻井资料，钻遇营城组以上地层，无钻遇基底钻井资料。

（九）CEMP-17 线

CEMP-17 线位于工区南部梨树-十屋地区，横穿双辽断陷、桑树台次凸、喇嘛甸次凹、公主岭次凸和小城子斜坡，长 89km（点号 10-455）。

从二维反演电阻率断面图（图 5.33）分析，从地面至 15km，有四个电性层。

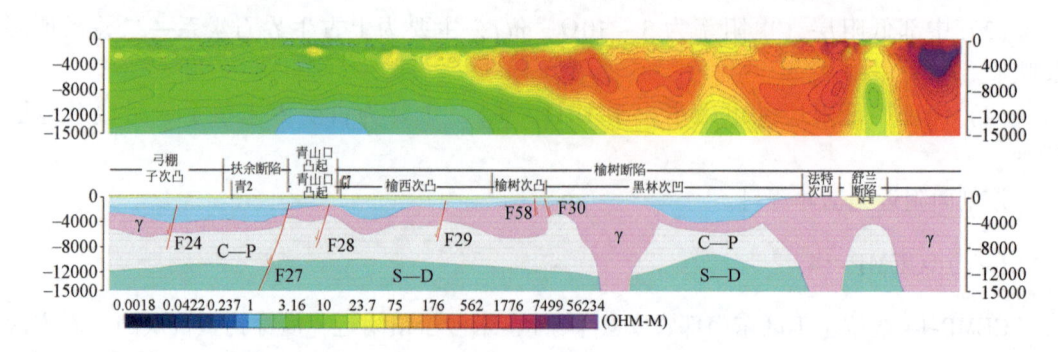

图 5.33 CEMP-17 线地质综合解释剖面图

(1) 浅部中低阻层（电阻率为 3～17Ω·m），主要为登娄库组以上地层总体反映，其厚度不大，反映本区拗陷期地壳总体上升，沉积环境不稳定，沉积厚度不大。

(2) 浅部中高阻层（电阻率为 18～100Ω·m），主要为营城组、沙河子组、火石岭组火山岩建造和侵入岩体的综合反映，剖面西部 60-200 号主要为花岗岩体反映，剖面中部—东部 311-455 号主要为花岗岩体反映。

(3) 中部低阻层（电阻率为 3～10Ω·m），主要为上古生界石炭系—二叠系地层反映。

(4) 深部中低阻层（电阻率大于 10Ω·m），主要为古生界志留系—泥盆系地层反映。该剖面附近无钻井资料。

(十) 小结

综上所述，本次电法处理中加强深部信息处理手段，取得良好地质效果，并取得以下初步成果。

(1) 松辽盆地盖层之下广泛分布沉积厚度较大的石炭系—二叠系地层，电法剖面上表现为厚度较大的低电阻层或中电阻层，由重磁电和地震综合解释结果，推测为一个分布面积大于松辽盆地的"下松辽"古生界残留盆地，其中，中央断陷区石炭系—二叠系厚度最大，约大于 5km。

(2) 松辽盆地东西两翼和深大断裂附近，广泛分布大面积岩浆岩，电法剖面上表现为连续分布的由厚逐渐变薄的顶面较平缓的中-高电阻层，反映盆地在印支期—燕山期遭受大面积岩浆岩侵入（沿挤压应力滑脱面侵入，自东西向中间侵入），后期整体上升遭受长期剥蚀、夷平，反映在电法剖面上高电阻层顶面较平缓，连续分布，底面厚薄不均。

(3) 松辽盆地元古界深变质岩主要分布在盆地南部和东西两翼局部地区，从重磁电异常分析：仅是残块，没有大面积分布；电法剖面上表现为局部高电阻团块，钻遇元古界深变质岩的已知钻井分布区，未见明显的大面积高重磁异常伴生。

二、松辽盆地外围

(一) 海拉尔地区克尔伦-松原 MT 剖面

2010 年吉林大学承担《松辽盆地及外围上古生界油气资源战略选区》子项目时，曾施工克尔伦-松原 MT 剖面（图 5.34），在海拉尔盆地下为低阻层，两侧为中高阻层（图 5.35）。推测低阻层为上古生界，两侧中高阻层为侵入岩体和元古界（图 5.36）。

(二) 07-CEMP-II 线

2007 年江苏省有色金属华东地质勘查局八一四队承担《海拉尔-塔木察格盆地及其邻区断陷盆地分布、结构及与上覆层的关系研究》项目时，曾施工 07-CEMP-II 线剖面（图 5.37），在海拉尔盆地下为低阻层，两侧为中高阻层（图 5.38 和图 5.39）；推测低阻层为上古生界，两侧中高阻层为侵入岩体和元古界。

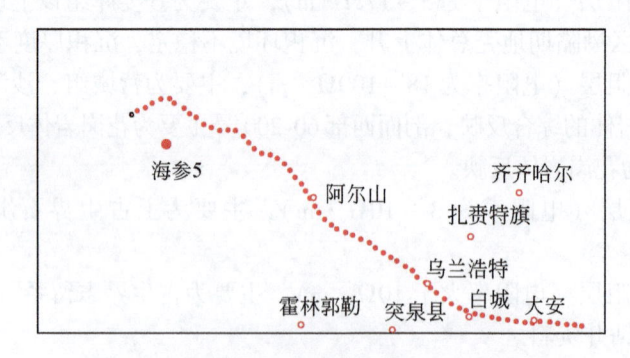

图 5.34　海拉尔地区克尔伦-松原 MT 剖面位置图

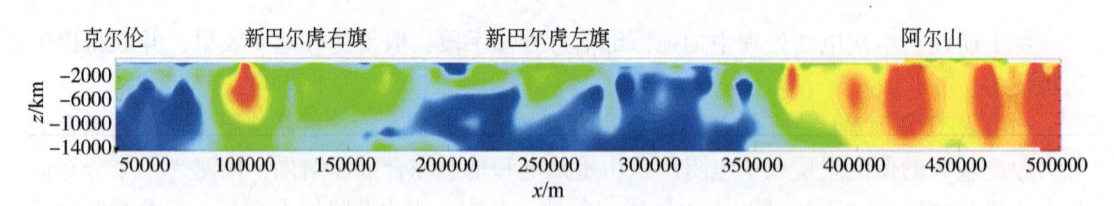

图 5.35　海拉尔地区克尔伦-松原 MT 剖面二维连续界面断面图

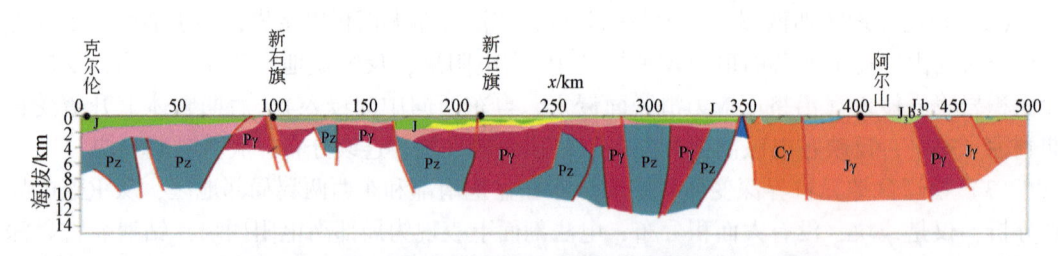

图 5.36　海拉尔地区克尔伦-松原 MT 剖面地质解释剖面图

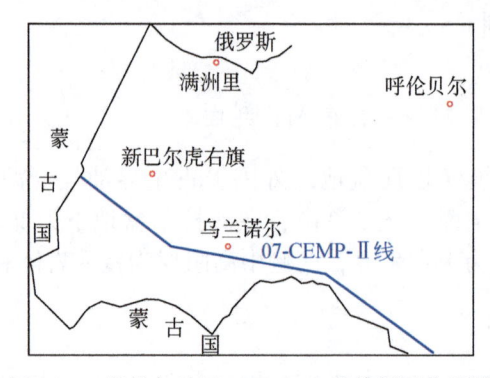

图 5.37　海拉尔地区 07-CEMP-Ⅱ线剖面位置图

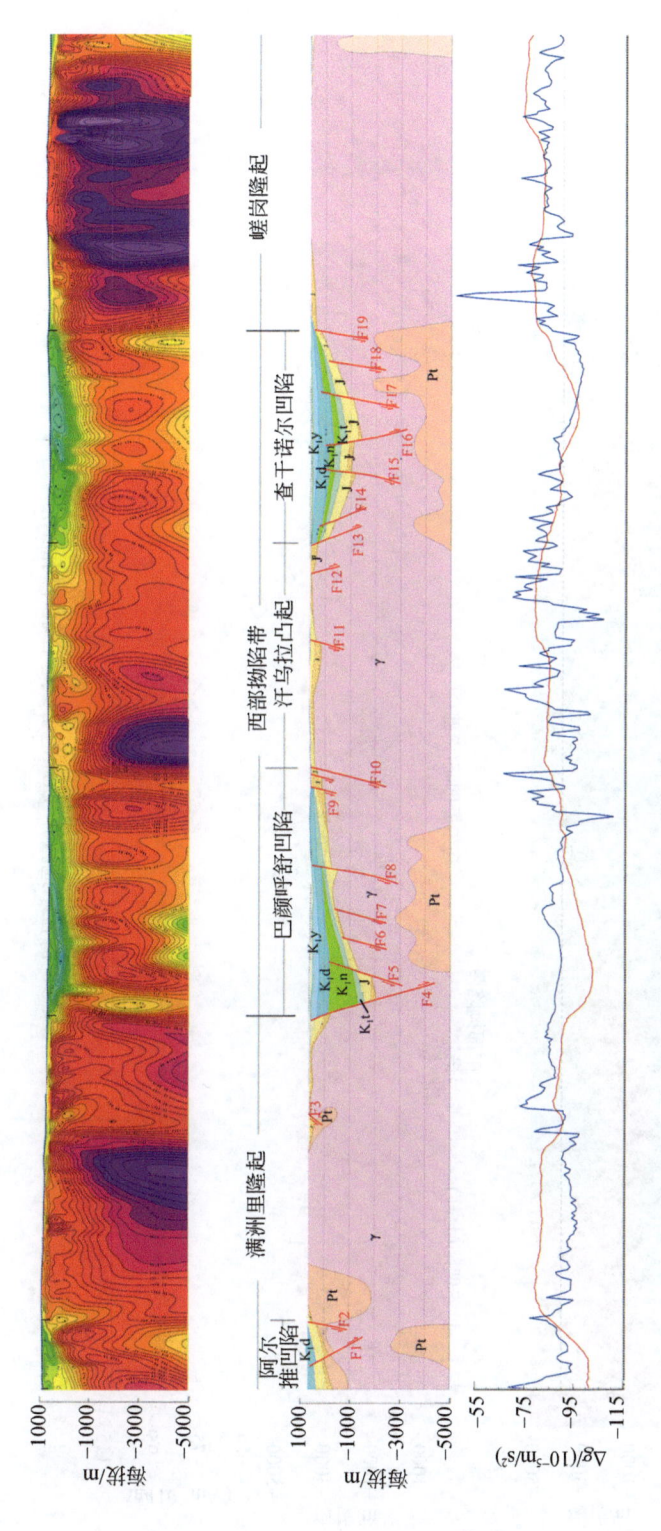

图5.38 海拉尔地区07-CEMP-Ⅱ线综合解释剖面图

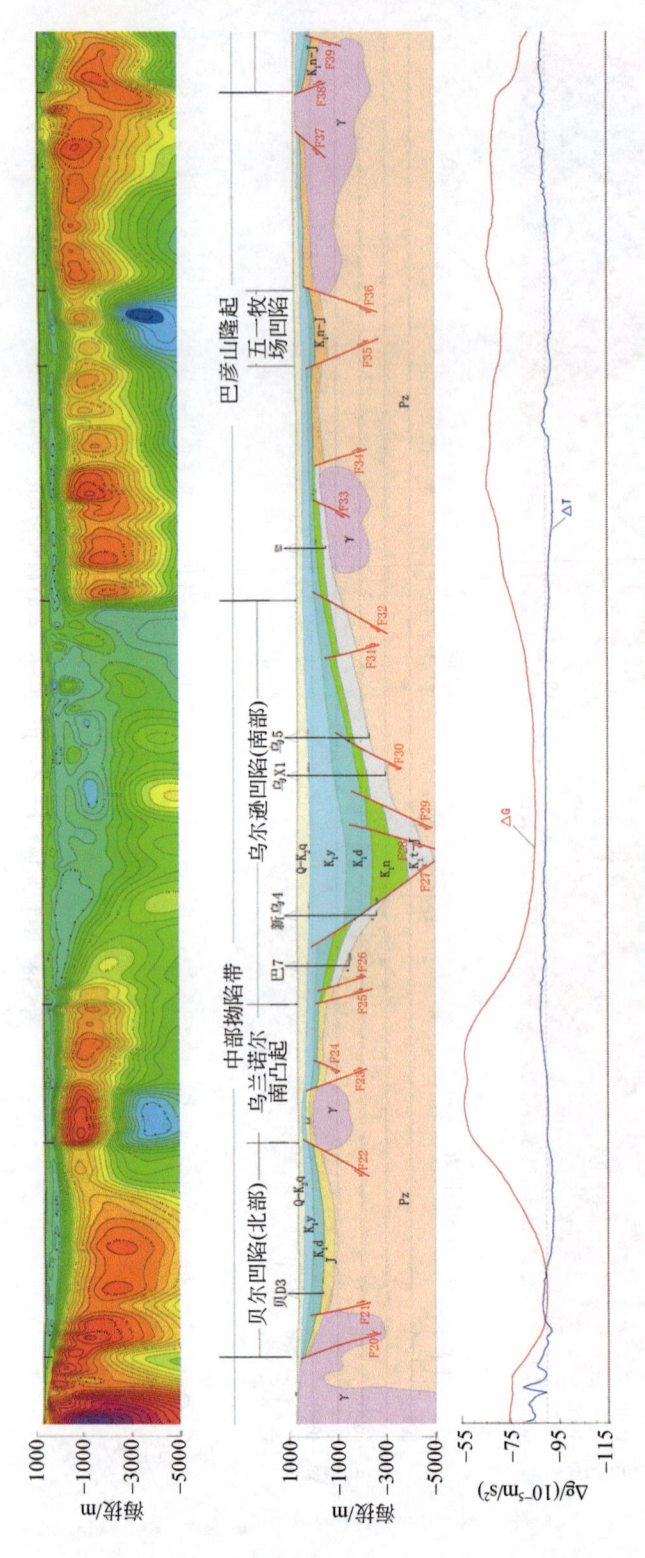

图5.39 海拉尔地区07-CEMP-Ⅱ线综合解释剖面图

第六章 松辽盆地及外围主要断裂与构造单元划分

第一节 重磁电异常综合地质解释的思路

重磁异常综合地质解释是通过先进的数据处理技术，消除干扰信息、增强有用信息，并综合地质、物探和物性参数等已知资料，达到解决复杂石油地质问题的目的。但是，由于各种方法的地球物理前提不一，各盆地的地质情况不同，各种方法解决地质问题的效果也不一样，只有通过对各种方法进行综合解释，才能减少物探成果的多解性，提高石油地质解释的准确性和可靠性，使重磁电异常的综合地质解释成果获得最佳地质效果。

重磁异常的综合地质解释必须以地质为基础，以物性为联系地质与地球物理的桥梁，建立该区地质–地球物理模型，然后根据模型，选择最佳模型参数和解释方法，做出重磁异常的初步地质解释成果，再结合已知的地质、地球物理资料进行反复优化、选取新的模型参数和计算方法，最终求得符合实际的最佳地质成果，其思路与工作步骤如图 6.1 所示。

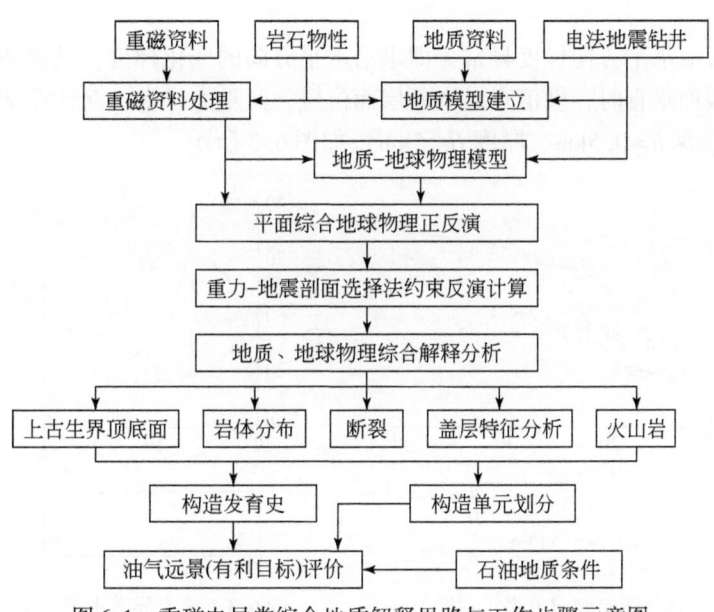

图 6.1 重磁电异常综合地质解释思路与工作步骤示意图

第二节　骨架断裂的划分

一、骨架断裂在重磁异常上的标志

断裂不仅控制盆地的结构和沉积物的分布，而且对油气藏圈闭的形成起着控制和破坏两重作用。由于地质体具有不同地球物理特性，当断裂产生后，地质体在三度空间发生位移和错断时，地层之间的物性产生了变化。断裂反映的是地层物性界面的陡变带，断裂的规模越大，其物性界面的陡变带规模相应也越大；当物性差异越大，其异常梯级带幅值也越明显。断裂在重磁异常特征上主要有以下标志：

（1）不同特征的重磁异常梯度分界线，即重磁异常梯级带；
（2）重磁异常等值线沿走向发生有规律性的扭曲和错断；
（3）磁性火山岩沿断裂侵入时，反映有线性或串珠状磁异常沿断裂走向分布。

重磁异常梯级带有时反映两类地质体接触界面，所以具体判别断裂时，要结合已知地质和其他物探等资料进行综合判别。

二、利用重力异常划分骨架断裂的原理

断裂在重力异常上主要反映为重力梯度带，当断裂面垂直时（90°），断层面对应重力梯度带的拐点（梯度变化最大处），当断裂面倾斜变缓时，异常梯度带也变缓，断裂重力异常正演计算结果（剩余密度为 0.3g/cm^3、埋深 h = 0.5km、厚度 H = 5km）如图 6.2 所示。

对重力异常取水平方向梯度异常，即求沿水平方向的变化梯度，其极值点为变化梯度最大点，当断裂面垂直时，极值点对应断层面位置，其重力异常正演计算结果（剩余密度为 0.3g/cm^3、埋深 h = 0.5km、厚度 H = 5km）如图 6.3 所示。

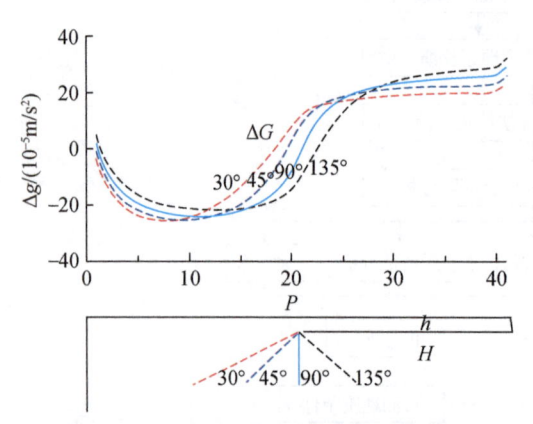

图 6.2　重力异常与断层倾向关系示意图

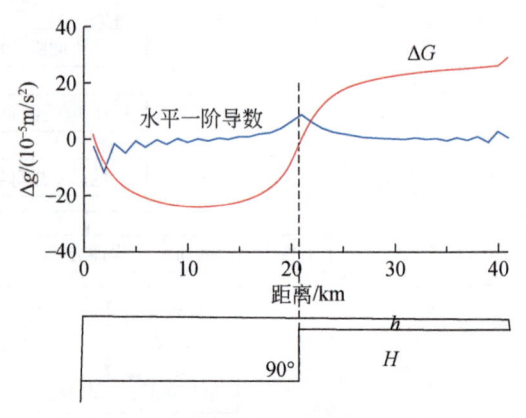

图 6.3　重力异常水平一阶导数与垂直断层面关系示意图

当断裂面倾斜时，重力异常水平方向梯度极值点向倾斜方向位移；可根据重力异常上延不同高度时，浅源地质体信息衰减、深源地质体信息增强的原理，利用重力异常上延不同高度后求取水平方向一阶导数异常，由极值线向倾斜方向位移的大小来判别断裂面的倾角大小。

由于重力布格异常梯度带密集分布，肉眼不易确定梯度带拐点位置，从而不易确定断层面位置，故先对布格重力异常作小子域滤波，增强梯度带信息，然后利用重力异常水平方向总梯度矢量模极值连线来确定断裂平面位置，而断裂倾角大小由布格重力异常上延不同高度后，求取水平方向一阶导数极值线或水平方向二阶导数零等值线的位移大小来判别。同时，应参照有关的磁力、地震和地质等资料。

小子域滤波是一种非线性滤波方法，它通过选取合适的滤波窗口和迭代次数，达到放大重力梯度带变化，然后进行水平总梯度处理，可有效地提取断裂信息。该方法比重力异常直接计算水平总梯度有更明显提取断裂信息的处理效果。本次选取滤波窗口半径为5.0km，分别对上延不同高度的重力异常先进行小子域滤波，再进行水平总梯度矢量模计算。

三、划分骨架断裂的思路和方法

骨架断裂是指控制研究区大地构造单元划分的断裂，其规模和切割深度较大。由于松辽盆地东部地区基岩大多出露地表，一些中新生代盆地的盖层厚度不大，故可以利用重力异常上延不同高度后，再利用重力异常水平方向总梯度矢量模（图6.4）极值连线来确定断裂的平面位置。对比上延不同高度后重力异常水平方向总梯度矢量模异常，可划分断裂的产状和规模，异常规模和幅值越大，断裂的规模和切割深度越大；上延高度越大，断裂的规模和切割深度越大。

四、综合各类标志和已知地质资料划分骨架断裂

首先，对工区布格重力异常进行上延不同高度，分别为5km（图6.5）、15km（图6.6）、30km（图6.7），然后，利用重力异常水平方向总梯度矢量模极值连线来确定不同深度断裂的平面位置，对比结果可取得以下几个方面的认识：

（1）随着延拓高度增加，其浅部规模小的断裂特征逐渐消失，而深部规模大的断裂特征逐渐明显，上延15km后，深部断裂特征变化基本相同（上延15km后的重力场反映浅源顶面深度在25.39km的地质体断裂特征），故本区骨架断裂的总体特征可用上延15km后的重力场反映。

（2）本区骨架断裂的总体特征概括为"三竖、三横、五斜"。"三竖"指近南北向的得尔布干断裂、大兴安岭断裂和嘉荫–牡丹江岩石圈断裂；"三横"指近东西向的西拉木伦河断裂、赤峰–开原断裂和北西向的勃利–海伦–嫩江断裂；"五斜"指北东向的贺根山断裂、嫩江断裂、八里罕断裂、佳木斯–伊通断裂和敦化–密山断裂。

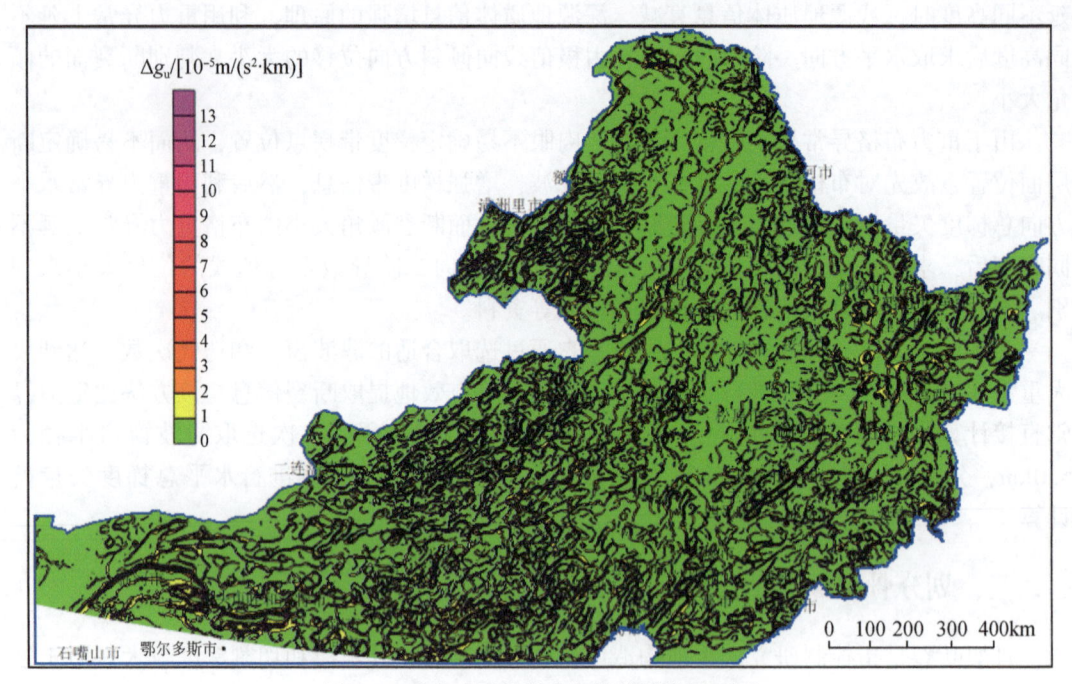

图6.4 重力水平总梯度矢量模异常平面图

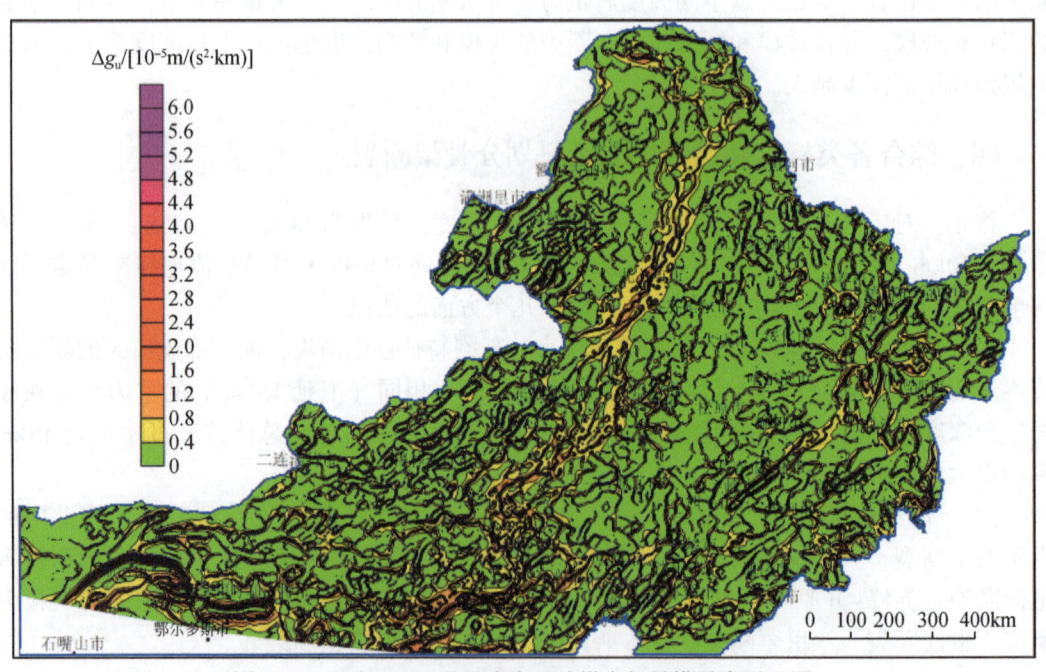

图6.5 上延5.0km后重力水平总梯度矢量模异常平面图

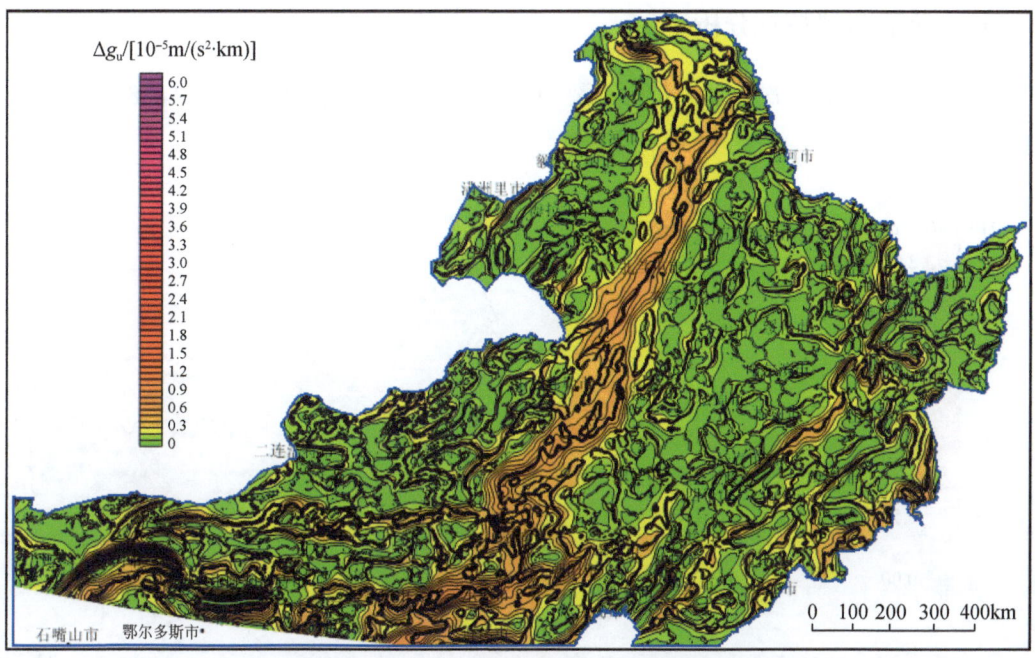

图6.6 上延15km后重力水平总梯度矢量模异常平面图

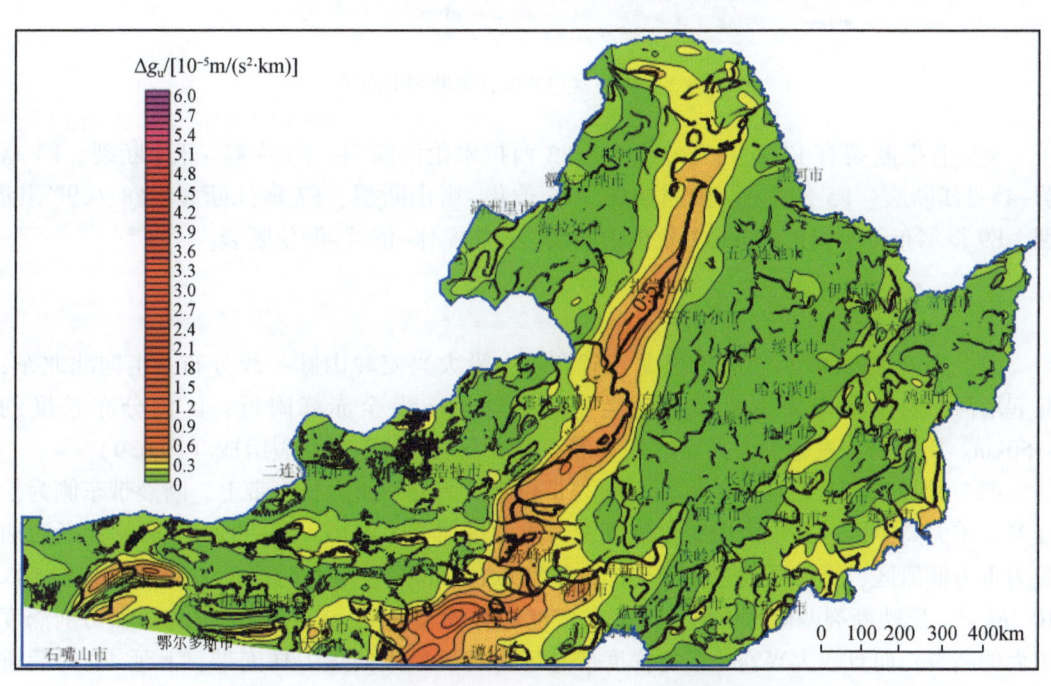

图6.7 上延30km后重力水平总梯度矢量模异常平面图

五、骨架断裂特征分析

依据上述原则，本次共划分骨架断裂 11 条，本区骨架断裂分布详见图 6.8。

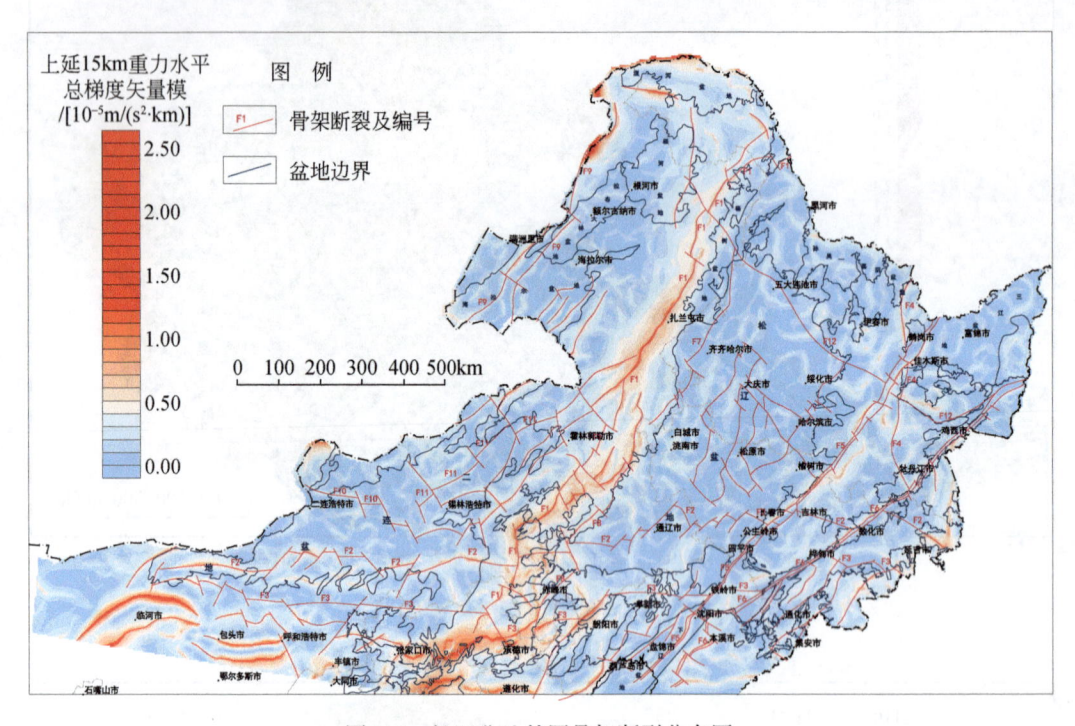

图 6.8 松辽盆地外围骨架断裂分布图

全区骨架断裂有 F1 大兴安岭断裂、F2 西拉木伦河断裂、F3 赤峰-开原断裂、F4 嘉荫-牡丹江断裂、F5 佳木斯-伊通断裂、F6 敦化-密山断裂、F7 嫩江断裂、F8 八里罕断裂、F9 得尔布干断裂、F10-F11 贺根山断裂、F12 虎林-依兰-海伦断裂。

（一）F1 大兴安岭断裂

（1）F1 大兴安岭断裂位于黑龙江省东部，沿大兴安岭山脉一线分布，走向北北东；北起塔河，向南经内蒙古自治区扎兰屯市一线，向南至赤峰附近；区内分布长度约 1350km。历年来，被称为大兴安岭断裂带，由多条平行的隐伏断裂组成（图 6.9）。

（2）地球物理上最明显的标志是断裂带位于大兴安岭重力梯度带上，断裂带东侧为松辽盆地重力高值区，其重力场变化较宽缓，重力场值为 $10\times10^{-5}\sim-50\times10^{-5}\,\text{m/s}^2$；断裂西侧为重力低值区，重力场值为 $-70\times10^{-5}\sim-230\times10^{-5}\,\text{m/s}^2$，东西两侧重力场值相差约 $80\times10^{-5}\,\text{m/s}^2$，反映断裂两侧地质体的埋深和密度均有较大差异，应存在一条规模和切割深度很大的断裂，而且，大兴安岭重力梯度带是区内规模最大的重力梯度带，上延 40km 后重力水平总梯度矢量模异常仍十分明显，说明该断裂规模和切割深度均较大，切割莫霍面以下。

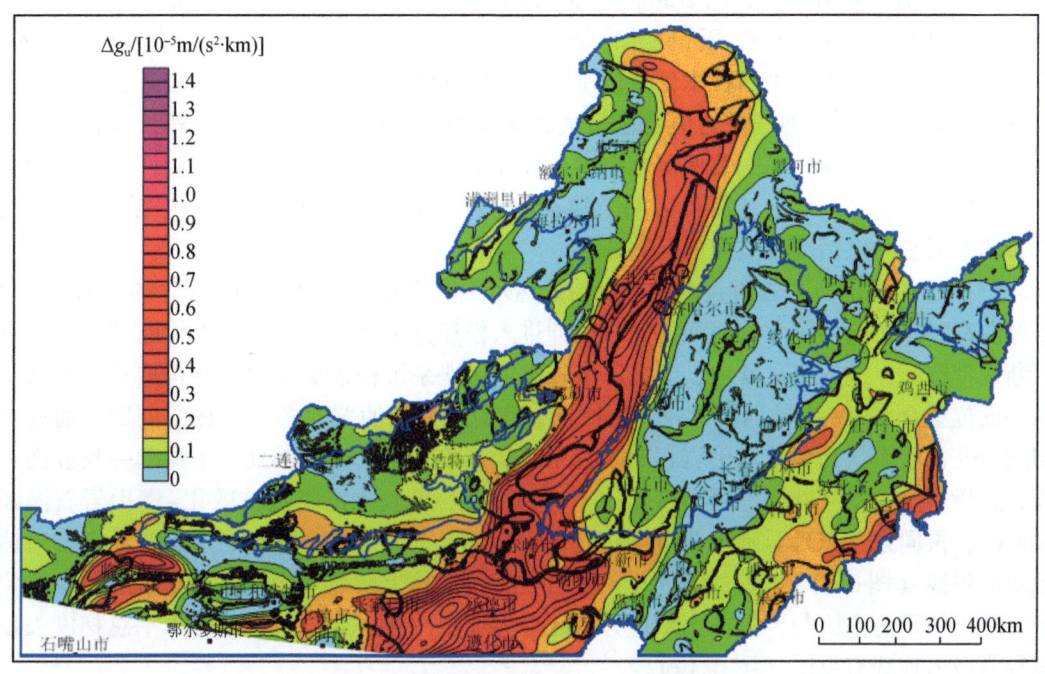

图 6.9　大兴安岭断裂带 F1 位置示意图

(3) 紧靠断裂带北东侧分布一条高频杂乱的强磁异常带，走向呈近南北向，大致沿大杨树盆地和松辽盆地西缘分布，反映中-基性火山岩沿断裂喷发、流溢到断裂带附近。据重磁场推测该断裂产状，断裂倾向西，东侧向上抬升，西侧下降，早期形成时为正断层。该断裂在莫霍面图上也有明显显示，应该是松嫩地块与兴安地块的拼贴缝合线。

(二) F2 西拉木伦河断裂

(1) 西拉木伦河断裂南部毗邻华北地台北缘，北部与松嫩板块、佳木斯地块相接，处于华北板块与西伯利亚板块拼接的具有一定宽度的包含大量古老陆壳碎块的断裂构造带上，其走向近东西，长千余公里，宽 10~40km；其切割深度达上地壳，为长期活动的断裂。其古生代属于俯冲消减带性质，中生代早期以压性、压扭性为主，白垩纪以来以张性为主，新生代以张扭性为主。它是区内主要骨架断裂，其南侧为华北板块北缘增生带，为前寒武纪变质岩为主的基底隆起区，其北侧为早古生代沉积区，即松辽盆地古生代基底沉积区。

林西县附近的西拉木伦河北岸，蛇绿岩套硅质岩中发现中二叠世远洋型放射虫，证明在二叠纪中期，林西地区为深水海相沉积环境。根据放射虫地层的分布和相关生物群的古地理分区可以推断华北板块与内蒙古微板块之间的最后拼合带的位置应位于贺根山蛇绿岩带以南的林西地区，时间应该是中二叠世之后。这种构造演化模式更能合理地解释为什么早、中二叠世时西拉木伦河北侧的安加拉植物群和南侧的华夏植物群没有出现混生现象和过渡分子。

（2）在航磁异常图中，断裂北侧总体显示近东西向负异常或磁力低值带，断裂南侧总体显示近东西向高正值异常或强磁异常带，反映岩体沿断裂南侧东西向构造破碎带侵入。在布格重力异常图中，沿西拉木伦河两岸，反映较连续的近东西向重力梯度带，长约数百公里、宽10～30km，两侧重力值变化最大达$40×10^{-5}$～$50×10^{-5}$ m/s²，另外，断裂东段具有明显的左行扭动特征，南、北两侧之上古生界及下元古界宝音图群、燕山旋回岩浆带均呈左行错位达几十公里。上述特征表明，温都尔庙-西拉木伦河深断裂带是一条规模宏伟、具长期发展和多次活动特点的岩石圈断裂。

（3）西拉木伦河断裂西起内蒙古自治区达尔罕明安联合旗嘎少庙附近（图6.10），向东经温都尔庙，沿西拉木伦河河谷向东延伸进入松辽盆地西部，被大兴安岭断裂带和八里罕断裂带错断，进入松辽盆地，又被厚度较大的白垩系沉积盖层覆盖，其构造行踪和断层面平面位置众说不一，故西拉木伦岩石圈断裂东延问题一直是个争议不休的问题。通过本书的研究，笔者认为西拉木伦岩石圈断裂东延从开鲁县南—双辽县北—十屋北—长春南一线，过伊通盆地二号断层，再向东延伸至吉林市北，至敦化市附近被敦化-密山岩石圈断裂错断，再向东已东延至延吉北附近。其依据如下：①吉林市北是吉黑造山带与吉林哈达地块分界线（图6.11）；②布格重力异常图上反映吉林市南北重力场不同，断层线位置位于哈达地块重力高区与吉黑造山带重力低区分界线上（图6.12）；③重力水平总梯度矢量模异常极值连线有反映（图6.12）。

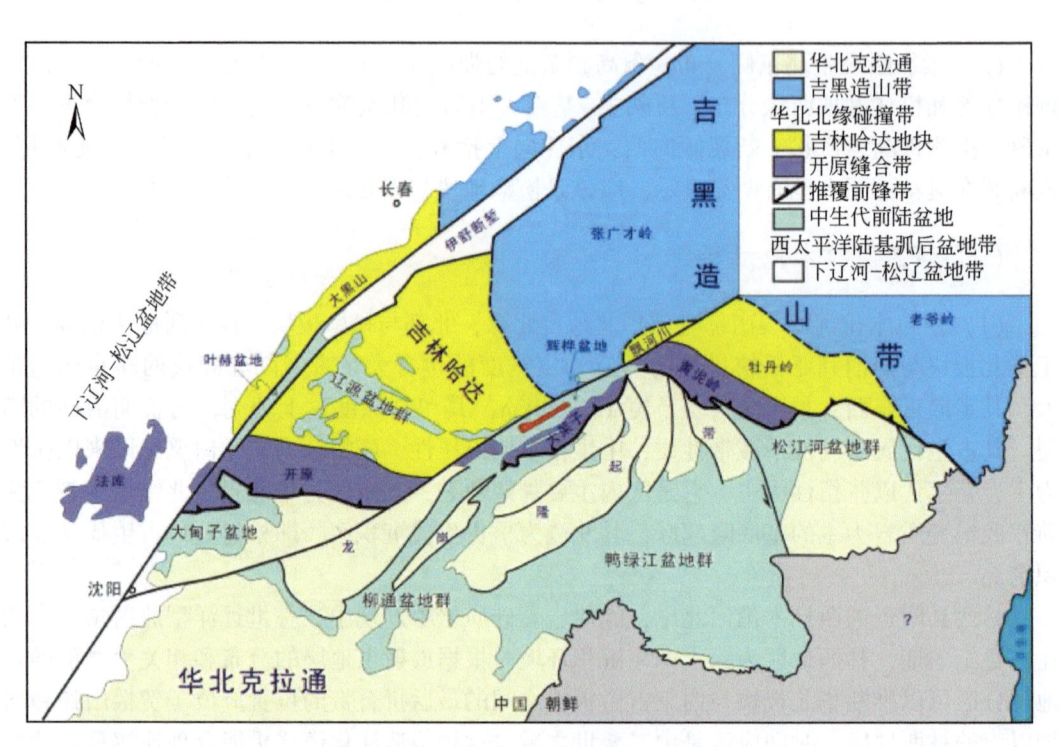

图6.10 吉林东部盆山关系图

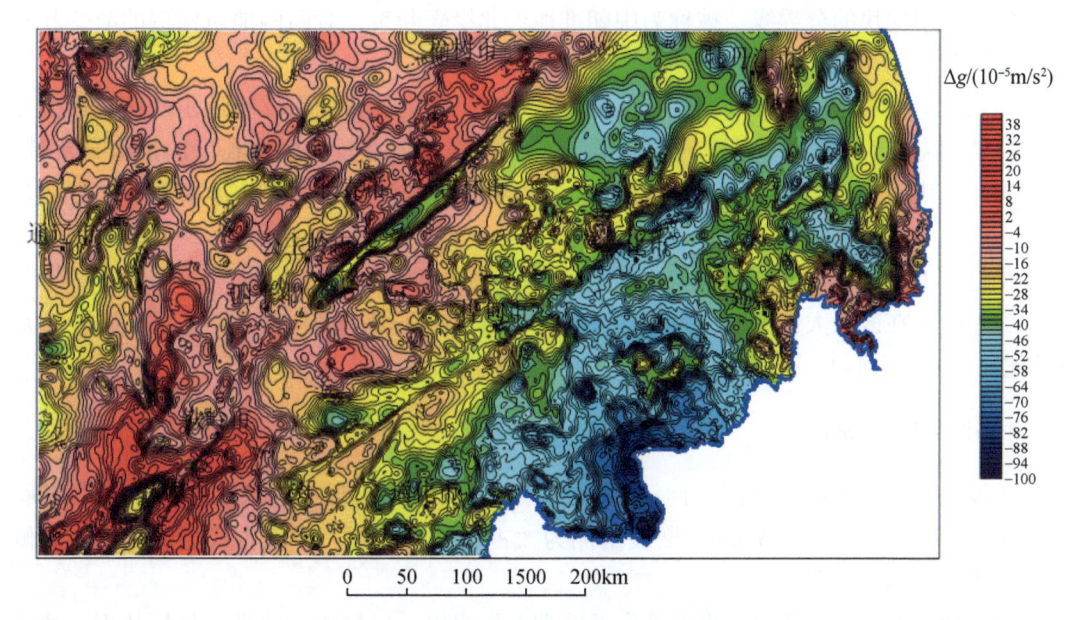

图 6.11 吉林东部布格重力异常平面图

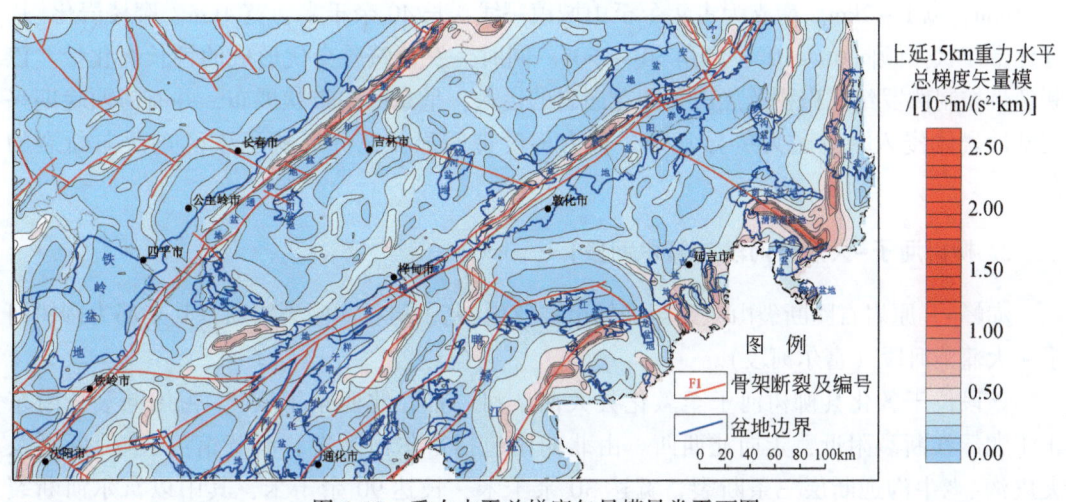

图 6.12 重力水平总梯度矢量模异常平面图

（4）西拉木伦岩石圈断裂是华北板块与西伯利亚板块拼接的具有一定宽度的包含大量古老陆壳碎块的断裂构造带，其规模达数千公里，其切割深度均较大，达上地壳，为长期活动的超壳断裂。

（三）F3 赤峰-开原断裂

该断裂呈东西向横亘东北三省南部地区，西起内蒙古北大山南，经口子井至狼山北、川井—白云鄂博北—化德县—康保—围场至赤峰一线，由辽宁省西丰县进入吉林省海龙、桦甸，过安图、和龙，向东延伸至朝鲜境内，出露全长约 2000km，宽 10~20km，构成华北地块和佳蒙地块的分界线，被称为中朝准地台北缘壳断裂，对两侧地质构造的演变起着明显的控制作用。

在地貌上为东西向展布的河流、低谷等；在布格重力异常图上反映近东西向有较大延伸长度的重力异常梯度带；在航磁异常图上反映近东西向有较大延伸长度的正值异常带；经航磁异常化极上延15～40km，其深部近东西向展布的航磁异常线性排列的特征更清楚显示。

从已知1/20万区域地质图上看，断裂南北两侧地质构造迥然不同。

将断裂带在区内大体大致分为三段，即小四平-海龙段、柳树河子-大蒲柴河段（富尔河段）和古洞河-白金段，各段南北两侧地质构造迥然不同。

1. 小四平-海龙段

该段由东丰县小四平向西伸向辽宁省，向东至山城镇附近，被敦化-密山断裂错断，走向为东西向，延伸长约50km。断裂南侧为太古代夹皮沟群、中元古代色洛河群，北侧为早古生代地槽型沉积。

该段地表断裂形迹明显，发育在海西晚期花岗岩中。以挤压破碎带、挤压片理、片麻理及伴生褶皱为特征。糜棱岩化带由小四平向东分成两支，北支为小四平至阴壁山一线，长40km，宽1～2km。南支为古年令至山城镇一线，长40余千米，宽4km。糜棱岩化-片理化带产状：倾向0°～10°、倾角50°～60°。同时，发育碱质交代形成的钾长石化带。该断裂带控制侏罗纪沉积物及燕山早期花岗岩的侵入，呈东西向带状展布，并有海西晚期兴安基性岩体侵入。航磁为负异常带，重力梯度带明显，充分反映了该区东西向断裂的存在。

2. 柳树河子-大蒲柴河段（富尔河段）

赤峰-开原岩石圈断裂山城镇至桦甸市被敦化-密山岩石圈断裂错断，其东部为柳树河子—大蒲柴河段（富尔河段）。

该段位于敦化县柳树河子至敦化县大蒲柴河一带，北西止于敦化-密山断裂，南东止于鸭绿江断裂附近，走向北西西。由北向南包括富尔河断裂、清茶馆-白水滩断裂及夹皮沟-老牛沟逆断层三条断裂，宽达30余千米，长达90余千米，其中以富尔河断裂为主要断裂，沿富尔河流域展布。这三条断裂的主要特征是以强烈挤压逆冲为主，伴有太古代、元古代、古生代的酸性、基性岩浆侵入和喜马拉雅期玄武岩浆喷发。地层褶皱、倒转现象普遍，混合岩化作用强烈，部分原为深变质的太古代片麻岩、变粒岩被绿泥石、绢云母、黑云母等片状矿物所交代形成构造岩带，岩石糜棱岩化、片理化普遍，花岗岩片麻状、糜棱眼球状，并有强烈的钾长石化。断裂南北两侧的岩浆活动迥然不同：北侧加里东期、燕山期活动频繁而剧烈，形成岩基，而南侧罕见，只有零星的岩株。

富尔河断裂主体由两条平行的冲断层组成，整个断裂宽达2～5km，倾角30°～50°。断裂北东侧为晚古生代地层，南西侧为中元古代色洛河群，清茶馆-白水滩断裂，主体由 2~4 条相互平行的逆断层组成，断面倾向 40°~50°，倾角 30°~70°。南段早期形成的破碎带大多数被中生代地层掩盖，中生代地层又受该断裂后期活动影响形成褶皱、断裂，断裂北东侧色洛河群地层普遍具有片理化、糜棱岩化、混合岩化现象，部分混合岩脉体在长期挤压、剪切作用下形成极其发育的构造扁豆体。此外，在金银别二道江边一带绿泥片岩及片理化凝灰岩中小型叠瓦式构造及褶扇状构造极为发育，第四纪大椅子山玄武岩沿断裂喷溢。夹皮沟-老牛沟断裂，在板庙子一带转为东西向，被敦化-密山断裂所截，断裂带宽 2~15km。元古代混合花岗岩平行断裂带展布，并在岩体中有数十米宽的糜棱岩带。断裂西段基性-超基性岩平行断裂展布，南侧见于老金厂—三道溜河—石人沟一线。

该段航磁资料反应明显，清茶馆-白水滩段，航磁图上展示出一条巨大的线性负异常带，强度为 50~200nT，宽 5~10km。其实质是海西期花岗岩中的一条大破碎带及混合岩带在磁场上的反映。在此负磁异常带的南北两侧边缘叠加着两条平行的线性延伸的正异常作为镶边，因此该负异常显得格外清晰醒目。

3. 古洞河-白金段

古洞河-白金段位于和龙县卧龙至龙井县白金，向东南直插入朝阳境内，与朝鲜清津断裂连为一体，向西北被集安-松江断裂切割。省内长达 100 余千米，影响宽达 20 余千米，走向 300°~310°；在卧龙一带断裂产状倾向 210°、倾角 50°~70°。主要由逆断层组成，它们都是挤压强烈的冲断层带，太古代地层仰冲在下古生界和海西晚期花岗岩之上；沿断裂带发生了碱质交代作用；深断裂一线海西晚期、燕山期岩浆活动强烈，有大规模的花岗岩体展布，并且在石国、明光及柳水坪等地沿断裂有基性、超基性岩体分布，沿深断裂有一系列逆断层出现，而糜棱岩化及构造角砾岩化现象极为普遍；白金一带新生代玄武岩沿图们江河谷溢出，其方向与深断裂一致，表明其近期活动的迹象。

总之，赤峰-开原岩石圈断裂在本区地质现象明显，布格重力异常为明显的梯度带，重力水平总梯度矢量模异常为明显的极值连线（图 6.13 和图 6.14 中蓝色线为赤峰-开原岩石圈断裂），航磁异带为明显的沿断裂走向分布的线性异常带（图 6.15）。

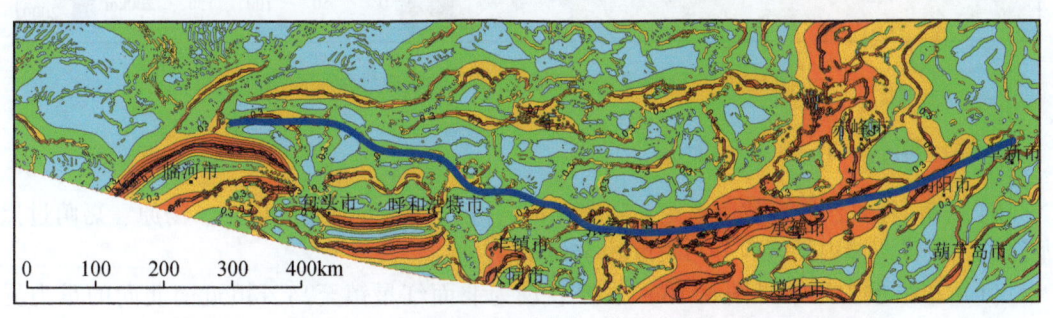

图 6.13 赤峰-开原岩石圈断裂西段重力水平总梯度矢量模异常平面图

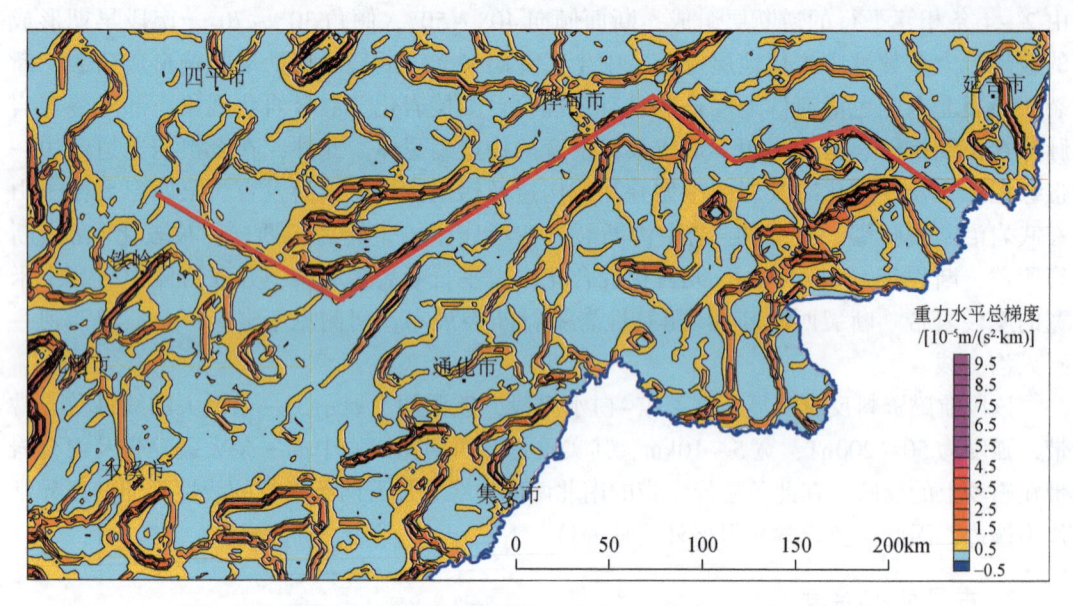

图 6.14　赤峰-开原岩石圈断裂东段重力水平总梯度矢量模异常平面图

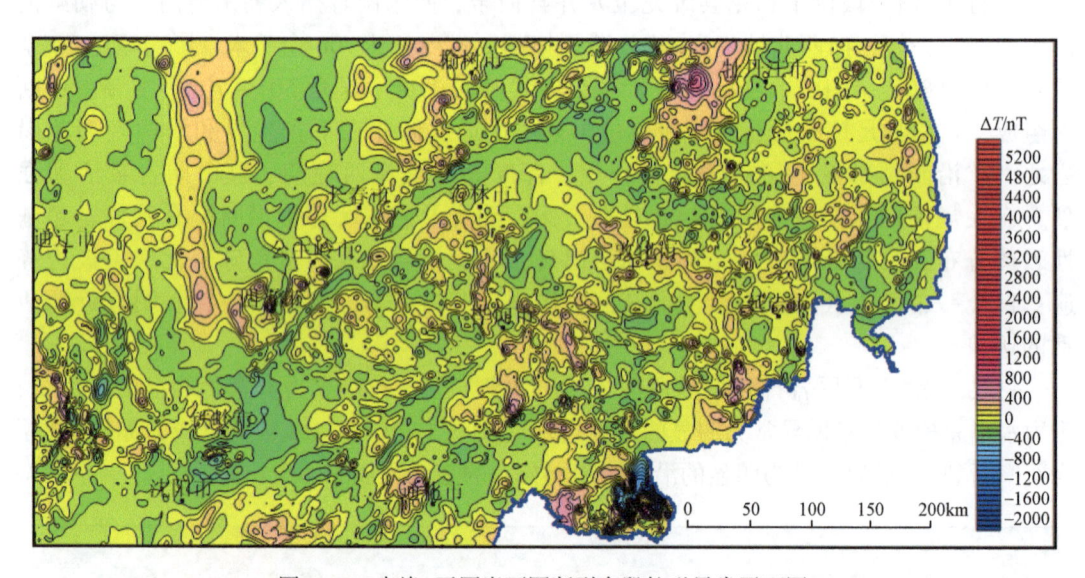

图 6.15　赤峰-开原岩石圈断裂东段航磁异常平面图

（四）F4 嘉荫-牡丹江断裂

F4 嘉荫-牡丹江断裂位于黑龙江省东北部，由牡丹江市向北经依兰、汤原、嘉荫过黑龙江进入俄罗斯境内，区内分布长度约 550km。

（1）布格重力异常（图 6.16）主要表现为北面红星镇至乌云镇近南北向的重力异常梯度带（长约 130km，宽约 15km）与中部鹤岗近南北向的重力异常梯度带（长约 110km，宽约 20km）及南部鸡西-牡丹江近南北向的重力异常梯度带（长约 310km，宽约 15km）。

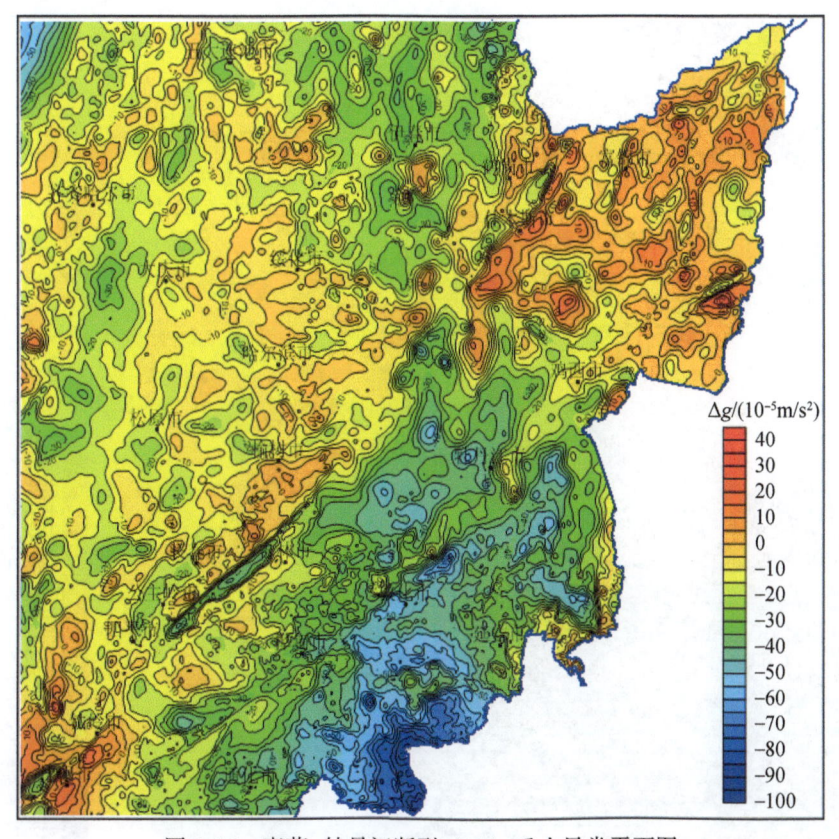

图6.16 嘉荫–牡丹江断裂（F4）重力异常平面图

(2) 断裂在航磁（ΔT）异常图（图6.17）上表现为乌云镇—红星镇—鹤岗—牡丹江一线近南北向分布的负值航磁异常带；其东西两侧磁场有强烈反差，即东侧以平缓的航磁异常为特征，西侧为强烈线性延伸的正值航磁异常带。

(3) 断裂在依兰附近明显被北东向的佳木斯–伊通岩石圈断裂切错。断裂南段主要沿牡丹江河谷分布，断裂北段主要沿嘉荫断陷西缘分布。

(4) 断裂在松花江以北为兴安岭–内蒙地槽褶皱区与佳木斯地块的分界断裂，东侧为稳定的佳木斯隆起区，西侧以早古生代地槽沉积为主，广泛分布中加里东期和晚印支期花岗岩。断裂南段沿佳木斯隆起带与张广才岭边缘隆起带的分界，有近南北向展布的晚印支期花岗岩；而后期继承性活动又将花岗岩碎裂。故推测该断裂系晚元古代末佳木斯隆起带与张广才岭边缘隆起带的联结部位，晚印支运动复活，发展成为A型俯冲断裂，燕山期以来继承活动。

(5) 根据吉林大学董清水教授2010年研究资料，嘉荫–牡丹江壳断裂是分隔松嫩–张广才岭微板块与佳木斯微板块的一条呈南北向展布的缝合带，缝合带西侧为南北向展布的花岗岩带，东侧分布的黑龙江岩系是一套与洋壳俯冲有关的构造混杂带，其中夹有解体的蛇绿岩和蓝片岩。缝合带西侧小兴安岭–张广才岭出露大规模南北向分布的花岗岩和中酸性火山岩，年龄分别为435~404Ma和437~411Ma。牡丹江地区奥陶纪—志留纪地层

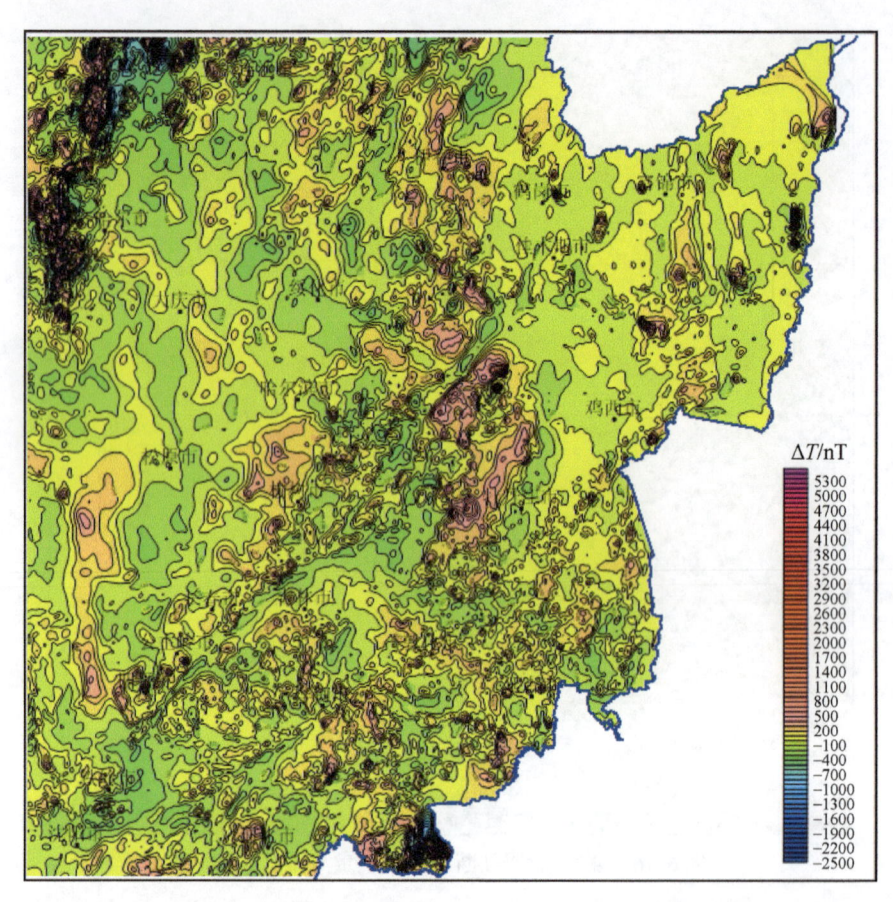

图6.17 嘉荫-牡丹江断裂（F4）航磁（ΔT）异常平面图

中，沿缝合带发育含放射虫和几丁虫的深水硅质岩沉积，说明奥陶纪—志留纪时期缝合带为陆间海。

在嘉荫和依兰地区大量出现混杂岩系，属构造冷侵位的产物。岩系中遭受强烈韧性变形改造的蓝片岩（急性熔岩变质产物）及其中单矿物$^{40}Ar/^{38}Ar$同位素年龄测试结果表明，早期蓝片岩变质年龄为644.9~599.6Ma，代表蓝片岩的形成年龄，晚期广泛强变形年龄为445~410Ma（张兴洲等，2008）。这两个年龄显示嘉荫-牡丹江缝合带在664~599Ma和410~440Ma期间发生了两次洋壳俯冲、碰撞事件。

因此，嘉荫-牡丹江缝合带在晚元古代以前是一个洋盆，晚元古代（645~599Ma）洋壳开始俯冲形成蓝片岩。但是洋壳并未完全关闭，而在残余洋盆中继续接受古生代深水沉积，出现了放射虫、几丁虫和生物沉积，直至志留纪（445~410Ma）洋盆关闭，块体间发生碰撞造山，使早期的蛇绿岩、蓝片岩和硅质岩等遭受强变形，形成构造混杂岩带。西侧的花岗岩带和中酸性火山岩带的年龄，也反映了后一次俯冲作用发生在437~404Ma，即志留纪。

（五）F5 佳木斯-伊通断裂

F5 佳木斯-伊通断裂位于工区西部，由吉林省伊通、舒兰向北东进入黑龙江省，经尚志、依兰、萝北延入俄罗斯，向南西经吉林、沈阳与郯城-庐江断裂相连，区内长度约 910km，走向 NE40°~50°。

（1）佳木斯-伊通岩石圈断裂和敦化-密山岩石圈断裂在遥感影像图上为明显山形凹地（图6.18）。

图6.18 佳木斯-伊通和敦化-密山岩石圈断裂遥感影像图

（2）重力异常图上断裂显示为规模较大的梯度较陡的梯级带，在1/20万布格重力异常图上只在断裂规模较大的地段梯级带明显，如伊通盆地、舒兰断陷、方正断陷和汤原断陷四段，其余地段重力梯级带不明显或仅有一条重力梯级带明显，反映该地段断裂规模较小。

（3）航磁（ΔT）异常图上大多表现为北东向的负磁异常带，具明显的"地垒式"断裂特点。

（4）佳木斯-伊通断裂新生代沉积中心主要分四段，即伊通盆地、舒兰断陷、方正断陷、汤原断陷，各段的地质和地球物理特征如下。

1. 伊通盆地

（1）佳木斯-伊通断裂在伊通盆地地段为两条平行的北东向的走滑拉分断裂；布格重力异常图上断裂显示为规模较大的两条梯度带，重力水平总梯度矢量模异常为两条矢量模极值连线（图6.19），航磁（ΔT）异常图上断裂显示为北东向的两条航磁异常梯度带（图6.20）。

（2）电法CEMP二维连续界面视电阻率断面图（图6.21）上断裂显示为视电阻率梯度带，其倾向即为断层面产状（图6.22）。

（3）从地质图上可见断裂两侧为基岩出露，盆内为新生代沉积。

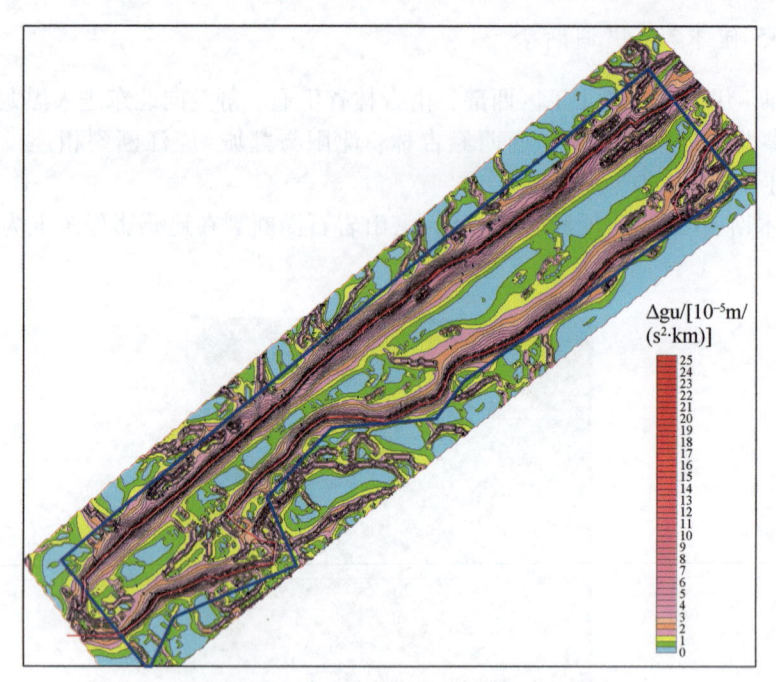

图 6.19 重力水平总梯度矢量模异常平面图

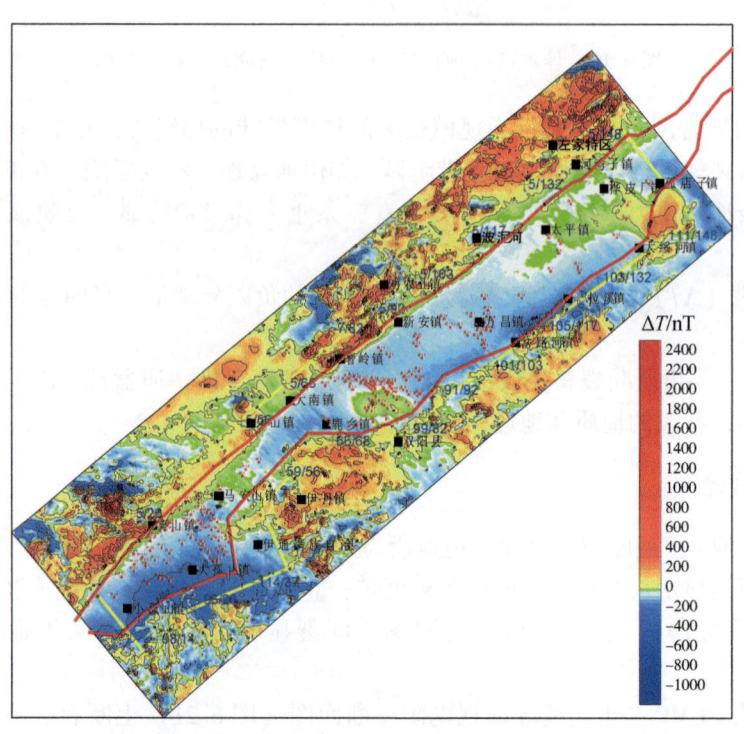

图 6.20 航磁（ΔT）异常平面图

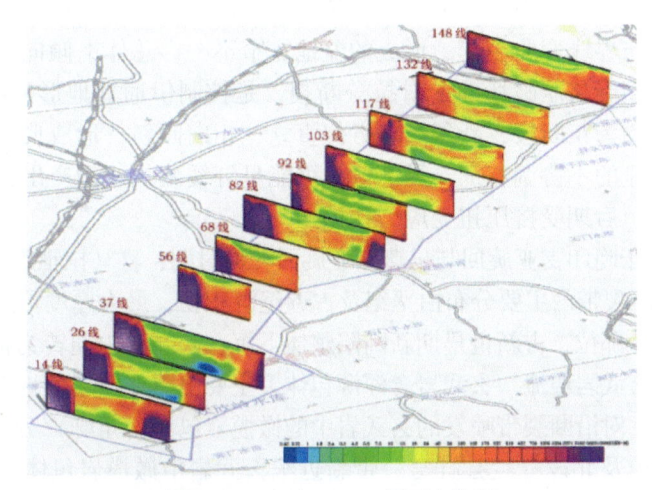

图 6.21　电法 CEMP 剖面立体图

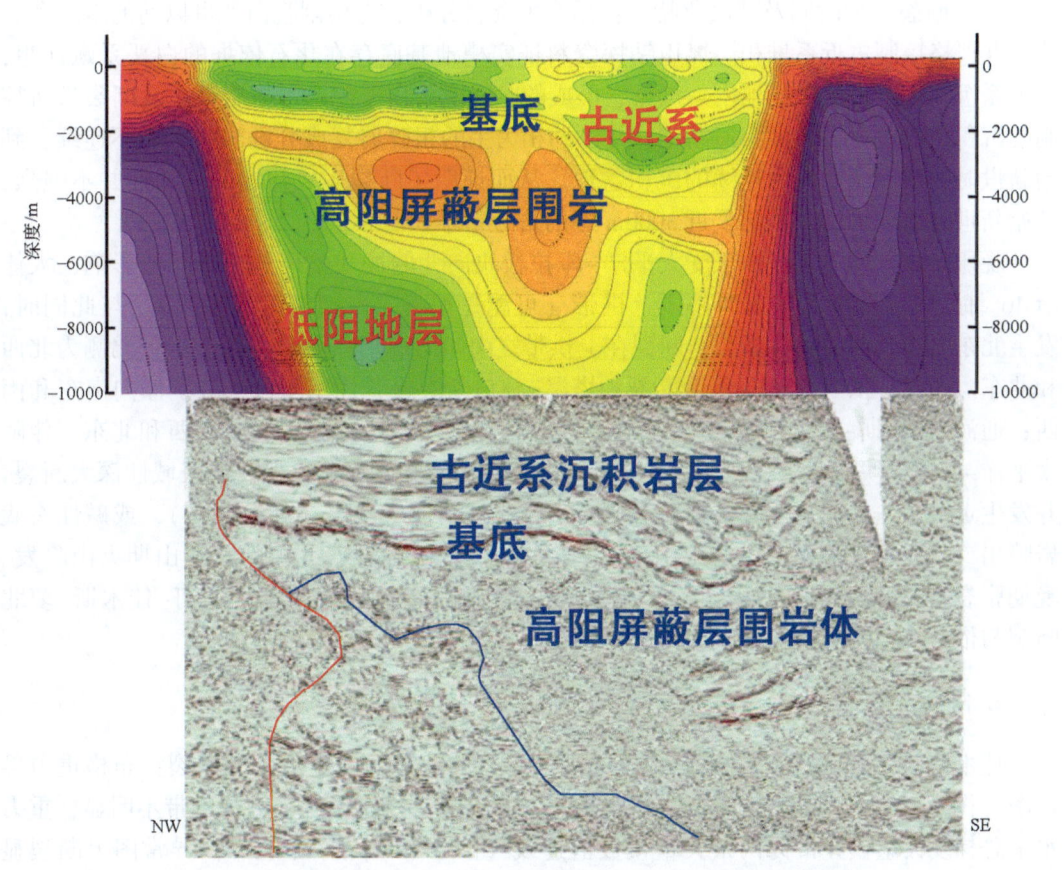

图 6.22　伊通电法 CEMP-82 线视电阻率与三维地震综合剖面图

(4) 断裂在北西缘边界断裂平面上分布界线较平直，无明显弯曲，总体倾向东南，为高倾角的正断层，是一条完整的走滑拉分断裂，是控制伊通盆地形成的主控断裂；东南缘边界断裂平面上分布界线弯曲多变、形成的盆地宽窄不一，总体上倾向北西，局部产状变化较大，是一条后期受挤压破坏的走滑拉分断裂，是控制伊通盆地形成的另一控陷断裂。两条边界断裂性质均为正断层，断裂产状近似直立、相向倾斜，形成典型地堑式盆地；两条边界断裂存在明显的不协调特征，局部倾角可能呈舒缓波状 S 型产出，反映断裂先期受拉张应力作用为主，后期受挤压扭变应力作用。

(5) 断裂形成于晚印支亚旋回与早燕山亚旋回转换时期，喜马拉雅旋回发展成线型新断陷，宽 8~12km。断裂带内主要分布白垩纪及古近纪沉积物，最大厚度可达 4500m 以上。两条主干断裂平行复合部位，古新世早期新断陷整体下沉，渐新世中期转为抬升；中新世处于剥蚀和钠质超碱性玄武岩溢流。玄武岩含深源包体，主要出露在伊通盆地莫里青断陷，反映断裂已切入上地幔。对沿断裂带喷发的玄武岩中的橄榄岩包体（角砾）分析，如断裂南段伊通县大孤山、马鞍山及北段舒兰县缸窑一带新近纪玄武岩中橄榄岩包体（角砾）来自上地幔。其中，大孤山玄武岩中橄榄岩包体来自地表以下 77km，马鞍山玄武岩中的包体来自地表以下 65km。以上事实说明该断裂带切穿地壳而伸入上地幔，属岩石圈断裂确切无疑。

(6) 断裂形成时间及其演化特征：据有关资料分析，它切割晚白垩世以前的地层和岩体，并严格控制古近系堆积。煤田钻探资料证实槽地基底存在化石依据的白垩系嫩江组，古近系沉积物严格限于槽地内。可见它形成的时间应为白垩纪末—古近系。从断裂带所控制的沉积建造看，古新世为河湖相，并以湖相为主的粗碎屑复成分砾岩，分布不连续，到始新世时则贯通全区成为连续的沉积盆地。从而证明了断裂生成初期的活动性并不强烈，到始新世时活动加剧，控制了近 3000m 厚的古近系堆积。

晚印支亚旋回之末，由于受太平洋-库拉板块向北俯冲和整体北东推移的影响，大体沿 46°纬度线，发生北东东向挤压上拱带（可能是按一定距离纬度线发生），与此同时，发生北东向和北西向剪性断裂；断裂在上拱带之南倾向南东和南西，在上拱带北侧为北西和北东。例如，依兰-方正-舒兰断裂和塔溪-林口断裂松花江南东段，分别倾向南东和南西；通河-佳木斯-萝北断裂和塔溪-林口断裂松花江南东段，分别倾向北西和北东。伴随太平洋-库拉板块向北东强烈推移，一部分北东向断裂相互连接，发展成区域性深大断裂，并发生走滑。一些深切地壳，直至上地幔，导致超基性岩侵位（如龙凤山），或碱性玄武岩喷出（如张广才岭西南段西土山-高岭子带）及依舒断裂西北侧的早燕山期火山喷发。晚期张裂时同熔型花岗闪长岩侵入。依兰-舒兰新断陷是在古新世连接通河-佳木斯-萝北断裂与依兰-方正-舒兰断裂而发展起来的。

2. 舒兰断陷

佳木斯-伊通断裂在舒兰断陷地段为两条平行的北东向的走滑拉分断裂；布格重力异常图（图 6.23）上西北缘断裂显示为规模较大的梯度带，东南缘重力梯度带不明显，重力水平总梯度矢量模异常为两条矢量模极值连线（图 6.24），航磁（ΔT）异常图上断裂显示为北东向的航磁异常梯度带和正值异常（图 6.25）；舒兰断陷电法 CEMP-170 线与地震综合剖面图（图 6.26）上断裂为电性陡变带。

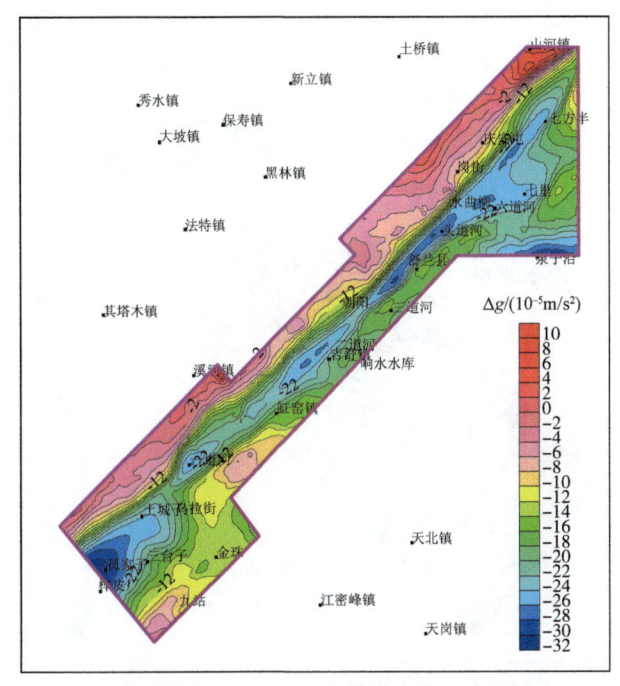

第六章 松辽盆地及外围主要断裂与构造单元划分 ·171·

图 6.23 舒兰断陷布格重力异常平面图

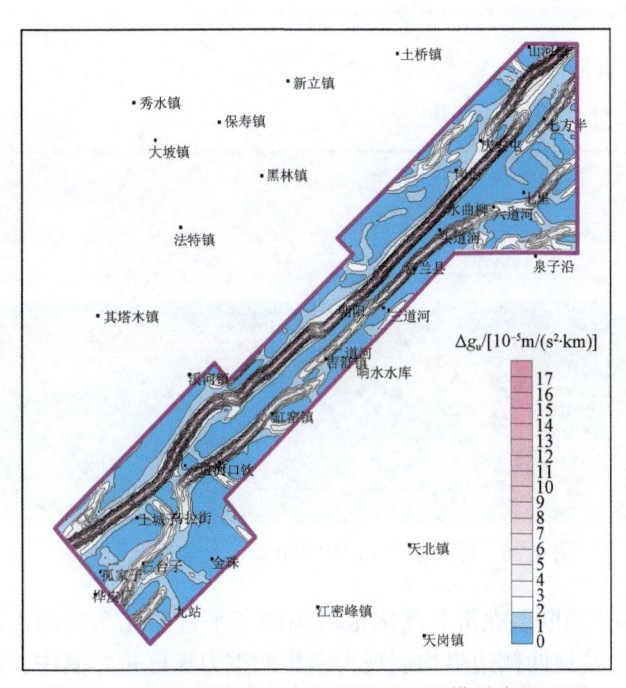

图 6.24 舒兰断陷重力水平总梯度矢量模异常平面图

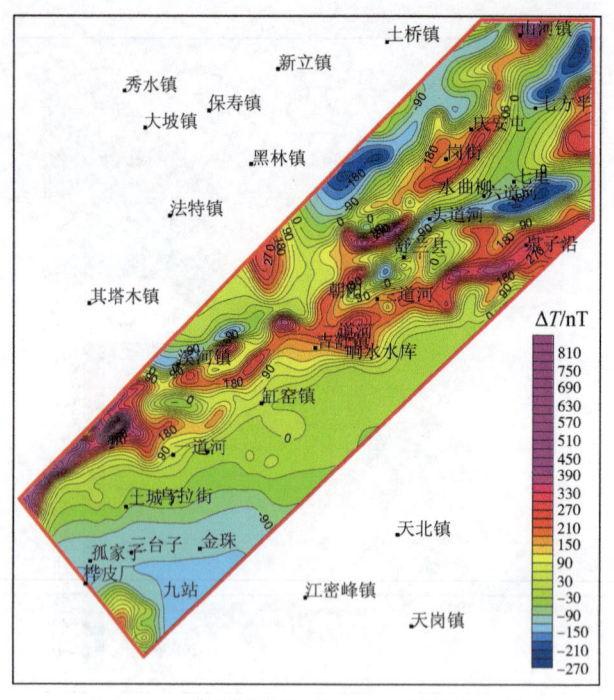

图 6.25 舒兰断陷航磁（ΔT）异常平面图

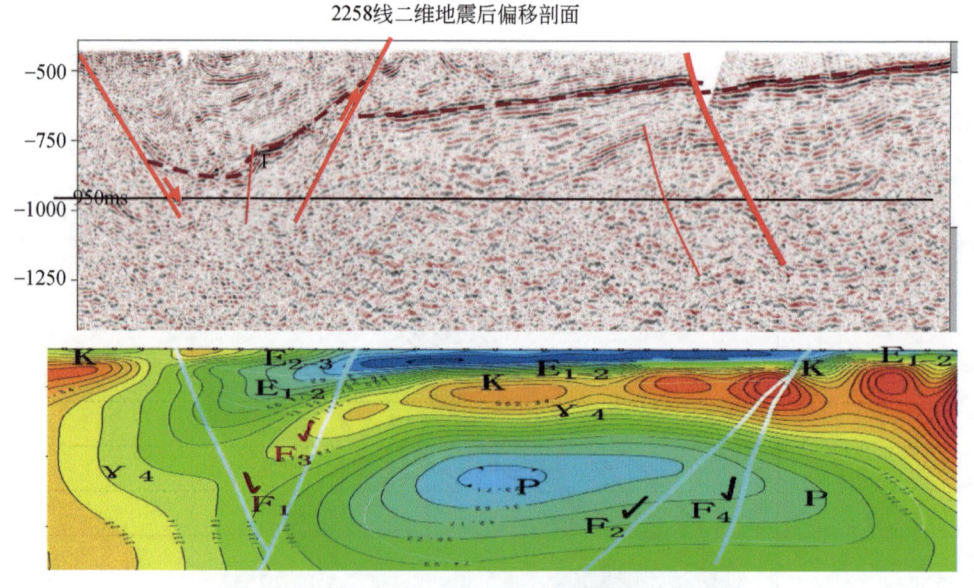

图 6.26 舒兰断陷 CEMP-170 线与地震综合剖面图

总之，佳木斯-伊通断裂在舒兰断陷地段为两条平行的北东向的走滑拉分断裂；在布格重力异常图上，沿盆地两侧边界均表现为密集的重力梯度带。其中，西北缘重力梯度带沿北东 500°方向直线延伸。这是规模较大的走滑断层所特有的现象，断面倾角陡，为高角度断层，断面倾角大于 700°；东南缘边界断裂在重力异常图上表现为梯级带，在水平总梯度矢量模异常图上表现为极值连线。区内长度近100km，倾向北西，是一条北东向的高角度张扭性断层。不同的断陷，其性质存在一定的差异，在盆地的形成和演化过程中起协调沉降的作用。

3. 方正断陷

佳木斯-伊通断裂在方正断陷地段为两条平行的北东向的走滑拉分断裂；布格重力异常图上断裂显示为规模较大的两条梯度带（图6.27），重力水平总梯度矢量模异常为两条矢量模极值连线（图6.28），航磁（ΔT）异常图上断裂显示为北东向的航磁异常梯度带和正值异常（图6.29）。

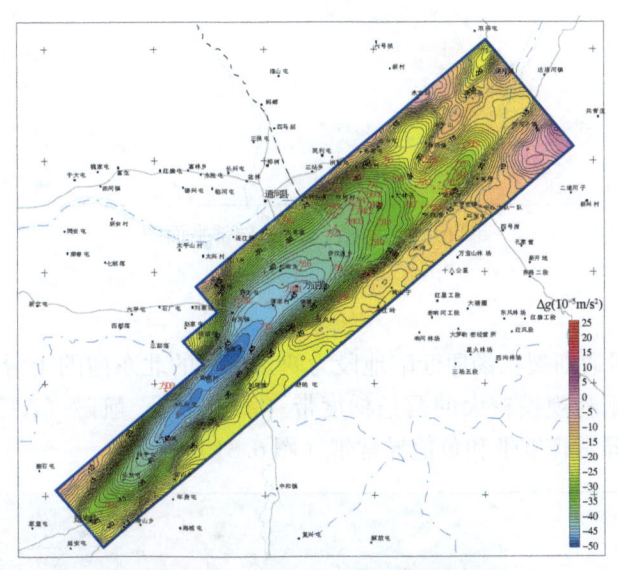

图6.27 布格重力异常平面图

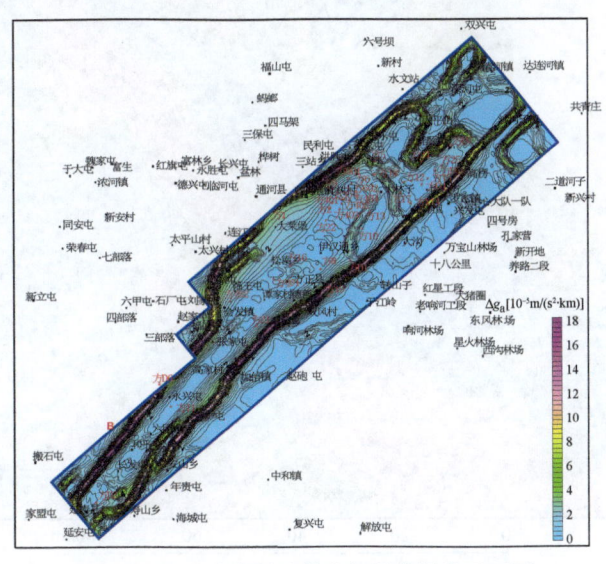

图6.28 重力水平总梯度矢量模异常平面图

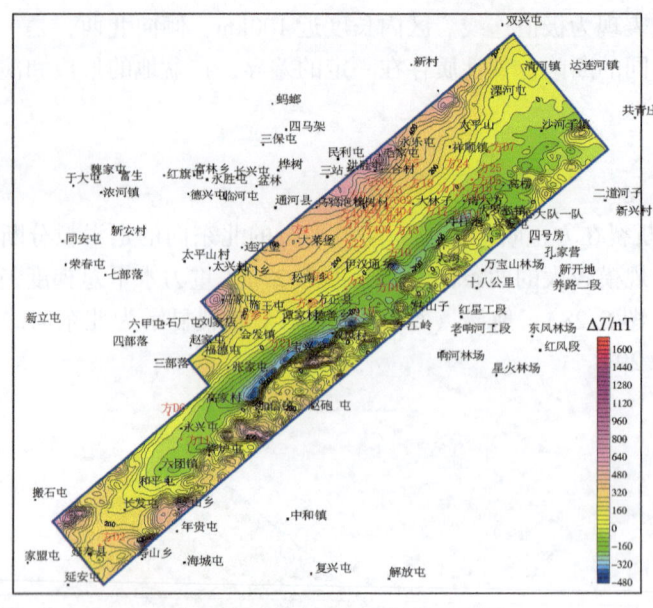

图 6.29 航磁（ΔT）异常平面图

4. 汤原断陷

（1）佳木斯-伊通断裂在汤原断陷地段为两条平行的北东向的走滑拉分断裂；布格重力异常图上断裂显示为规模较大的两条梯度带（图 6.30），航磁（ΔT）异常图上断裂显示为北东向的航磁异常梯度带和负值异常带（图 6.31）。

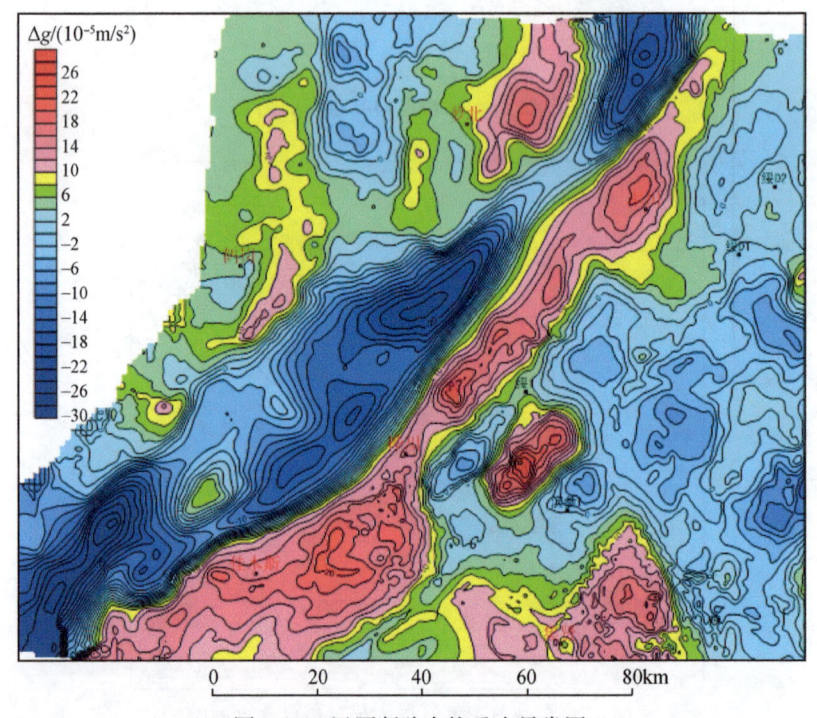

图 6.30 汤原断陷布格重力异常图

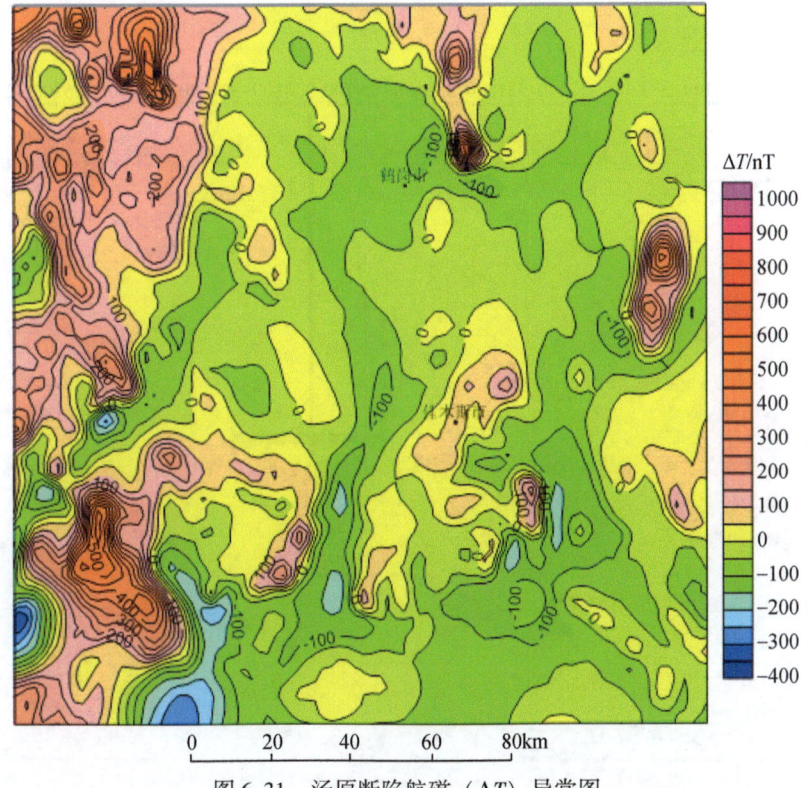

图 6.31 汤原断陷航磁（ΔT）异常图

（2）汤原断陷地段已进行二维地震工作，其西北缘断裂为正断层，断裂界线清晰，东南缘断裂也为正断层，断裂与西三江盆地界线局部不清晰（图6.32）。

（六）F6 敦化-密山断裂

该岩石圈断裂沿北东方向斜贯辽、吉、黑三省。由辽宁省的沈阳市—清源县一线，循浑河进入吉林省，越海龙县山城镇—辉南—桦甸—敦化一线，循辉发河呈北东方向延抵黑龙江省宁安—穆棱河—鸡西—虎林—密山延伸出国境。总体走向NE50°，全长970km。

（1）遥感图像上反映断裂南段为延长甚远的直线状凹地构造，北段由于后期玄武岩的覆盖，影像为暗灰色具沥青光泽的高山地貌。地貌上表现为开阔的谷地，东北段与穆棱河谷的分布基本一致。

（2）航磁异常平面图上，敦化-密山断裂带在柳河-桦甸地段表现为串珠状航磁异常带反映（推测为中酸性侵入岩体），串珠状磁力异常带呈NE50°走向，与敦化-密山断裂带走向一致（图6.33）。该带两侧的航磁特征有明显差异，其北西侧水平梯度变化较小，长轴多为北西向或近南北向；南东侧磁场复杂，正负异常交替出现，水平梯度变化大，延伸方向多为北东向或北北东向。在鸡西、牡丹江一带显示为两种不同磁场的分界线。航磁资料表明，断裂带由一条宽5~10km的线性磁异常带表现出来，展布东北方向60°。以桦甸一带为界，线性磁场带可分为南、北两段：①南段，从宏观磁场图景看，在线性平稳负磁场背景上展示一条呈串珠状延展的线性升高磁场带，其强度为200~500nT，水平梯度不大，

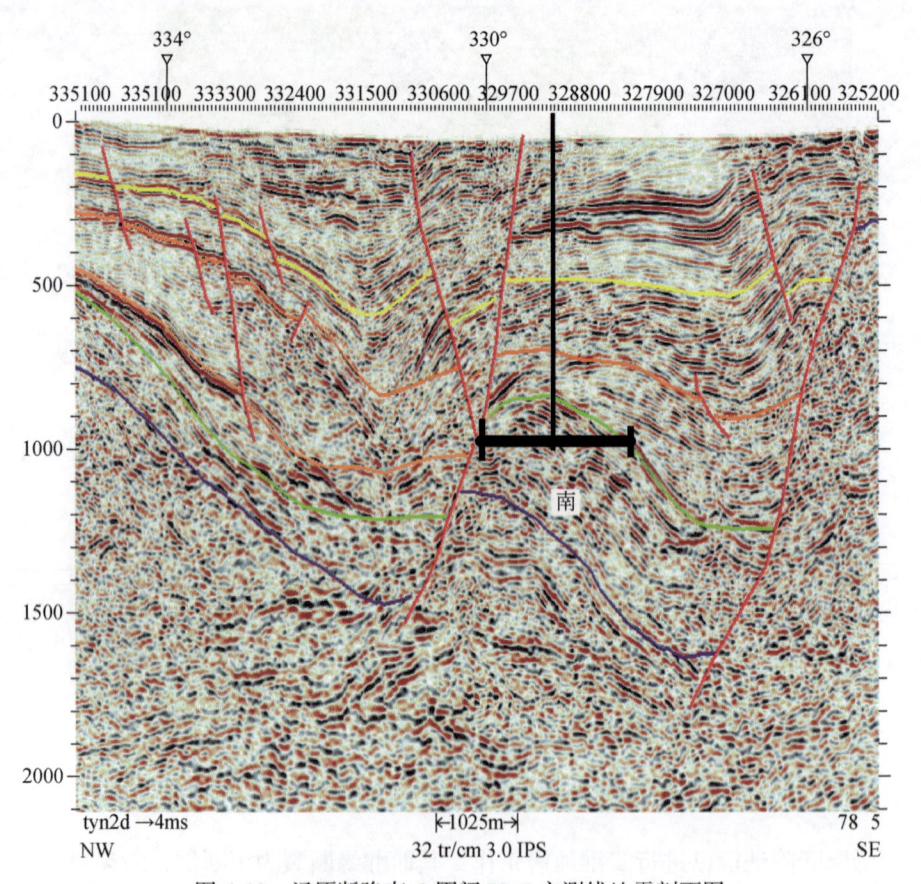

图 6.32 汤原断陷南-3 圈闭 78.5 主测线地震剖面图

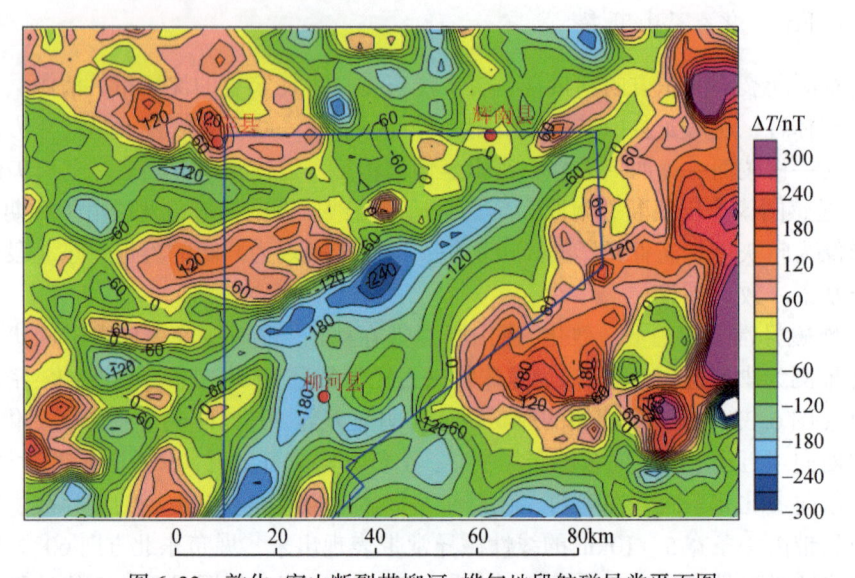

图 6.33 敦化-密山断裂带柳河-桦甸地段航磁异常平面图

循60°方向延伸。②北段，磁场图景上反映的是一系列杂乱的正负异常剧烈变化的线性磁场带，推断为沿断裂喷溢的线性玄武岩带。这与地质结论是吻合的。

（3）在重力异常图上断裂东北段表现为带状重力低，西南段在重力负值场区表现为局部带状重力高。敦化-密山断裂在柳河-桦甸地段重力异常图（图6.34）上呈现明显的重力梯度带。

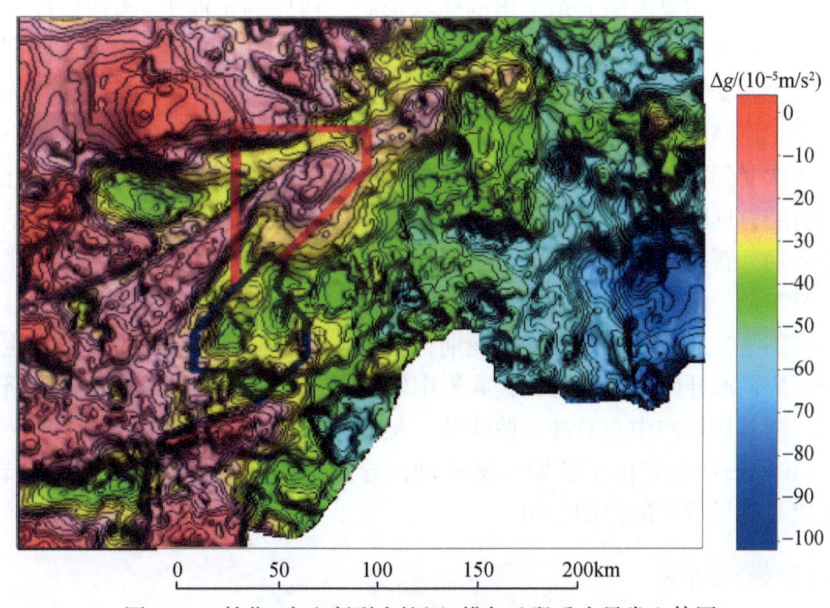

图6.34 敦化-密山断裂在柳河-桦甸地段重力异常立体图

（4）从地面地质资料分析：断裂带由两条相互平行的高角度逆断层构成，并相向对冲，为"逆地堑式"断裂，倾角30°~80°；山城镇一带表现为断裂上盘太古代地层逆冲在古近系和白垩系之上，而山城镇以南白家堡一带表现为海西期花岗岩逆冲到白垩系、古近系之上；在桦甸一带，表现为下古生界、石炭系、海西期和燕山期花岗岩逆冲到侏罗系—白垩系之上。在二道甸子东帽儿山一带，见下白垩统泉水村组底部砂砾岩不整合在海西晚期花岗岩之上，由于后期断裂作用使该花岗岩又逆冲到泉水村组之上。

断裂带各地段宽窄不一，最窄处在西南海龙县山城镇一带，仅宽5km，向北东有逐渐加宽的趋势，最宽地带在辉南附近，宽为18km。断裂控制的最老地层为晚侏罗世沉积岩及火山岩和火山碎屑岩，其主要分布在辉南至敦化一带，向西南越出吉林省界于辽宁省清源一带亦有沉积。白垩系普遍发育，古近系主要发育在辉南镇以西。总体看，"地堑"内发育两个次一级的中新生代盆地，由西南到北东有梅河盆地、辉南-桦甸盆地，沿断裂带岩浆侵入-喷发活动频繁。辉南至二道甸子间有燕山晚期花岗岩侵入，呈北东向带状展布。桦甸以东，古近纪、第四纪基性岩浆喷发强烈，沿断裂呈北东向线状分布，构成带状玄武岩台地，俗称敦化火山岩带。它们由中新世土门子组、上新世船底山组、早更新世军舰山组和晚更新世南坪组构成。

敦化-密山断裂带规模宏大，活动期长，在不同地史时期力学性质是不同的；断裂南段在前寒武纪期间具明显的剪切性质，到古生代以后整个断裂带表现为以挤压和剪切为主。大规模的平移和牵引构造是在下古生界呼兰群沉积之后生成的。断裂北西侧向西南方向滑动，而南东侧相对往北东方向位移；断裂南侧色洛河地区的色洛河群受断裂的影响而错移到山城镇一带；断裂南侧贤儒一带的呼兰群在断裂北侧位移到桦甸的呼兰镇一带；平移错距达150km。由于断裂的平移错动使地层及早期的断裂受到了强烈牵引，铸成了规模较大的牵引构造。如断裂北侧呼兰镇一带的加里东构造层均呈向南西突出的弧形状态；断裂中段的富尔河段呈明显的向北东突出的弧状形态，西段的小四平-梅河口段有向南西突出的现象。上述现象表明，应力场与断裂左旋平移是一致的。中生代时期，断裂带的性质在晚侏罗世时已转变为以拉张为主。两条断裂带之间地质体发生大规模陷落，为中生代晚侏罗世、白垩纪巨厚的陆相"地堑"型沉积和火山活动创造了必要的构造前提。中生代末期，断裂带再次受到强烈挤压，使槽地内沉积的地层发生褶皱断裂。断裂倾向北西，为逆断层或逆掩断层，反映挤压力来自北西方向。新生代早期又转为拉张性质，显示出差异性不均匀升降运动。新构造运动时期整个断裂带像一块跷板，大约以敦化西南的张广才岭为支点，古近纪时期，南段陷落，北段升起，新近纪时期，北段陷落，南段升起；第四纪时期又变为南段陷落，北段升起。新生代晚期，断裂带以挤压为主，使古近系发生了与中生代地层褶皱不协调的开阔褶皱构造，玄武岩中发生了北东向的压性断层。这一挤压作用结果，使断裂带两侧地块向中心对冲，使线性"地堑"构造更加醒目。

敦化-密山岩石圈断裂由于长期多次活动，导致沿断裂带多期次多类型的岩浆活动，对矿产的生成起到了重要的控制作用。

（七）F7 嫩江断裂

F7嫩江断裂位于松辽盆地西部，呈北北东向沿嫩江分布；北起嫩江，向西南经齐齐哈尔、泰来延入吉林省白城市西部，区内分布长度360km。它是与大兴安岭断裂带平行分布的岩石圈断裂，为大杨树盆地东缘与松辽盆地的边界断裂（图6.35）。

（1）该断裂为隐伏活动断裂，表现为阶地沉积及河谷沉积；地貌上为山区与平原明显界限，与大河谷平行。

（2）航磁上表现为串珠状异常和正负磁力异常梯级带，其异常值一般为200~500nT，航磁异常总体为NE30°，航磁异常带宽10~25km，推测由宝山镇-莫旗北东向断裂带和嫩江河谷北北东向断裂两条断裂组成。后经钻井证实，两条断裂之间为相对隆起区，基底埋藏较浅，而断裂外侧为相对凹陷区。

（3）重力为鼻状正负异常带，推测断裂带为北北东向，为向东倾的正断层，控制大杨树火山断陷盆地和松辽盆地的发生和发展。断裂与地壳深部构造变异带相吻合，据深部重力异常解释资料，该断裂切割至地壳之下地幔层顶部。

遥感图像上表现为多条断续平行分布的线状影像带，具明显的色调差异。

（4）嫩江断裂是多条北东—北北东向断裂组成的断裂带。断裂带性质由早至晚体现为早期韧性→韧脆性→晚期脆性走滑。沿断裂带分布有古生代、中生代中酸性侵入岩及新生代玄武岩。推测其生成时代为海西末期，中燕山期活动最强，喜马拉雅期仍有继承性活动，是一条切割深达上地幔的岩石圈断裂。

（5）在时间上嫩江断裂演化特征是：印支期—燕山早期为古亚洲洋构造域向滨太平洋构

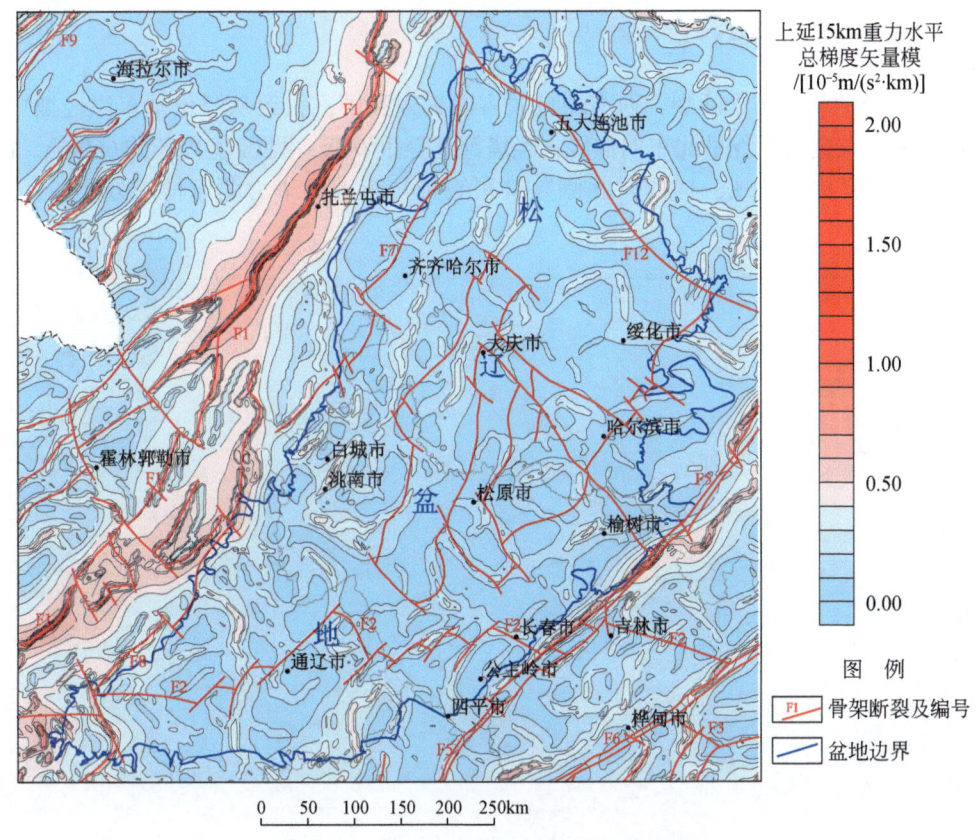

图 6.35 嫩江和八里罕断裂位置分布图

造域转换过渡时期，受太平洋-库拉板块俯冲影响形成北东向韧性剪切带和花岗质碎裂岩带；燕山中晚期形成北东向盆缘断裂和所控制的火山喷发带；早白垩世北北东向甘河期同沉积火山断裂，在前期构造基础上继续走滑拉张形成大杨树断陷盆地，晚期由于上地幔上隆，形成火山裂陷盆地，喷发甘河组基性火山岩和孤山镇组酸性火山岩。燕山晚期，本区发生一次挤压破坏作用，使早期嫩江断裂带发生切割、错位等破坏性改造；喜马拉雅时期，嫩江断裂带为北北东向，倾向向东的隐伏断裂，控制第四纪的沉积和松嫩盆地在新生代的发生、发展。

（八）F8 八里罕断裂

F8 八里罕断裂位于工区西南部，大兴安岭断裂带东缘。走向北北东，北段在突泉县北，向南经扎鲁特旗—奈曼旗西—平庄—八里罕一线，区内长约 540km。北段断裂倾向东，倾角 60°~80°，为张性正断层，多处被北西向断层错断。断裂南段扎鲁特旗—奈曼旗西段被第四系覆盖，至平庄—八里罕一线又显露地表，该断裂在开鲁西部截断西拉木伦河断裂，显示左行张扭性断层。

在重力异常图上为北北东向的重力梯度带，在航磁异常图上，西侧为高值正异常带，断裂附近及东侧大多为平静磁场。

该断裂南段形成时代早于北段，晚古生代已初具规模，控制东西两侧上古生界沉积，为松辽盆地的西缘断裂。

(九) F9 得尔布干断裂

(1) 传统的得尔布干断裂，西南端自蒙古国延入我国，大致从呼伦湖东岸经黑山头，沿得尔布尔河及金河河谷呈北东向伸展，经塔河北至俄罗斯，我国境内长约660km。沿断裂带有蛇绿岩套构造发现，构成西北侧兴凯褶皱带与东南侧华力西海槽的分界线，如图6.36所示。

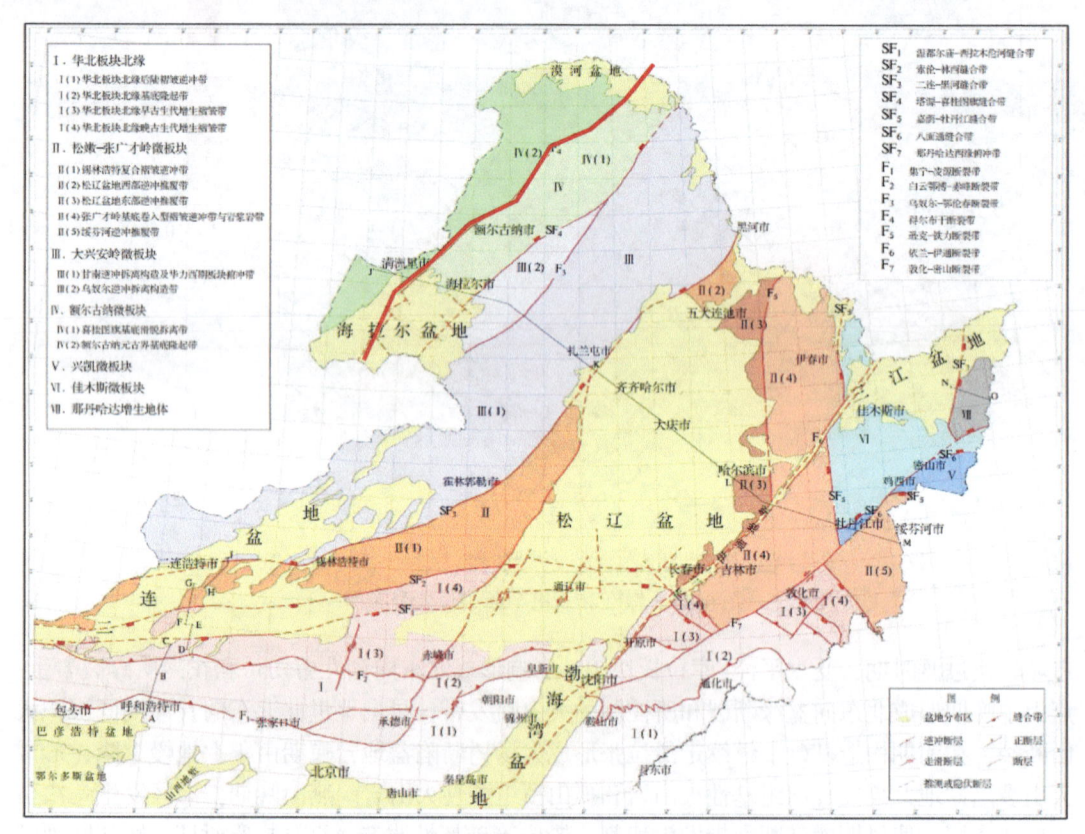

图6.36 原推测的F9得尔布干断裂分布图

(2) 本次推测的得尔布干断裂，西南端自蒙古国延入我国，大致从呼伦湖东岸经黑山头，沿得尔布尔河被北西向断裂错断，根河北向北东向无伸展，这与传统的得尔布干断裂北部半段位置不一，如图6.37所示。

(十) F10-F11 贺根山断裂

(1) 传统的贺根山断裂，西端自蒙古国延入我国，大致从苏尼特左旗北，经贺根山，沿北东向伸展，至大兴安岭附近，我国境内长约680km；沿断裂带贺根山地区有蛇绿岩套构造发现，构成西北侧以C—D为主和东南侧以C—P为主的地层分界线。

(2) 本次推测的贺根山断裂，西端自蒙古国延入我国，大致从苏尼特左旗北呈东西向伸展，与贺根山地区北东向断裂无连接，这与传统的贺根山断裂位置不一，为两条不同走向的断裂F10-F11，如图6.38所示。

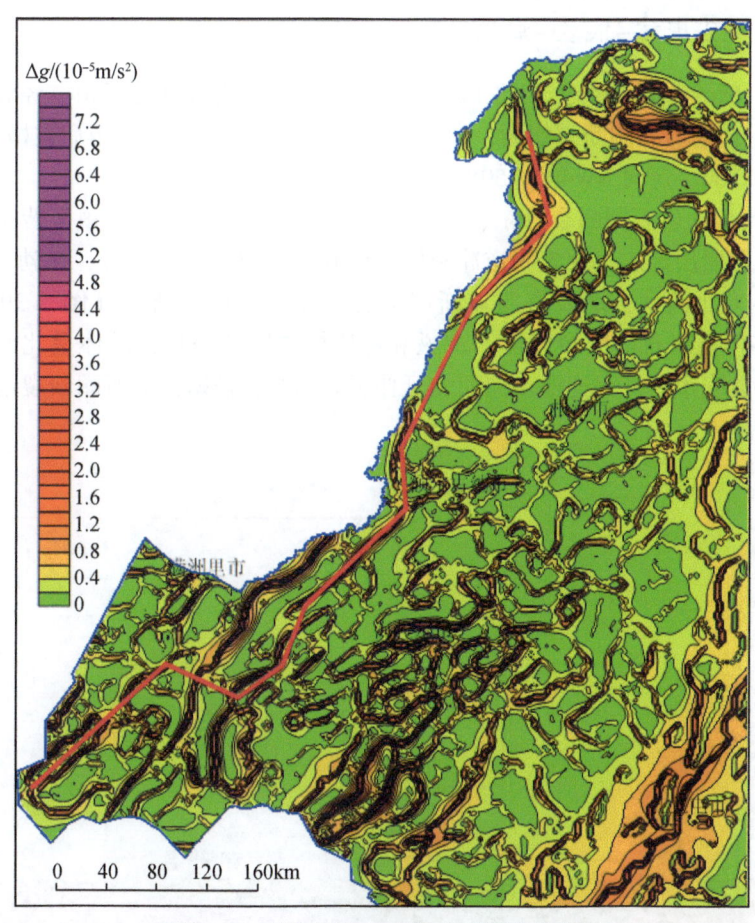

图 6.37 现推测的 F9 得尔布干断裂分布图

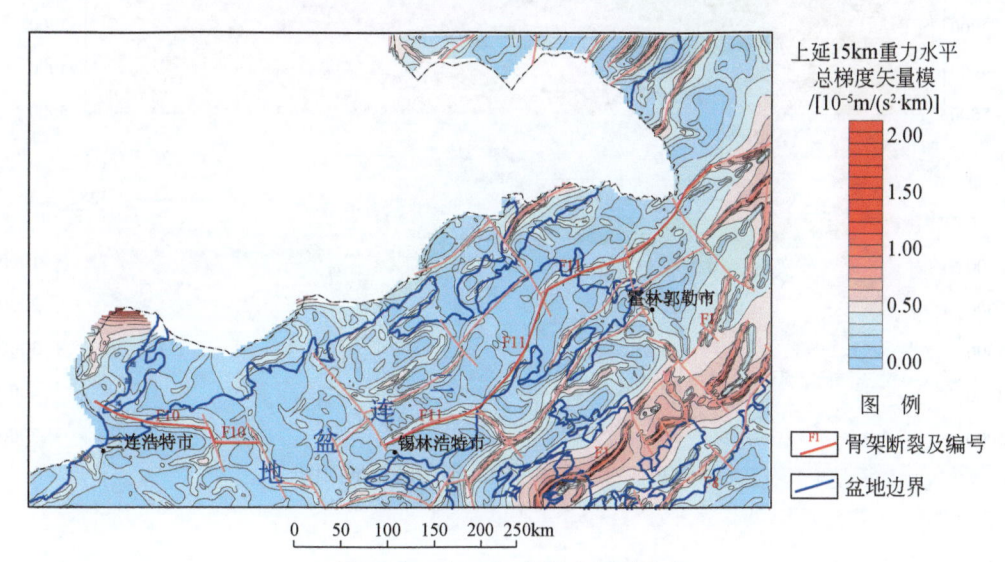

图 6.38 F10-F11 贺根山断裂平面

（十一）F12 虎林–依兰–海伦断裂

F12 虎林–依兰–海伦断裂位于工区北部，由黑龙江省虎林县迎春镇、经勃利县至依兰县，被佳木斯–伊通岩石圈断裂切断，向西北向铁力市–海伦市–北安市后被嫩江断裂错断；区内长度约 700km，走向 NW40°~50°。

以佳木斯–伊通岩石圈断裂分东、西二段，在勃利盆地南部迎春镇至裴德镇为北东走向，地表有明显断层标志，大多为逆冲断层（图 6.39 勃利盆地 9 线）；在勃利盆地南部勃利县至依兰县为北西向，地表有明显断层标志，大多为逆冲断层（图 6.39 勃利盆地 3 线）；佳木斯–伊通岩石圈断裂以西，重磁和地质标志断续呈现，总体呈北西向，沿铁力市—海伦市—北安市—五大连池市向西北延伸至嫩江县，被嫩江岩石圈断裂错断。

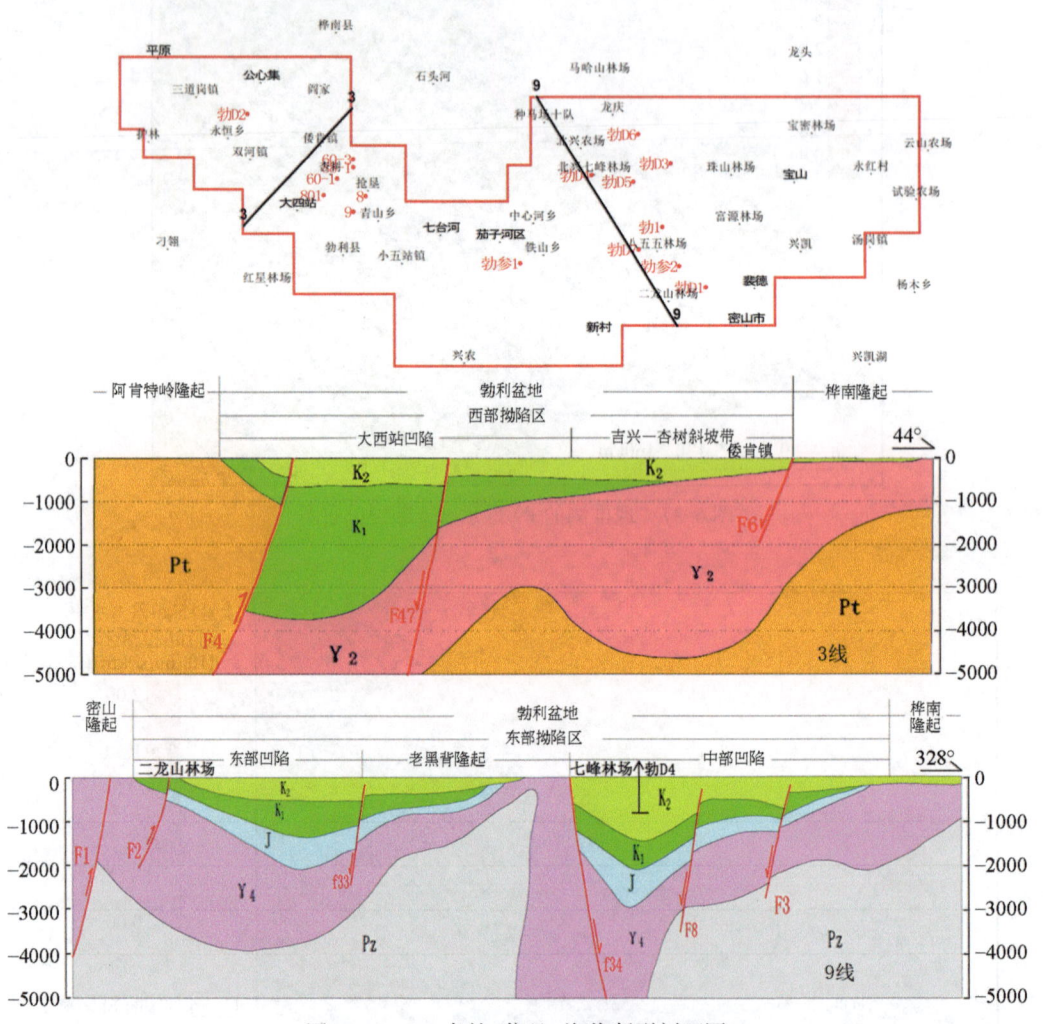

图 6.39　F12 虎林–依兰–海伦断裂剖面图

第七章　上古生界分布与构造单元划分

松辽盆地大地构造位于东亚活动陆缘，南与华北板块相接，是中国东北部一个大型中新生代陆相盆地，盆地基底发育北北东—北东向的嫩江断裂、孙吴-双辽断裂、佳木斯-伊通断裂，以及近东西向的赤峰-开源断裂等，这两组断裂基本上控制了整个松辽盆地，形成了东、西分带，南、北分块的构造格局。

盆地基底是由大兴安岭海西褶皱带和吉黑海西褶皱带汇合而成，岩性主要为上古生界的石炭系—二叠系及中生代岩浆岩，基底之上自晚侏罗世开始盆地沉积了厚约10000m的中新生代地层。

1955年，松辽盆地针对中生代地层开始石油地质普查工作，截至2007年年底，盆地南部已经完成二维地震78000km，三维地震9300km^2；完钻探井2300余口；进尺300多万米；发现了黑帝庙油层、萨尔图油层、葡萄花油层、高台子油层、扶余油层、杨大城子油层、怀德和农安等8套油层。累计探明油气田18个，探明石油地质储量12×10^4t，探明天然气地质储量800×10^8m^3。

松辽盆地的地球物理、钻井及邻区的区域地质资料揭示，盆地基底及周边地区广泛分布上古生界地层，这套地层最大厚度超过5000m，分布范围达12×10^4km^2。

上古生界地层岩性主要为泥板岩、板岩、千枚状板岩和碳酸盐岩等。岩石的矿物及其结构组成表现出极低级变质特征，处于浅变质阶段。

上古生界烃源岩的有机碳含量为0.05%~2.08%，氯仿沥青"A"含量为0.0003%~0.0029%，MAB抽提物含量为0.0012%~0.0028%，H/C为0.10~0.52，R_o为2.98%~4.16%。评价认为有机质类型均为Ⅱ-Ⅲ型，处于高-过成熟阶段，证实烃源岩具备二次生烃的潜力。

松辽盆地多口探井在基岩风化壳、基岩裂缝和上部储层中发现的天然气，可能来源于上古生界地层的有机深源气。其中，四深1井在上古生界地层1285m井段内发现8个含气层段，证实气源均为上古生界烃源岩。

关德师等在野外剖面实测过程中在上古生界地层发现4处油苗；龙江地区二叠系孙家坟组二段粉-细砂岩裂缝中赋存的干沥青，刘晓艳等经油源对比分析认为是由石炭系—二叠系烃源岩生成的。

这证实了上古生界烃源岩曾经发生过油气生成-运移-聚集。

总之，松辽盆地是区内主要盆地，其上古生界为深部重要烃源岩层，对全区深部油气勘探具有重要意义。

第一节 上古生界顶面分布

一、研究上古生界顶面埋深的思路和方法

根据已知地质和物探等资料可知：松辽盆地外围地区分布十多个规模和面积不等的中新生界盆地。例如，东部有三江盆地、孙吴-嘉荫盆地、勃利盆地、鸡西盆地、虎林盆地、敦化盆地、辉桦-柳河盆地、通化盆地等，西部有漠河盆地、根河盆地、拉布达林盆地、海拉尔盆地、二连盆地、大杨树盆地等，其深层结构复杂，中新生界盆地底面埋深变化较大。但是，本区曾开展过大量高精度重磁电测量工作，对区内上古生界顶面埋深进行过综合研究工作，发现本区多处中新生界盆地基底有石炭系—二叠系分布，其分布范围和厚度具一定规模，是寻找上古生界烃源岩的有望地段，对区内上古生界顶面埋深进行系统地综合研究具有十分重要的意义。

由于本区钻遇石炭系—二叠系的钻井较少，地震资料也不多，故本次对大多数地区上古生界顶面（即中新生界盆地底面埋深）的研究，主要是根据以往高精度重磁电测量工作成果和用重力 Parker 法反演计算等方法来解决上古生界顶面埋深和岩性等问题。对分布面积较大的松辽盆地、二连盆地、海拉尔盆地和三江盆地进行重力-地震联合反演和剥离法处理，并作专题研究。

二、上古生界顶面埋深特征分析

从表 7.1 和图 7.1 可以看出松辽盆地东部地区具有如下特征。

表 7.1 松辽盆地东部中新生界盆地群基础数据表

盆地名称	面积/km²	盖层	基底顶面埋深/km 一般埋深	基底顶面埋深/km 最大深度	基底岩性	盆地类型
孙吴-嘉荫盆地	22810	J、K、E、N、βQ	0.2~1.8	>2.2	γ、Pz_2	中新生代裂拗叠置盆地
汤元山盆地	6709	J、K、E、N、βQ	0.2~1.8	>2.2	γ、Pz_2	中生代拗陷盆地
伊春盆地	2719	J、K、N	0.2~1.0	>1.2	γ、Pz_2	中生代断陷盆地
鹤岗盆地	1987	K、E、N	0.2~2.4	>2.8	Pt	中新生代断陷盆地
三江盆地	36970	J_3、K、E、N	0.2~3.6	>5.6	Pt、Pz_2、γ	中新生代裂拗叠置盆地
佳木斯盆地	1522	K、E、N	0.2~1.6	>2.2	Pt、γ	中生代断陷盆地
双鸭山盆地	664	J_3、K_1、N	0.5~1.5	>2.0	γ	中生代断陷盆地
红卫盆地	581	J_3、K_1、N	0.5~1.5	>1.5	γ	中生代断陷盆地
勃利盆地	10738	J_3、K、E、N	0.2~2.6	>3.6	Pt、Pz_2、γ	中新生代断陷盆地
汤源断陷	3095	K、E、N	0.5~6.0	>6.6	Pt	中新生代地堑型断陷
依兰断隆	917	K、E、N	0.5~1.5	>2.0	γ	中新生代地堑型断陷
方正断陷	1347	K、E、N	1.0~4.5	>5.0	Pz_1、Pz_2、γ	中新生代地堑型断陷

续表

盆地名称	面积/km²	盖层	基底顶面埋深/km 一般埋深	基底顶面埋深/km 最大深度	基底岩性	盆地类型
尚志断隆	274	K、E、N	0.5~1.5	>1.5	Pz_2	中新生代地堑型断陷
胜利断陷	379	K、E	0.5~2.0	>2.3	Pt、γ	中新生代地堑型断陷
舒兰断陷	433	K、E、N	0.2~1.2	>1.6	γ	中新生代地堑型断陷
伊通盆地	2299	J、K、E、N	1.0~4.6	>5.4	γ、Pz_2	中新生代地堑型断陷
蛟河盆地	490	J_3、K	0.2~1.4	>1.6	γ、Pz_2	中生代背驮式盆地
双阳盆地	296	J、K	0.5~3.0	>3.0	Pz_2、γ	中生代前陆盆地
平岗-辽源盆地	861	J、K	0.5~5.0	>6.0	γ、Pz_1	中生代断陷盆地
虎林盆地	9878	J、K、E、N	0.5~2.0	>2.5	γ、Ar、Pt	中新生代断陷盆地
鸡西盆地	5480	J_3、K、E、N	0.5~2.5	>3.0	Ar、γ、Pt	中新生代断陷盆地
宁安盆地	4502	J_3、K、E、N	0.5~3.0	>4.0	Pt、Pz_2、γ	中新生代断陷盆地
春阳盆地	1414	K、N	0.2~0.6	>1.0	γ、Pt、Pz_2	中生代断陷盆地
敦化盆地	5032	K、E、N	0.5~3.5	>4.5	γ、Pt、Pz_2	中新生代断陷盆地
辉桦盆地	1536	J、K、E	0.2~1.5	>2.0	γ、Pz_2	中新生代裂谷盆地
梅河口盆地	482	J、K、E	0.2~1.8	>2.0	γ	中新生代裂谷盆地
样子哨盆地	1098	J	0.2~2.0	>2.6	Pz_1、Ar、Pt	中生代残留盆地
通化盆地	1618	J、K	0.2~2.8	>4.0	Ar、Pz_1、Pz_2	中生代断陷盆地
姜家街盆地	656	J、K	0.5~2.0	>2.5	Ar、γ	中生代残留盆地
木奇盆地	842	J、K	0.5~1.0	>1.5	Ar	中生代残留盆地
营房盆地	169	J	0.5~1.0	>1.0	γ、Pz_1	中生代残留盆地
拐磨子盆地	153	JK	0.5~1.5	>1.5	Pt、Ar、γ	中生代残留盆地
桓仁盆地	1499	JK	0.5~1.5	>1.5	Pt、Pz_1、γ	中生代残留盆地
东宁盆地	304	J_3、K	0.5~1.0	>1.0	Pz_2	中生代断陷盆地
老黑山盆地	1132	J_3K_1、N	0.5~1.0	>1.0	Pz_2、γ	中生代断陷盆地
罗子沟盆地	361	K	0.5~2.0	>2.0	γ、Pz_2	中生代坳陷盆地
地荫沟盆地	646	K	0.5~3.0	>3.5	γ、Pz_2	中生代断陷盆地
清溪洞盆地	192	J、K	0.5~1.0	>1.0	Pz_2	中生代坳陷盆地
珲春盆地	614	J、E	0.5~1.5	>1.5	Pz_2、γ	新生代断陷盆地
敬信盆地	107	E	0.5~1.0	>1.0	γ	新生代盆地
延吉盆地	1779	J、K、E	0.5~2.0	>3.0	Pt、γ、Pz_2	中新生代断陷盆地
和龙盆地	188	J、K	0.5~1.0	>1.0	Ar、γ	中生代断陷盆地
松江盆地	856	J、K、E、N	0.5~5.0	>7.0	Ar、Pt、γ	中新生代裂拗叠置盆地
诗满村盆地	32	K	0.5	>0.5	γ	中生代盆地
鸭绿江盆地群	12354	J、K	0.5~1.5	>2.0	Ar、Pt、Pz、γ	中生代前陆盆地
石人盆地	219	T、J、K	0.5~1.0	>1.5	Pz_1、Pt	中生代盆地
浑江盆地	98	J、K	0.5	>1.0	Pz_1	中生代盆地
果松盆地	990	T、J、K	0.5~1.0	>1.5	Pt、γ	中生代盆地
集安盆地	161	J_3、K_1	0.5~1.5	>1.5	Pt、γ	中生代盆地

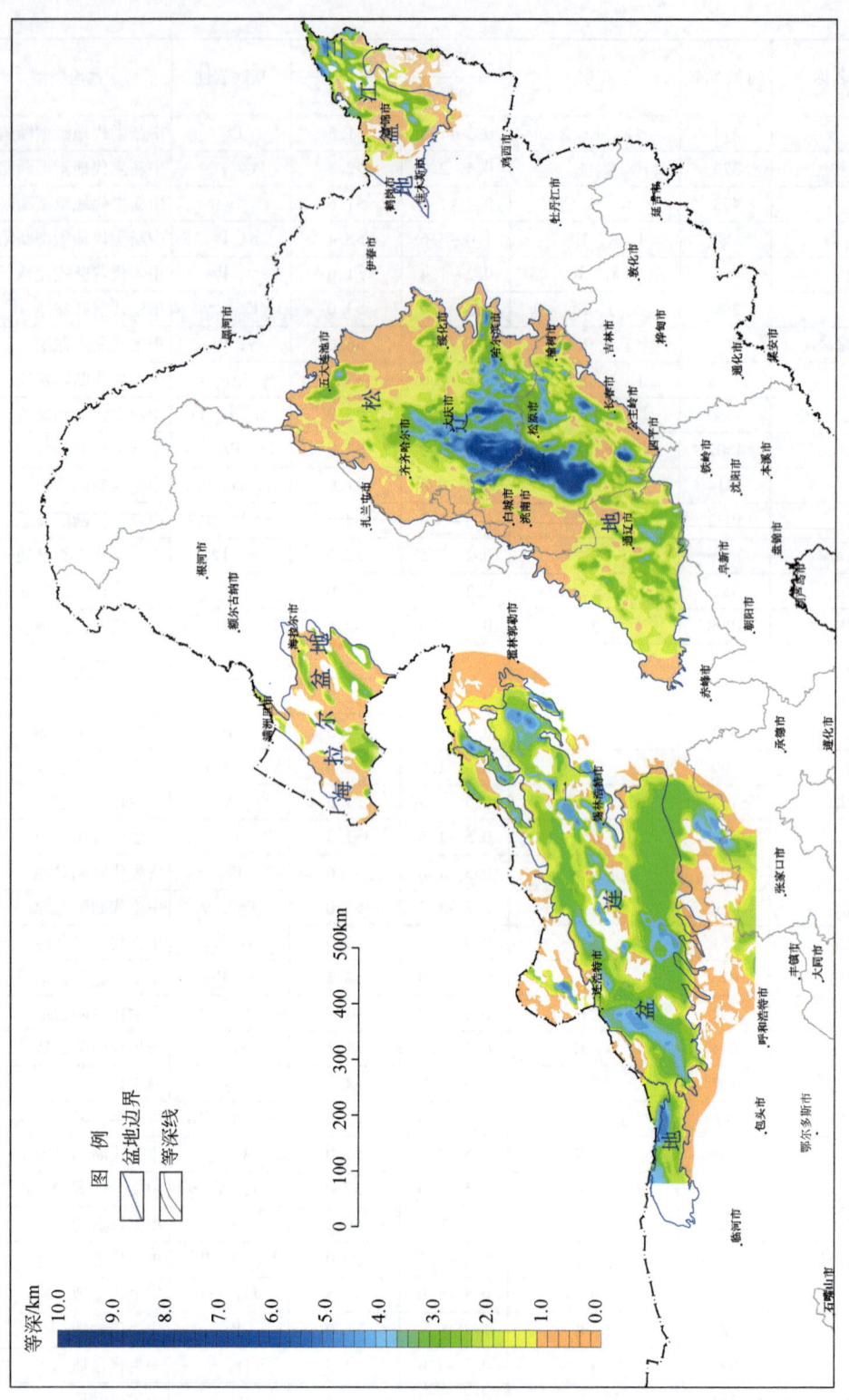

图 7.1 上古生界顶面埋深图

（1）本区除松辽盆地外，还有49个中新生代盆地，其中：分布面积最大的是三江盆地（36970km^2），最小的是诗满村盆地（32km^2）；分布面积大于5000km^{2}的有8个，即三江盆地、孙吴–嘉荫盆地、鸭绿江盆地群、勃利盆地、虎林盆地、汤元山盆地、鸡西盆地、敦化盆地。

（2）49个中新生代盆地底面埋深一般为0.2~3km，最大埋深为松江盆地7km，其次为汤原断陷6.6km、平岗–辽源盆地断陷6.0km。

（3）中新生代盆地类型大多为中生代断陷盆地，个别为中新生代叠置盆地或拗陷盆地。

（4）49个中新生代盆地中，过半数有油气显示，但钻遇工业油气的盆地仅有伊通盆地、延吉盆地和方正断陷等。

从表7.2可以看出松辽盆地西部地区具有如下几个方面的特征。

表7.2 松辽盆地西部中新生界盆地群基础数据表

盆地名称	面积/km^2	盖层	基底顶面埋深/km 一般埋深	基底顶面埋深/km 最大深度	基底岩性	盆地类型
漠河盆地	22412	J、K、E、N、βQ	2~4	>6.5	γ_2、Pt	中生代裂拗叠置
根河盆地	27885	J、K、E、N、βQ	0.5~1.0	>1.5	γ_5、Pz、Pt	中生代断陷
拉布达林盆地	16444	J、K、N、βQ	0.2~1.0	>4	γ_5、Pz、Pt	中生代断陷
海拉尔盆地	46766	K、E、N、βQ	2~3	>4.5	γ_5、Pz、Pt	中生代断陷
牙克什盆地	1383	J$_3$、K、E、N	1.0~1.5	>1.5	γ_5、Pz、Pt	中生代断陷
大杨树盆地	16424	K、E、N、βQ	1.5~2.5	>3.0	γ_5、Pz、Pt	中生代断陷
呼玛盆地	2818	J$_3$、K$_1$、N、βQ	1.5~2.0	>3.5	γ_5、Pz、Pt	中生代断陷
嫩江盆地	1591	J$_3$、K$_1$、N、βQ	1.0~1.5	>2.5	γ_5、Pz、Pt	中生代断陷
木耳气盆地	821.5	J$_3$、K、E、N、βQ	0.5~1.5	>1.5	γ_5、Pz、Pt	中生代断陷
二连盆地	172555	K、E、N、βQ	2.0~3.5	>6.0	γ_5、Pz、Pt	中新生代断陷

（1）本区除松辽盆地外，还有10个中生代盆地，其中，分布面积最大的是二连盆地（172555km^2），最小的是木耳气盆地（821.5km^2）；分布面积大于5000km^{2}的有6个，即漠河盆地、根河盆地、拉布达林盆地、海拉尔盆地、大杨树盆地、二连盆地。

（2）10个中生代盆地底面埋深一般为0.5~2.0km，最大埋深为漠河盆地6.5km，其次为二连盆地6.0km、海拉尔盆地4.5km。

（3）中生代盆地类型大多为中生代断陷盆地，个别为中新生代叠置盆地。

（4）10个中新生代盆地中，过半数有油气显示，但钻遇工业油气的盆地仅有二连盆地和海拉尔盆地。

第二节 上古生界顶面岩性分布

依据本区的地表地质露头、钻井及地震等已知资料，结合重磁异常、基岩物性特征及以往重磁力普查综合地质解释成果，综合划分了本区上古生界顶面的岩性分布。

从已知地质资料和图7.2中可知：中新生代盆地底界主要由海西期侵入岩（γ_4）、燕

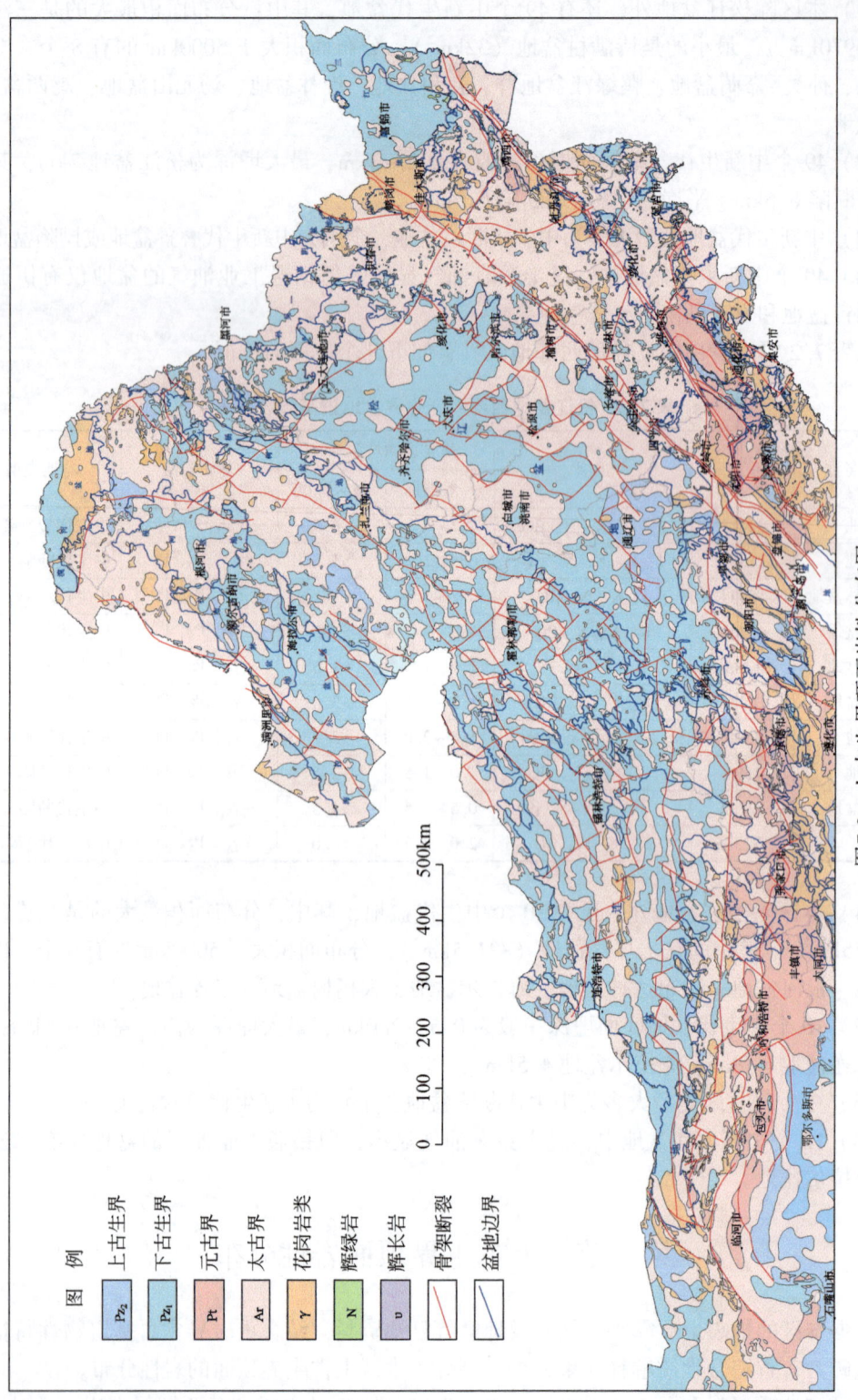

图7.2 上古生界顶面岩性分布图

山期侵入岩（γ_5）、古生界（D—S—C—P）、元古界（Pt）和太古界（Ar）组成。从已知物性参数资料可知：古生界为中高密度体和无磁性体，而中酸性岩体为中低密度体和中等磁性体。截至目前，从收集到数百口钻遇基底的钻井资料可知：已知钻遇到古生界的钻井大部位于磁力低和重力高异常附近。综上所述，可根据低缓的局部磁力低异常和重力高值异常来圈定古生界的分布；已知钻遇到岩体的钻井大部分位于磁力高和重力低异常附近，故可根据磁力高和重力低圈定岩体的分布。

从中新生代盆地底面（相当上古生界顶面）岩性分布图可以看出：

(1) 本区中新生代盆地底面（相当于上古生界顶面）岩性以中酸性侵入岩为主，次为古生界。

(2) 区内侵入岩体大多沿深大断裂展布，主要分布在微板块缝合线和吉黑造山带一线；区内侵入岩体以中-酸性花岗岩类（γ）为主，中性闪长岩（δ）次之。

(3) 本区太古界主要分布在赤峰-开原岩石圈断裂一线以南的华北地块上，本区元古界主要分布在华北地块和佳木斯地块基岩出露区。

(4) 上古生界分布全区，但赤峰-开原岩石圈断裂南、北沉积类型不一，南面主要属华北地台区，北部主要属佳蒙地块区，两区上古生界岩性和沉积相有明显差异，分属两大地层分区。

(5) 下古生界主要分布在西拉木伦河岩石圈断裂以南，南面地层主要位于华北地台区和华北地台北缘增生带。

第三节　主要盆地上古生界顶、底面构造特征

一、松辽盆地上古生界顶、底面构造特征

针对松辽盆地上古生界顶、底面深度和厚度的综合研究工作由吉林油田承担子项目《松辽盆地及外围上古生界油气资源战略选区》，并委托江苏省有色金属华东地质勘查局八一四队完成外协项目《松辽盆地重磁连片处理和解释》；分别于2010年和2011年完成，目前已全部完成外协项目的任务和要求，于2012年2月17日在北京温泉宾馆由油气中心组织有关专家经验收合格，编写了《松辽盆地重磁连片处理和解释》综合成果报告。

解决松辽盆地上古生界顶、底面深度和厚度的思路是利用松辽盆地历年来已知的地震和钻井等资料，建立盖层的地质-地球物理模型，然后用均匀控制全盆地的24条重力-地震联合剖面正反演定量计算，来划分基底岩性和上古生界顶、底面深度和厚度。

（一）上古生界顶面岩性分布特征

从图7.3可以看出：

(1) 本区上古生界顶面岩性以中酸性侵入岩为主，古生界次之，仅南部和北部局部地段零星有元古界深变质岩残块分布。

(2) 区内侵入岩体沿深大断裂展布，主要分布在西部斜坡区洮南—白城一线和东南隆

起区榆树附近，中央隆起区扶余—伏龙泉一线有小面积分布；区内侵入岩体以中-酸性花岗岩（γ）为主，闪长岩（δ）次之。

（3）上古生界在东、西断陷区连片分布，东南隆起区和西部斜坡区零星分布，下古生界主要分布在西拉木伦河断裂以南开鲁断陷。

（4）工区南部十屋附近有元古界深变质岩大块零星分布，钻遇元古界深变质岩的钻井，北部有河1井和纳7井；南部有杨202井、杨203井、杨205井、史1井、TG1井、SN156井和十屋8井等。

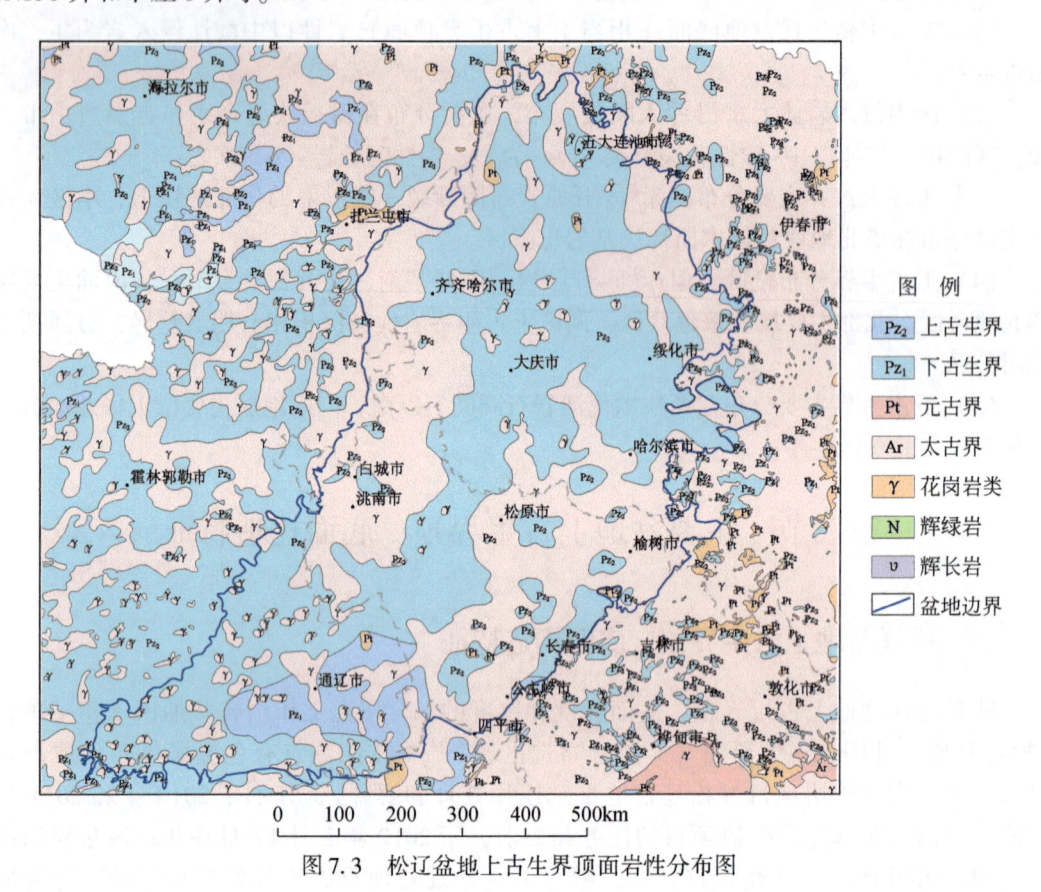

图7.3 松辽盆地上古生界顶面岩性分布图

（二）上古生界顶面等深图

上古生界顶面等深图如图7.4所示，从图7.4可以看出：

（1）本区上古生界顶面构造线总体走向以北北东、北东向为主。其中，西部斜坡区、西部断陷区、古中央隆起区和东部断陷区以北北东向为主；东南隆起区以北东向为主。

（2）上古生界顶面埋深呈"一坡二隆夹三拗"特征，即西部斜坡区、古中央隆起区、东南隆起区、西部断陷区、中部断陷区、东部断陷区。顶面起伏幅度在-0.2～-9.6km，其中，顶面最深处在长岭断陷乾安次凹，埋深为-9.6km，顶面最浅处在西部断陷区和东南隆起区，埋深为0～-0.2km，古中央隆起区顶面最浅处在松原市和杨大城子附近，扶深

4井1488m见花岗岩，南60井774m见二叠系林西组片岩，杨104井795m见侏罗系安山岩和二叠系林西组板岩。

（3）上古生界顶面构造具有"东西分带、南北分块"的特点，即凸起（或次凸）与拗陷（或次凹）呈北北东向的、条带状的相间分布，而且被后期北西向平移断裂错断，呈"南北分块"。

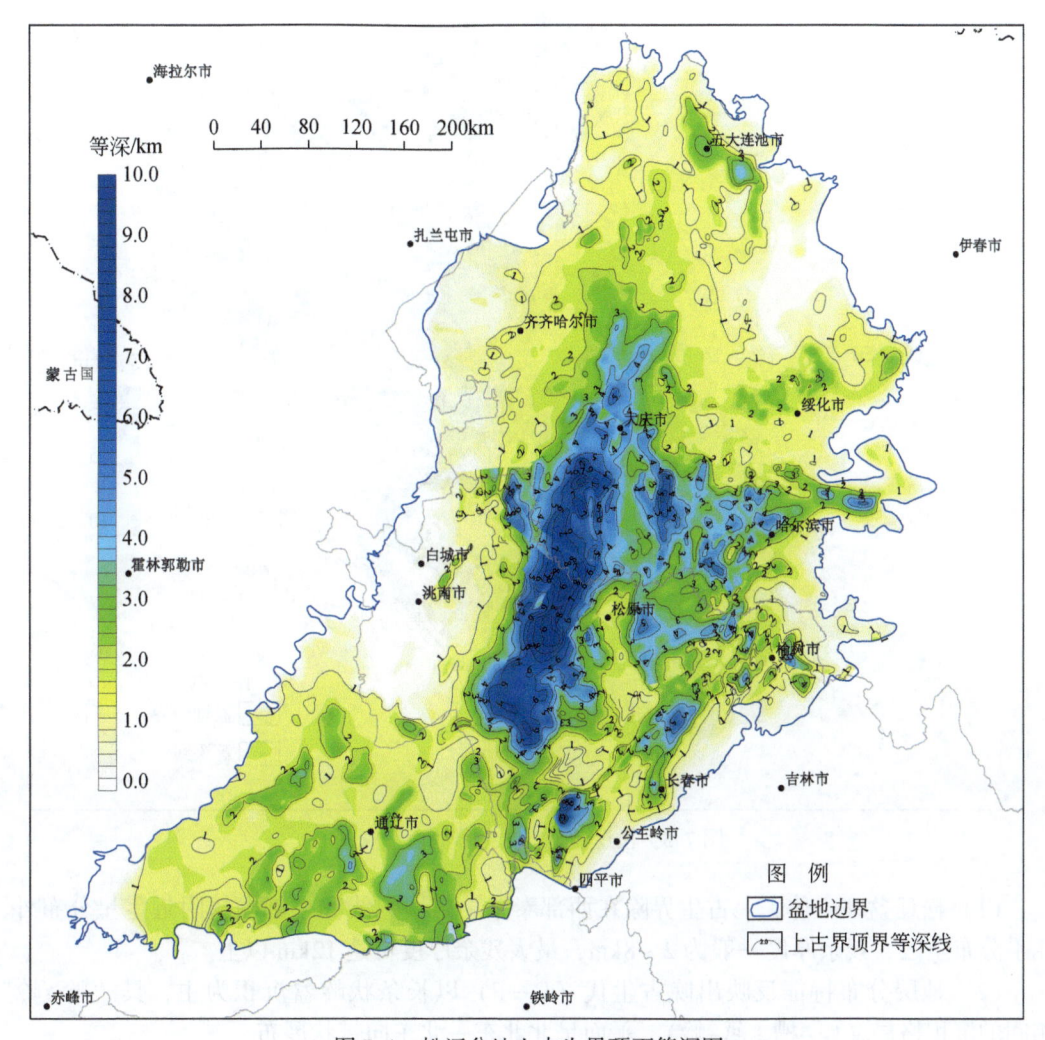

图7.4 松辽盆地上古生界顶面等深图

（4）由于剖面初始模型中的上古生界顶面是根据已知钻井资料和大庆-吉林油田最新二维地震剖面建立，T_5以上均按已知二维地震构造层成果未做大改动，仅根据剩余密度差改变上古生界底界线。故在拟合计算过程中，由重力-地震剖面计算的上古生界顶面埋深是可靠的，误差一般小于500m。

（三）上古生界底面等深图

上古生界顶面等深图如图7.5所示，从图7.5可以看出：

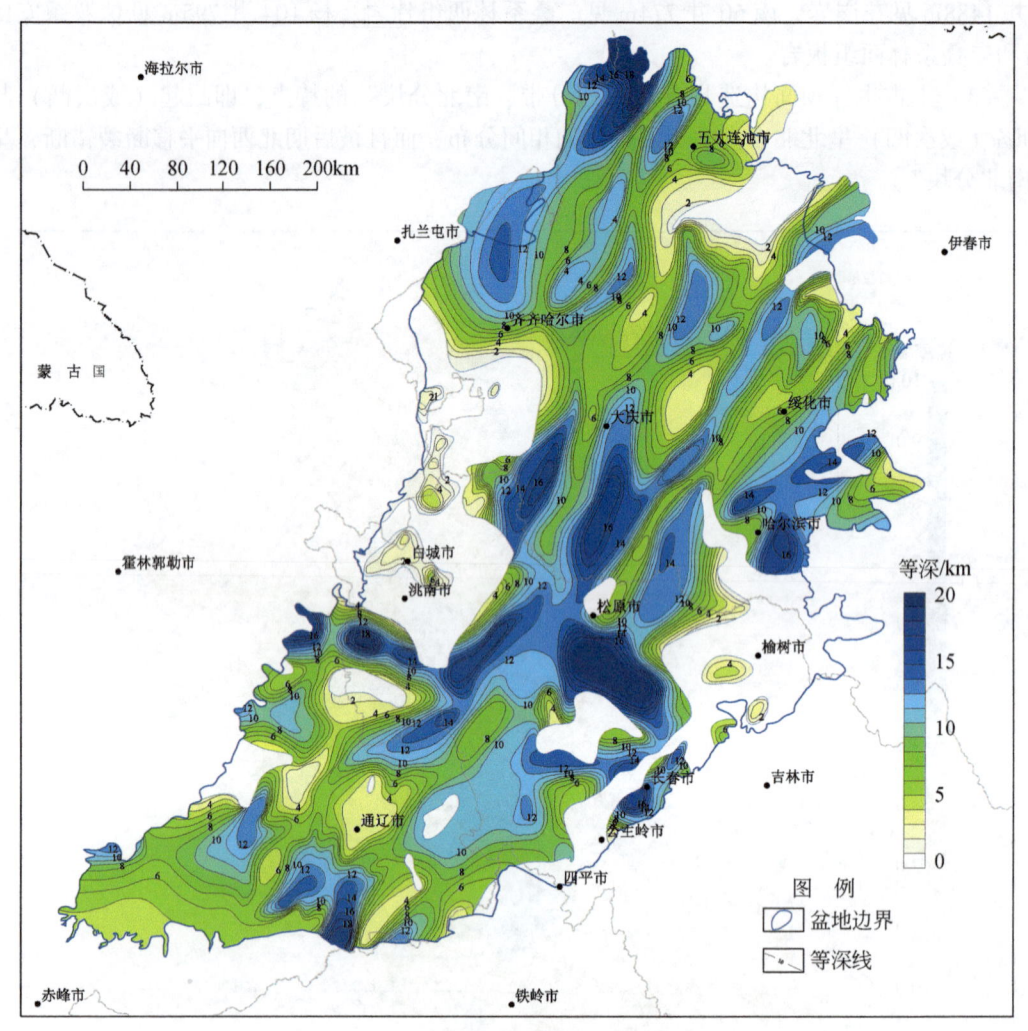

图 7.5　松辽盆地上古生界底面等深图

（1）松辽盆地主体，上古生界除在西部泰来—白城一线和东部榆树附近零星分布外，几乎分布全区，残余厚度一般为 2~8km，最大残余厚度可达 12km 以上。

（2）地层分布特征反映出晚古生代（C—P）以长条状岭盆沉积为主，具"岭-岭"相间的沉积格局（厚-槽，薄-岭），平面呈北北东—北东向带状展布。

（3）根据上古生界底面分布特征及其厚度变化，可划分为"四带、一区"，即西缘带、西带、中带、东带和西南区。

（四）上古生界等厚图特征分析

根据 24 条重力-地震剖面人机联作选择法定量计算结果和上古生界顶、底面等深图，可勾绘出上古生界等厚图（图 7.6），从图 7.6 可以看出：

根据上古生界分布特征及其厚度变化，可划分为"四带、一区"，即西缘带、西带、中带、东带和西南区，编号为 H1、H2、H3、H4、H5。

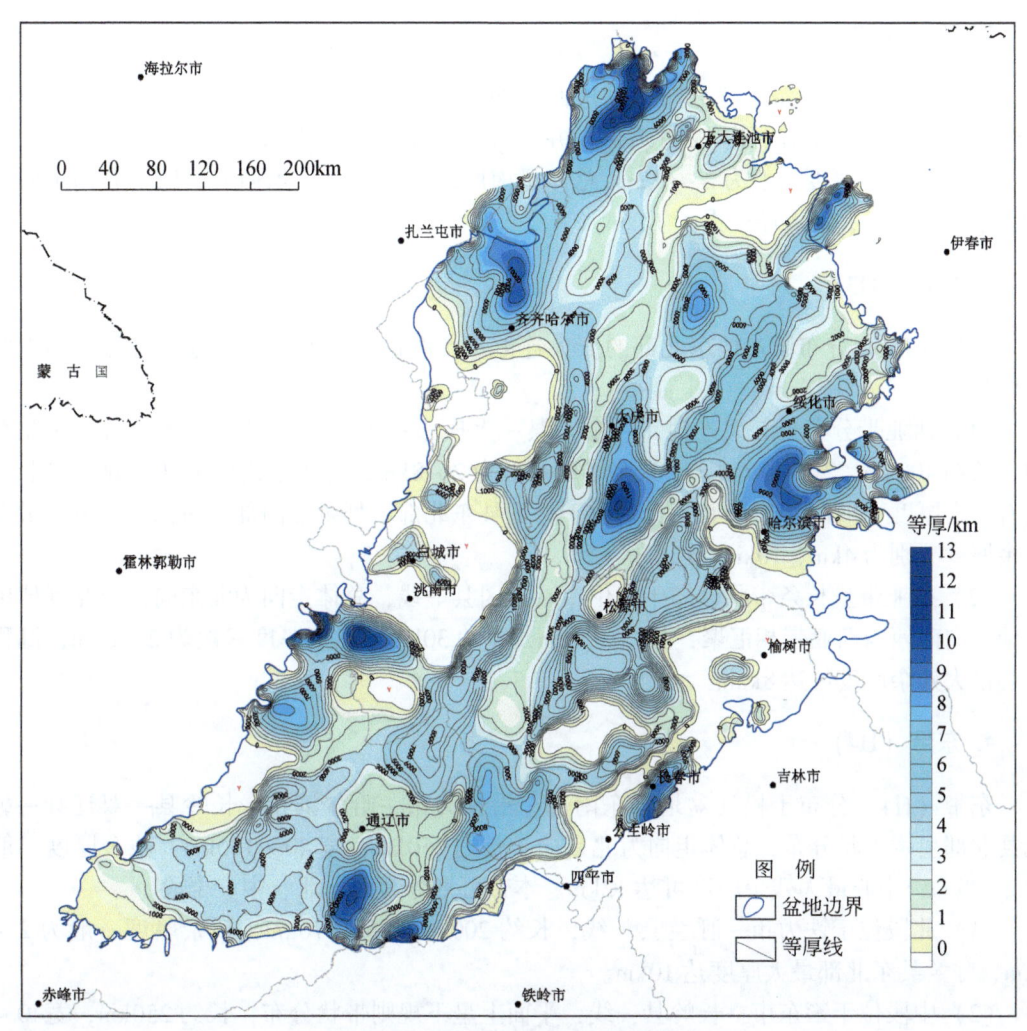

图 7.6 松辽盆地上古生界等厚图

1. 西缘带（H1）

西缘带（H1）位于松辽盆地的西侧，沿嫩江县—齐齐哈尔市—白城市—兴龙山镇一线分布。长约670km、宽约80km，总体走向为北北东向，分为南、北、中三段。

（1）北段在齐齐哈尔市—嫩江县一线，长约300km、宽约90km，残余厚度一般为2~10km，有两个明显的沉积（厚度）中心，分别位于齐齐哈尔市以北和嫩江县以东地区，最大残余厚度分别为10km和12km。

（2）中段在泰来—白城一线零星分布，主要为花岗岩体中的捕虏体或分布在花岗岩体之下，残余厚度一般为2~4km。

（3）南段在洮南市以南地区，长约130 km，宽约80km，残余厚度一般为2~8km，中心最大厚度达12km以上，向盆外突泉县方向延伸。

2. 西带（H2）

西带（H2）呈长条带状分布于盆地西部的五大连池西—依安县—杜深101井—英深1井—洮30井—通1井—南12井—保6井一线，总体走向为北北东向，长约600km，宽30～60km，残余厚度一般为2～6km，总体呈南厚北薄变化，杜尔伯特县以南有两个明显的残余厚度中心，最大厚度大于10km。

3. 中带（H3）

中带（H3）分布于盆地东北部的五大连池市、海伦市、安达市等地，可分为如下两个亚带：

（1）西亚带分布于五大连池市—泰来县—大庆市—永乐镇一线，总体走向为北北东向，长约400km，宽30～60km，残余厚度一般为2～8km，总体呈南厚北薄变化。自北向南有三个厚度（或沉积）中心，分别位于德都县东北部、拜泉县南部、昌德镇一带，最大残余厚度分别为4km、10km、12km。

（2）东亚带呈长条带状分布于海伦市—青冈县一线，总体走向为北东向，向北延伸出盆地，向南西与西亚带相汇聚，长约300km，宽约30km，残余厚度一般为2～8km，沉积中心最大残余厚度可达8km。

4. 东带（H4）

东带（H4）分布于松辽盆地的东南部，沿铁力市—哈尔滨市—长岭县—双辽县—彰武县北部呈宽带状分布，总体走向为北东向，长约650km，宽40～100km，残余厚度一般为2～8km，中心最大残余厚度可达12km。本带可划分为南、北、中三个段。

（1）北段位于铁力市—呼兰县一线，长约200km，宽约70km，残余厚度一般为2～8km，呼兰县东北部最大厚度达10km。

（2）中段位于肇东市—长岭县一线，平面上呈不规则带状分布，长约250km，宽40～100km，残余厚度一般为2～8km，中心最大残余厚度达12km。

（3）南段在双辽县–彰武县北地区，向盆南彰武县延伸，长约200 km，宽约50km，残余厚度一般为2～8km，中心最大残余厚度达12km以上。

5. 西南区（H5）

西南区（H5）上古生界呈连片分布，基本上承继了松辽盆地主体沉积格局。残余厚度一般为2～6km，有两个明显的厚度中心，分别位于开鲁县西部和通辽市以南地区，最大残余厚度为10km。

另外，长春市附近地区也有分布，一般厚2～8km，最厚10km。

总之，本区上古生界呈北北东向，四条厚、薄相间，长条带状展布的特征。

二、三江盆地上古生界顶、底面构造特征

三江盆地位于黑龙江省东北部，西起佳木斯，东至乌苏里江和完达山，北临黑龙江与

俄罗斯隔江相望,南至双鸭山分水岭,地处黑龙江、松花江和乌苏里江三江汇合之处的三江平原地区,呈北东向展布,与俄罗斯境内中阿穆尔盆地连为一体,俄罗斯境内面积约56640km², 我国境内面积约33730km²。图7.7为三江盆地地理位置图。

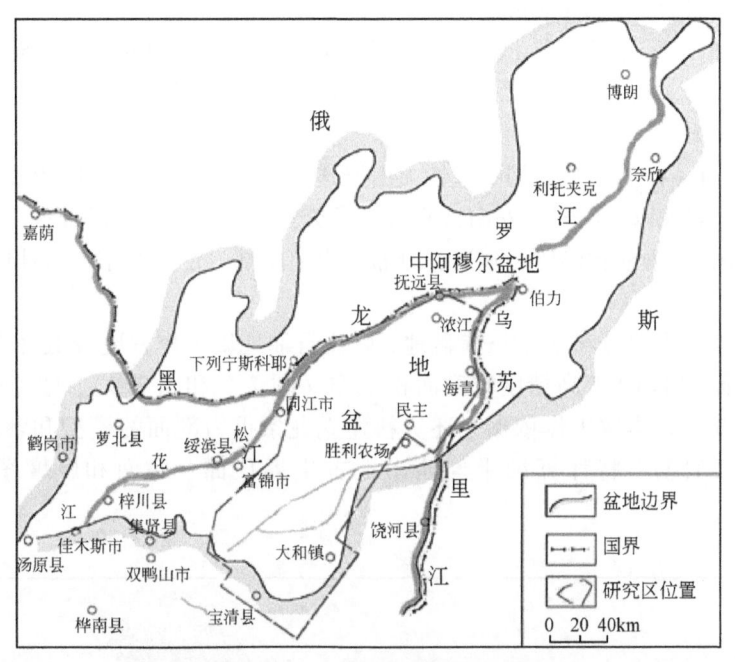

图7.7 三江盆地地理位置图

三江盆地属元古界、古生界和下中生界拼合基底之上发育起来的中新生代裂拗叠置型盆地。盆地内存在北东向展布的东西两大拗陷,西部绥滨拗陷勘探程度较高,油气远景较好;东部前进拗陷勘探程度较低,油气远景尚不够清楚。

三江盆地古生界以上古生界为主,位于佳木斯地块东缘,断续分布于富锦—宝清一线。为频繁震荡式海陆交互相的酸性、中酸性、中基性火山喷发与陆源碎屑沉积,变质程度较浅。下古生界不发育。

上古生界地层有泥盆系黑台组（$D_{1-2}h$）、老秃顶山组（D_3l）和七里卡山组（D_3q）,石炭系北兴组（C_1b）和珍子山组（C_2z）,二叠系二龙山组（P_1e）和红山组（P_2h）。

黑台组（$D_{1-2}h$）为一套滨-浅海相陆源碎屑岩-碳酸盐岩建造,分布于宝清西部,呈近南北向带状展布。下部以砂岩、砂砾岩、板岩为主;中部为灰岩、生物灰岩、结晶灰岩、砂岩和泥岩;上部为砂岩、板岩互层,夹中酸性凝灰岩、凝灰质砂岩。厚2115m,不整合于元古代和早古生代花岗岩岩体之上。

老秃顶子组（D_3l）为一套陆相中酸性火山岩建造,夹碎屑岩沉积。呈近南北向条带状分布于宝清西部。岩性以流纹岩、安山岩及其凝灰岩、角砾岩为主,夹凝灰质砂岩、泥页岩等,厚387~786m,与黑台组呈整合接触。

七里卡山组（D_3q）呈近南北向条带状分布于宝清西部,为一套陆相中酸性火山岩-碎屑岩建造。岩性以凝灰岩、板岩、细砂粉砂岩为主,夹英安质凝灰岩、流纹凝灰熔岩,厚 325~710m，与老秃顶子组呈整合接触。

北兴组（C_1b）为一套海相-陆相中酸性火山岩与碎屑岩建造。呈近南北向条带状展布于宝清县西部，与下伏七里卡山组呈整合接触。下部为英安质凝灰岩，中部为浅变质粉砂岩，上部以板岩为主，厚 630m。

珍子山组（C_2z）零星分布于富锦、宝清一带。为粗细相间的韵律性陆相含煤碎屑岩沉积。岩性以砂岩、板岩为主，夹煤层，下部粒度粗，上部粒度细，板岩增多，含煤层，厚 763m。

二龙山组（P_1e）为一套陆相中基性火山岩建造，呈近南北向窄带状或北东向岩块分布于宝清一带。岩性以安山岩、安山玄武岩、凝灰岩为主，夹砂质板岩等，厚 978m。

红山组（P_2h）为陆相碎屑岩建造，分布于宝清南部，走向北东。岩性以砾岩、砂岩、黏土岩为主。

本区上古生界主要分布于东三江盆地，以往石油地质工作程度较低（图 7.7），仅开展二维地震剖面和 1/10 万高精度重磁面积工作（图 7.8 和图 7.9），施工东基 1 井、东基 2 井和东基 3 井。本次工作依据上述资料建立九条重力剖面的模型和参数，然后进行重力正反演定量计算，将计算结果勾绘出上古生界顶面、底面和厚度图（图 7.10~图 7.12）。

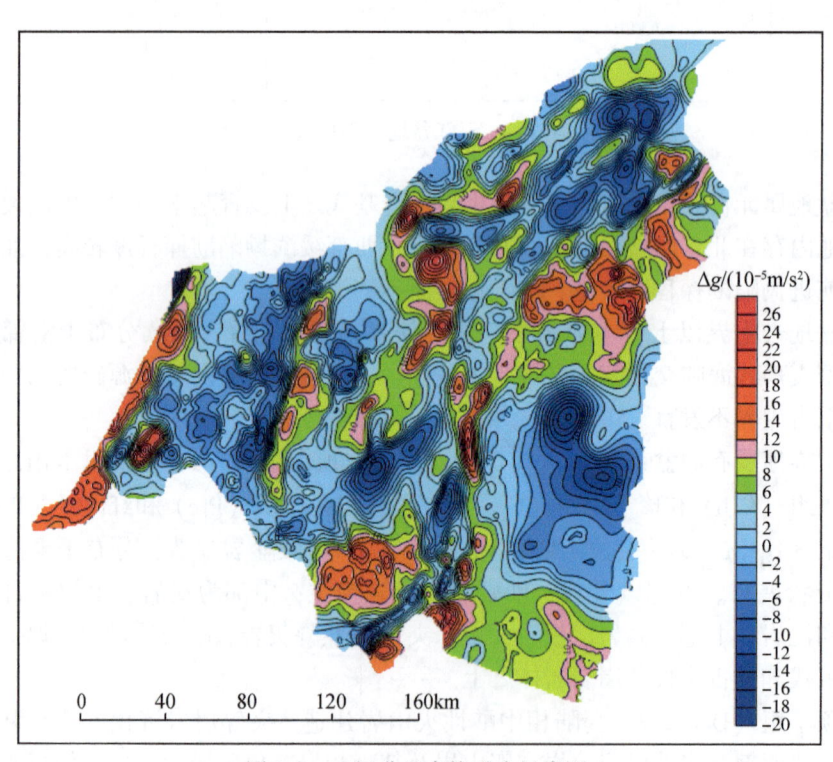

图 7.8 三江盆地布格重力异常图

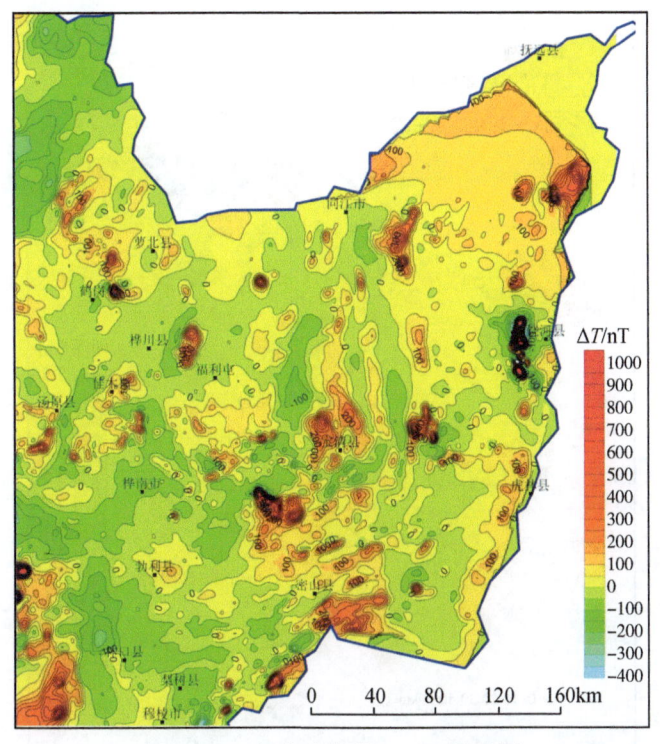

第七章 上古生界分布与构造单元划分

图7.9 三江盆地航磁（ΔT）异常图

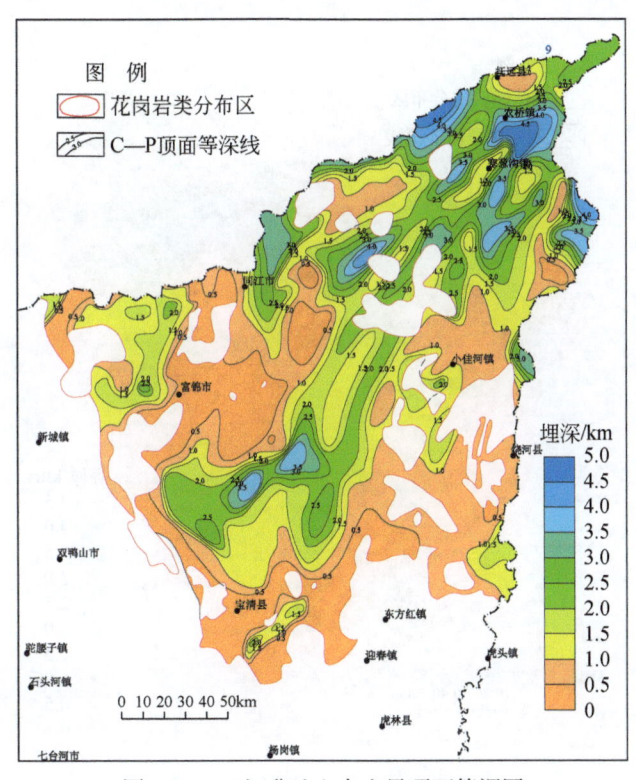

图7.10 三江盆地上古生界顶面等深图

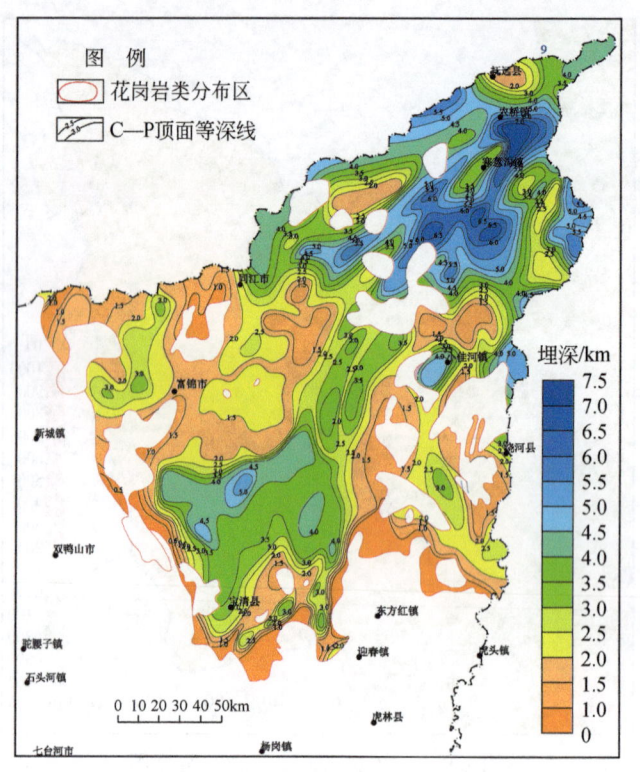

图 7.11　三江盆地上古生界底面等深图

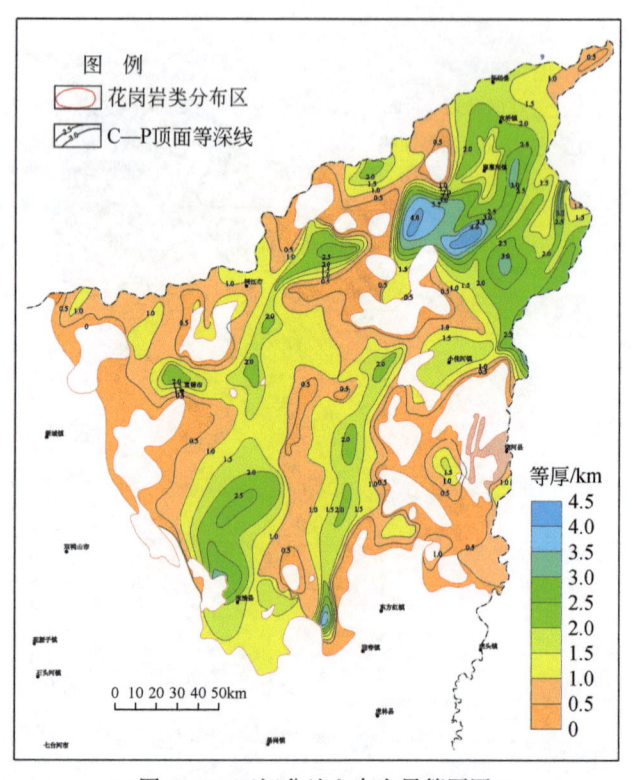

图 7.12　三江盆地上古生界等厚图

从上古生界顶面等深图（图7.10）可以看出：

（1）顶面埋深总趋势为"二隆夹一拗"，西部富锦隆起附近顶面埋深0~0.5km，东部小佳河-饶河县隆起附近顶面埋深0~1.5km，中部拗陷顶面埋深3.5~4.5km（东北部农桥镇深达4.5km，西南部宏胜镇深达3.5km），构造总体呈北东向，说明本区中新生界沉积主要分布在本区中部，东西两侧主要是隆起。

（2）中新生界沉积格局呈"东西分带，南北分块"，即自西向东分布有绥滨县-中仁镇凹陷、锦山镇-二龙山镇凸起、友谊县-宏胜镇-农桥镇凹陷、小佳河镇-东方红镇凸起、饶河凹陷；自东北向西南有多个被北西向断裂错开的凹、凸块体。说明本区中新生界沉积主要受北东向和北西向断裂控制。

从上古生界底面等深图（图7.11）可以看出：

（1）底面埋深总趋势为"二隆夹一拗"，西部富锦隆起附近基底埋深约1km，东部小佳河-饶河县隆起附近基底埋深约1.5km，中部拗陷基底埋深5~7km（东北部农桥镇深达7km，西南部宏胜镇深达5km），构造总体呈北东向。

（2）底面埋深由西向东呈隆拗相间分布，最西部绥滨县-中仁镇一带呈次拗，最大埋深为3.0km；向东绥东镇-富锦市一带呈次凸起，埋深为1.5~1.0km；中部分南北两个拗陷，南部宏胜镇-友谊县拗陷最大埋深为5km，北部农桥镇拗陷最大埋深为6.5~7.0km；再向东小佳河镇-东方红镇一带呈大面积隆起，底面深度在1.5km左右；再向东至边界又为局部拗陷，最大埋深达5.5km。

（3）确定那丹哈达外来体西边界。

综上所述，本区上古生界呈"二隆一拗"构造格局，中部分布南北两个规模较大的拗陷，与中新生界沉积特征一致。

从上古生界等厚图（图7.12）可以看出：

（1）上古生界主要分布在呈北东走向的四个拗陷中，即二龙山拗陷（最大厚度约2km）、寒葱沟镇拗陷（最大厚度约4km）、青原镇拗陷（最大厚度2.5~3km）、宏胜镇拗陷（最大厚度2.0~3.5km），其余地区厚度较小，一般在0.5km左右。

（2）上述拗陷中以寒葱沟镇拗陷分布面积最大，约8000km^2（长100km，宽80km），最大厚度达4km；青原镇拗陷分布面积次之，约3600km^2（长80km，宽45km），最大厚度达3km；宏胜镇拗陷分布面积约3500km^2（长140km，宽25km），最大厚度达3.5km。

三、海拉尔盆地上古生界顶、底面构造特征

海拉尔盆地位于内蒙古呼伦贝尔草原，与塔木察格盆地为统一盆地（图7.13）。盆地总面积7.96万km^2，其中，海拉尔盆地4.42万km^2、塔木察格盆地3.54万km^2。凹陷22个，面积3.6万km^2，其中，海拉尔盆地16个，2.5万km^2；塔木察格盆地6个，1.1万km^2。

1. 地层岩性与分布

海拉尔盆地地区地层简表见表7.3。

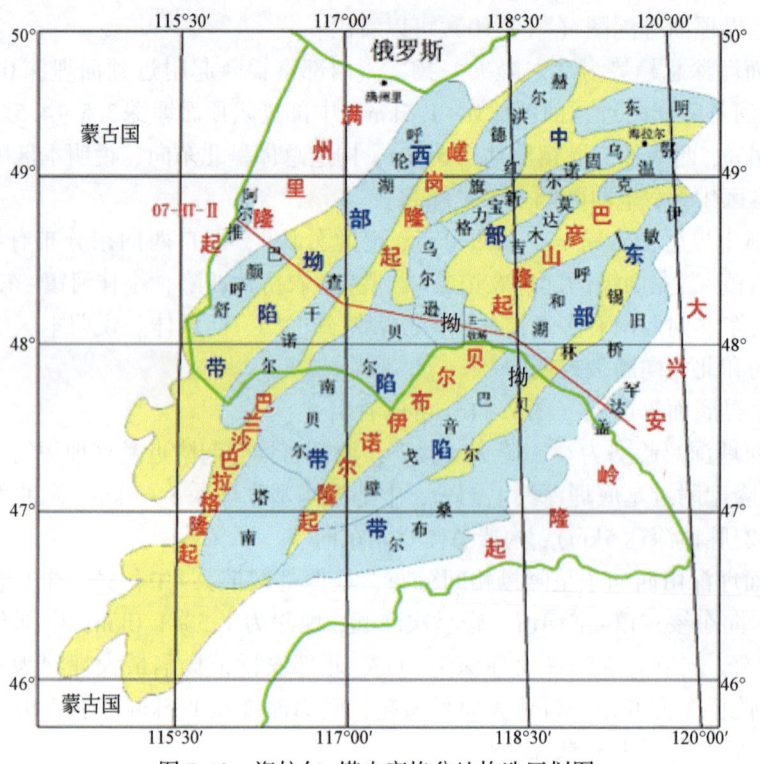

图 7.13　海拉尔–塔木察格盆地构造区划图

表 7.3　海拉尔盆地地区地层简表

地层层序			反射层	岩性特征	厚度/m
第四系			Q	砂、砾、土	
新近系—新近系			N—E	砂砾岩、泥岩	9~398
中生界	青元岗组		K_2q	红色砂砾岩、粉砂岩	
	伊敏组	三段	K_1y^3	灰白色砂岩、灰绿色泥岩	198~1387
		二段	K_1y^2	T_{04}	灰色泥岩、厚砂岩，含煤	
		一段	K_1y^1		灰色泥岩、厚砂岩，含煤	
	大磨拐河组	上段	K_1d^2	T_2	大段黑色泥岩夹少量砂岩	199~816
		下段	K_1d^1		厚层黑色泥岩夹中薄层砂岩	
	南屯组	上段	K_1n^2	T_{22}	砂泥岩互层夹煤层	34~966
		下段	K_1n^1		较纯泥岩夹砂岩	
	铜钵庙组		K_1t	T_3	砂砾岩夹砂泥岩、凝灰岩	0~747
	塔木兰沟群		J_3tm	T_4	泥岩、砂砾岩，含煤与火山岩	99~1038
古生界	布达特群		B	T_5	泥岩、粉砂岩、砂砾岩与火山岩	0~194
	古生界		Pz		板岩、泥板岩夹砂岩、灰岩、安山岩	
	元古界		Pt		变质岩	

1）第四系—青元岗组（Q—K₂q）

第四系—青元岗组（Q—K₂q）为盆地发育晚期形成的内陆河流相红色碎屑建造。沿线查干诺尔凹陷、呼伦湖凹陷、东明凹陷等仅有第四系分布，其他凹陷中大部分三层均有分布。岩性以杂色、红色砂砾岩为主，含粉砂岩、泥岩。乌尔逊凹陷北部青元岗组含煤，第四系多为黄色砂砾岩或淤泥。该套地层组成拗陷萎缩期构造层（上构造层），常呈大片披盖状覆于盆地各凹陷之上，甚至部分凸起之上，厚度小于400m。以乌尔逊凹陷最厚，两侧贝尔凹陷、呼和湖凹陷次之，查干诺尔凹陷最薄，仅有第四系，厚9m。

2）伊敏组—大磨拐河组（K₁y—K₁d）

伊敏组—大磨拐河组（K₁y—K₁d）为盆地发育中期形成的河流湖沼相含煤建造。此组地层凹陷中均存在，厚度较大，约占整个凹陷内地层的1/3～1/2。伊敏组以灰色泥岩、厚砂岩为主，含煤；大磨拐河组以黑色大段泥岩为主，夹砂岩。该套地层组成拗陷构造层（中构造层），其分布范围主要限于凹陷之内，大磨拐河组有时溢出凹陷，出露于部分凸起区，平均厚1070m。以查干诺尔凹陷最厚，鄂温克凹陷最薄。

3）南屯组—铜钵庙组（K₁n—K₁t）

南屯组—铜钵庙组（K₁n—K₁t）为断陷中期形成的上部三角洲相含煤建造与下部洪积相磨拉石建造沉积。凹陷中鄂温克、伊敏、旧桥可能缺失铜钵庙组，其他凹陷均有分布。分布范围较中构造层小，为范围最窄的断陷期沉积地层组合。该套地层组成断陷构造层（下构造层）的上部组合，平均厚830m，由西向东厚度由厚变薄。以新宝力格凹陷最厚，呼和湖凹陷、旧桥凹陷最薄。该组合在露头区名为上库力组（J₃S）。

4）塔木兰沟组（J₃tm）

塔木兰沟组（J₃tm）为火山岩与沉积岩组合。以往多将其岩性描述为中基性与中酸性火山岩，中部含煤。但在钻井资料中，由西向东，巴彦呼舒凹陷至乌尔逊凹陷的岩性以泥岩、粉砂岩向砂砾岩增多变化；含凝灰岩较多，夹安山岩、英安岩、玄武岩。呼和湖凹陷以凝灰岩、安山岩、玄武岩等成分为主，含煤。旧桥凹陷中又以泥岩、泥质粉砂岩、砂砾岩为主。可见其岩性变化较大。凹陷区沉积岩成分明显比露头区（凸起）多，火山岩相对较少。该群多未钻穿，钻遇厚度99～1083m，为下构造层的下部火山岩层位，是盆地断陷期早期的火山活动与洼地沉积的产物。这一部分成为断陷构造内下部的充填物，而与上部沉积地层南屯组、铜钵庙组共同组成"下火上水"的断陷期构造层（下构造层）。

塔木兰沟组在凹陷中均有分布，而且在外围也广泛分布，常与其上覆的上库力组沉积层充填于外围凹陷中。

5）布达特群（B）

布达特群见于贝尔凹陷、乌尔逊凹陷南部，钻遇厚度148～194m。其他凹陷未见或未钻达。井中岩性为泥岩、粉砂岩、砂砾岩，含凝灰岩、安山岩、玄武岩。该群的时代归属尚未确定，根据吉林大学彭晓蕾教授绝对年龄测定成果，本书暂将其归于早石炭世—晚二叠世。

6）古生界（Pz）

盆地外围的北部与东部，在花岗岩中广泛发育镶嵌其中的古生界地层。多为石炭系—奥陶系，二叠系主要见于大兴安岭南段，寒武系出露少而零星。

上古生界主要岩性为砂岩、泥岩、泥板岩，夹灰岩、火山岩。下古生界岩性主要为粉砂岩、砂岩、板岩，夹灰岩、黑色页岩、火山岩。

古生界在盆地内的凸起单元中偶见出露。

7）元古界（Pt）

元古界为本区出露最古老的岩石，为变质岩群。

上元古界包括两个组：①震旦系额尔古纳河组（Zer），为碳酸盐岩夹板岩、片岩，零星出露于研究区盆地以外的西侧与西北侧。②青白口系佳疙瘩组（Qbj）为绿泥片岩、石英片岩、浅粒岩，主要分布于嵯岗隆起及其两侧，以及研究区西北一片。

下元古界兴华渡口群（Pt₁x），为斜长角闪岩、片麻岩、片岩、变粒岩、混合岩等，主要分布于大兴安岭北段，零星见于海塔盆地外缘北侧。

2. 物性特征

海拉尔盆地地层综合物性特征见表7.4。

表7.4 海拉尔盆地地层综合物性特征表

构造层	层位		密度 /(g/cm³)		磁化率 /(4π×10⁻⁵ SI)		电阻率 /(Ω·m)		物性特征
盖层	上	Q—K₂q	2.02		40		13		低密度弱磁中低阻
	中	K₁y	2.10	2.20	30	24	7	6	低密度弱磁低阻
		K₁d	2.28		22		5		
	下	K₁n	2.36	2.47	28	24	9	26	中低密度弱磁中低阻，下部含强磁性、中阻层
		K₁t	2.47		19		32		
		J₃tm	2.53		50~250		59		
基岩	B	J₂	2.63	2.62	33	21	45		中密度弱磁中阻
		Pz₂	2.65	2.68	40		60~170		高密度弱磁中高阻
		Pz₁	2.70						
		Pt	2.77		15~180		100~1000		高密度较强磁高阻
		γ	2.58		16~180		100至数千		中密度较强磁高阻

3. 中生界盆地基底岩性

由两条电法剖面和重磁异常综合地质解释结果可知：海拉尔盆地上古生界主要分布在盆地内中生代凹陷之下，呈整体分布，局部岩体侵入；盆地外零星分布。

剥离盖层重力效应后的剩余重力异常图（图7.14），反映了基底岩性特征。

盆地内主要为重力高区，反映上古生界地层分布；盆地东西两侧主要为重力低区，反映侵入岩体分布。

4. 八条重力-地震联合正反演剖面图

根据垂直海拉尔盆地主要构造北东向均匀分布全区的八条重力-地震联合正反演剖面计算成果，勾绘出海拉尔盆地上古生界顶、底面等深图和上古生界等厚图（图7.15~图7.17）。

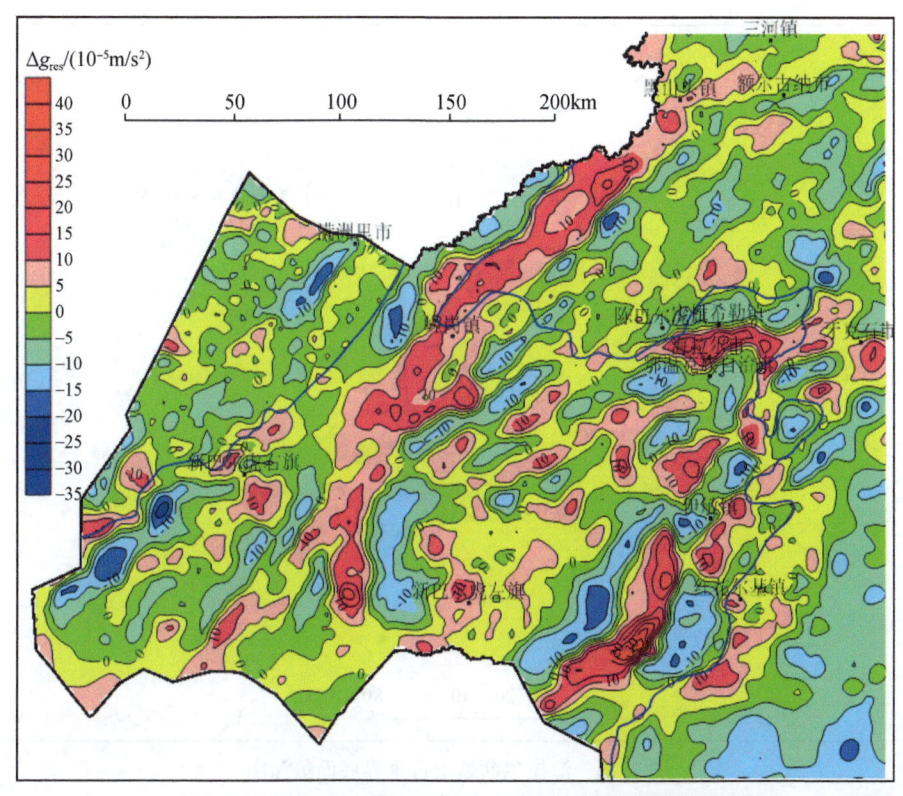

图 7.14　海拉尔盆地剥离盖层重力效应后的剩余重力异常图

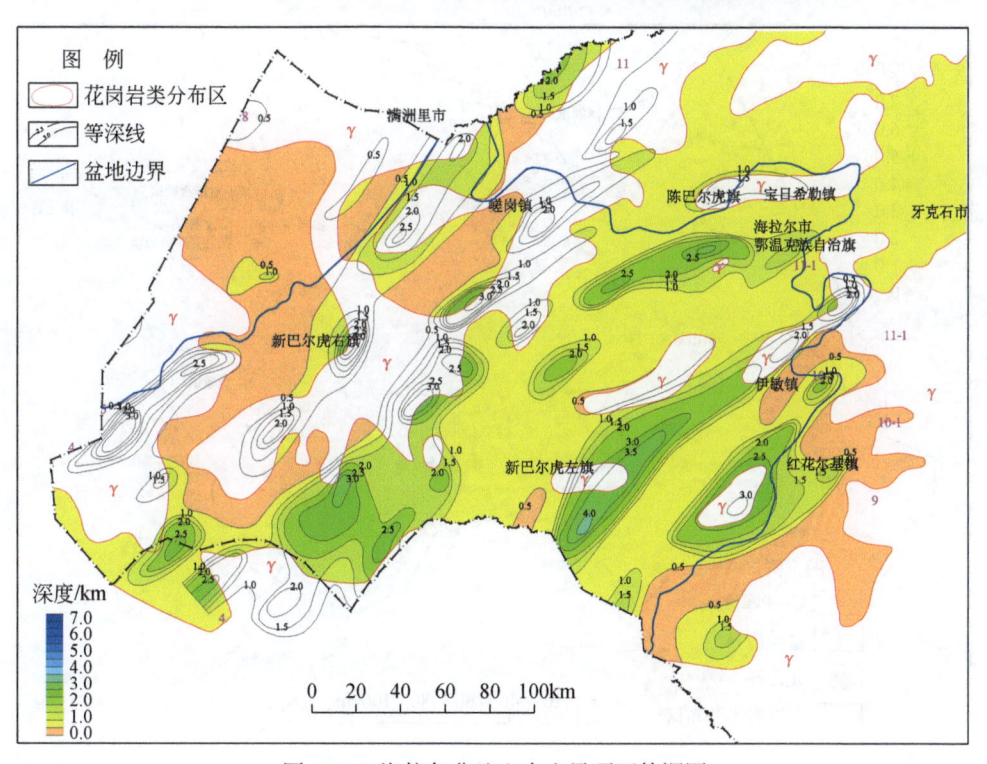

图 7.15　海拉尔盆地上古生界顶面等深图

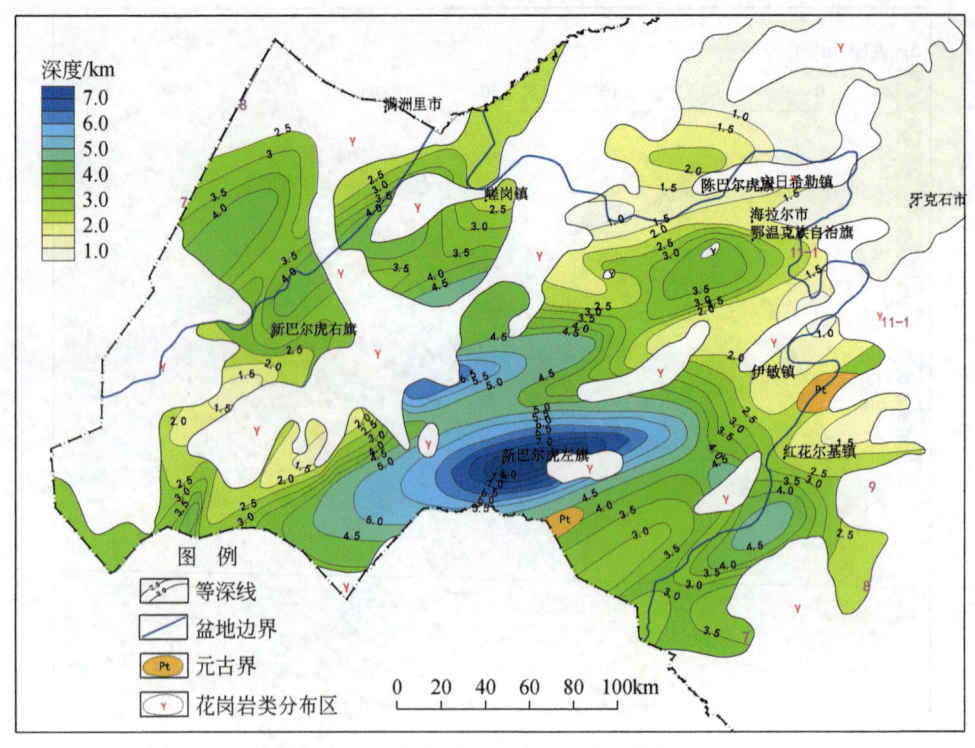

图 7.16 海拉尔盆地上古生界底面等深图

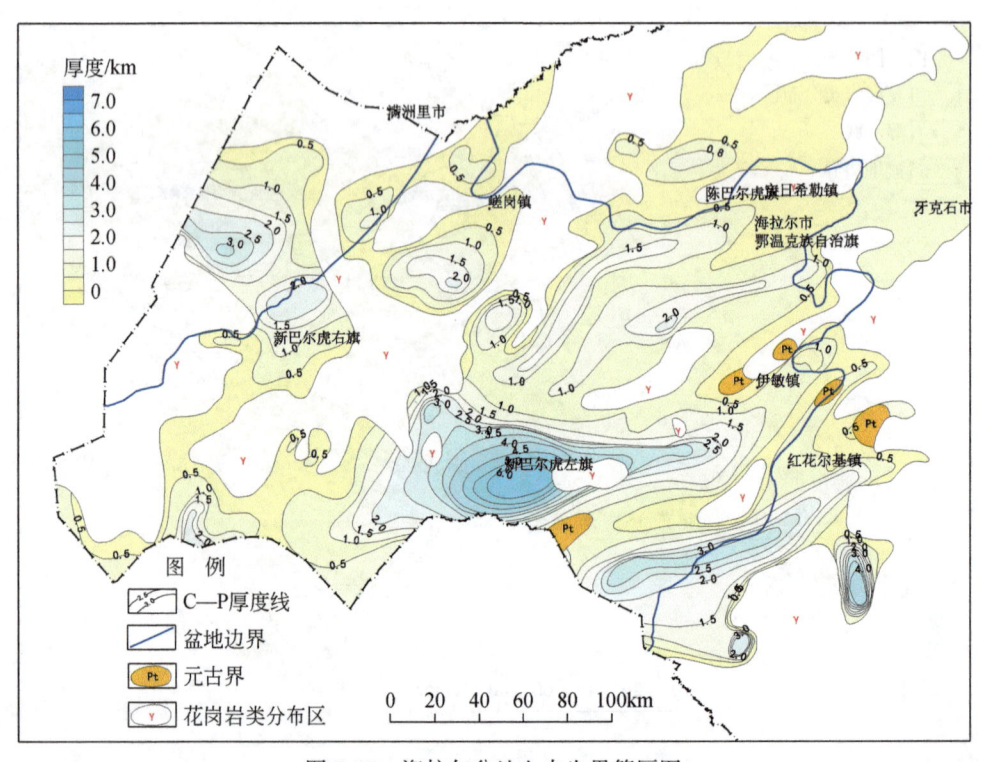

图 7.17 海拉尔盆地上古生界等厚图

5. 上古生界顶面等深图

上古生界顶面等深图如图 7.15 所示，从图 7.15 可以看出：

（1）上古生界顶面构造线总体走向以北东向为主。

（2）上古生界顶面构造具有"隆拗相间分布"的特点，即隆起（或凸起）与拗陷（或凹陷）呈北东走向的、条带状的相间分布，从西向东有巴彦呼舒凹陷、汗乌拉凸起、呼伦湖-查干诺尔凹陷、嵯岗隆起、赫尔洪德-红旗-乌尔逊-贝尔东凹陷带、东乌珠尔凸起、乌固诺尔-新宝力格-莫达木吉凹陷、巴彦山凸起、伊敏-呼和湖凹陷、伊敏东凸起、旧桥凹陷等。

（3）上古生界顶面埋深主要反映中新生代断陷分布特征，其中顶面最深处在呼和湖凹陷，埋深为-4.0km，顶面最浅处在西部断陷区和东南隆起区，埋深为 0～-0.2km，古中央隆起区顶面最浅处在嵯岗隆起和巴彦山凸起，地面已见花岗岩体和元古界。分布面积最大者为乌尔逊-贝尔东凹陷，面积为 7500km²，分布面积最小者为罕达盖凹陷，面积为 650km²。

6. 上古生界底面等深图

上古生界底面等深图如图 7.16 所示，从图 7.16 可以看出：

（1）本区上古生界分布特征是：中部海拉尔盆地主体以上古生界为主，中酸性侵入岩次之；东西两侧以中酸性侵入岩为主，上古生界次之。

（2）上古生界底面分布特征反映晚古生代（C—P）以北东向长条带状盆岭沉积为主，具有六条"岭-盆"相间的沉积格局（深-盆，浅-岭），平面呈北东向带状展布。底面最深处在贝尔东-呼和湖凹陷新巴尔虎左旗，埋深为-8.0km，分布面积是最大者，为 8500km²。

7. 上古生界等厚图特征分析

从图 7.17 可以看出：

（1）上古生界主要分布在呈北东向的多个拗陷中，南部较厚，北部较薄，从东南向北西有桑布尔-红花尔基镇拗陷（最大厚度约 3km）、贝尔东-呼和湖凹陷（最大厚度约 6km）、鄂温克拗陷（最大厚度约 2km）、新宝力拗陷（最大厚度 1.5km）、嵯岗镇南拗陷（最大厚度 2km）、新巴尔虎右旗拗陷（最大厚度 1.5km）、哈尔拗陷（最大厚度 3km）。其余地区厚度较小，残余厚度一般小于 0.5km。

（2）上述拗陷中以贝尔东-呼和湖凹陷分布面积最大，约 8000km²（长 100km，宽 80km），最大厚度达 6km。

四、东北地区上古生界底面等深图和等厚图

综合上述松辽盆地、三江盆地、海拉尔盆地专题研究成果和华北油田编制的二连盆地上古生界底面等深图、等厚图等，绘制了全区四个主要盆地上古生界底面等深图（图 7.18）和等厚图（图 7.19）。

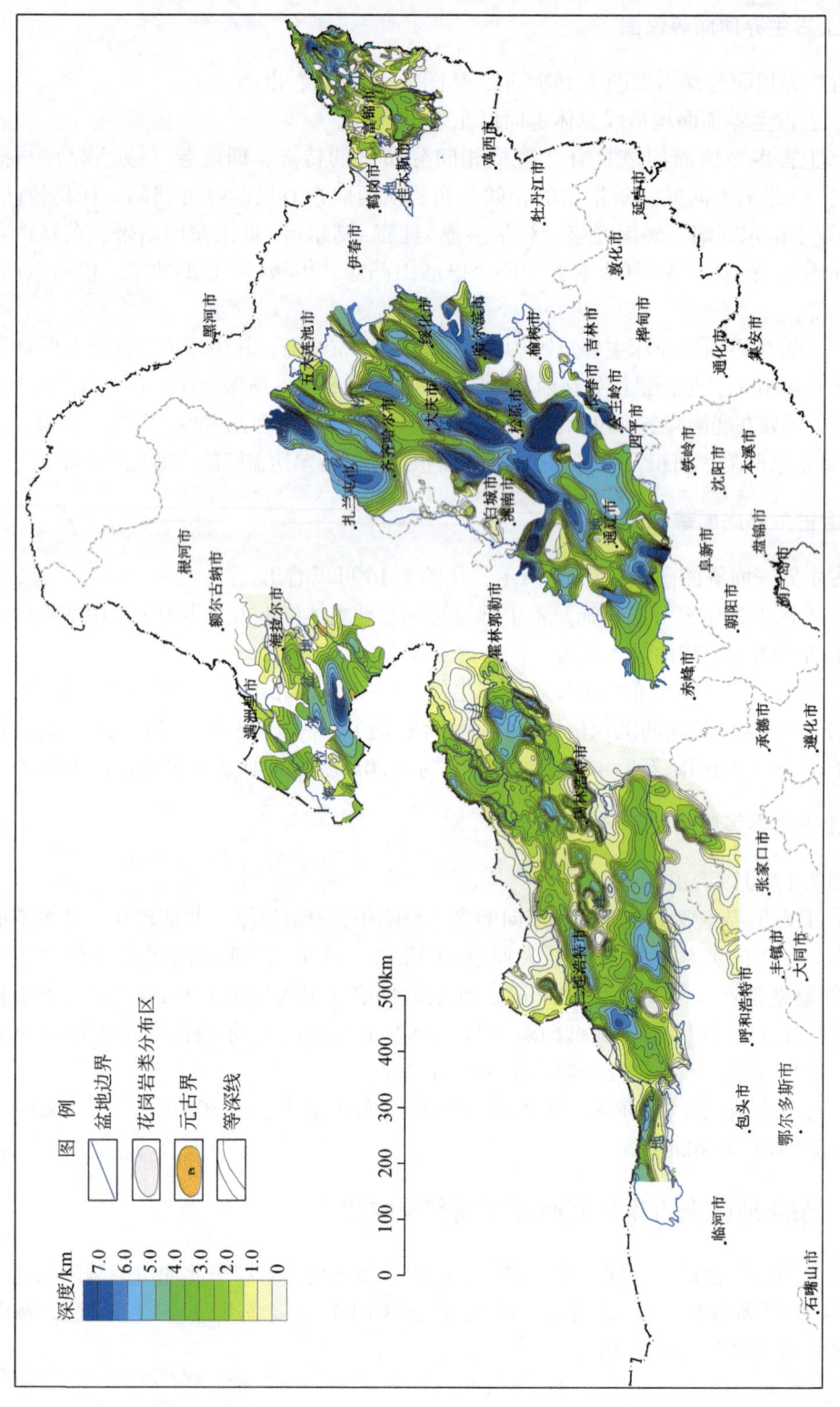

图7.18 主要盆地上古生界底面等深图

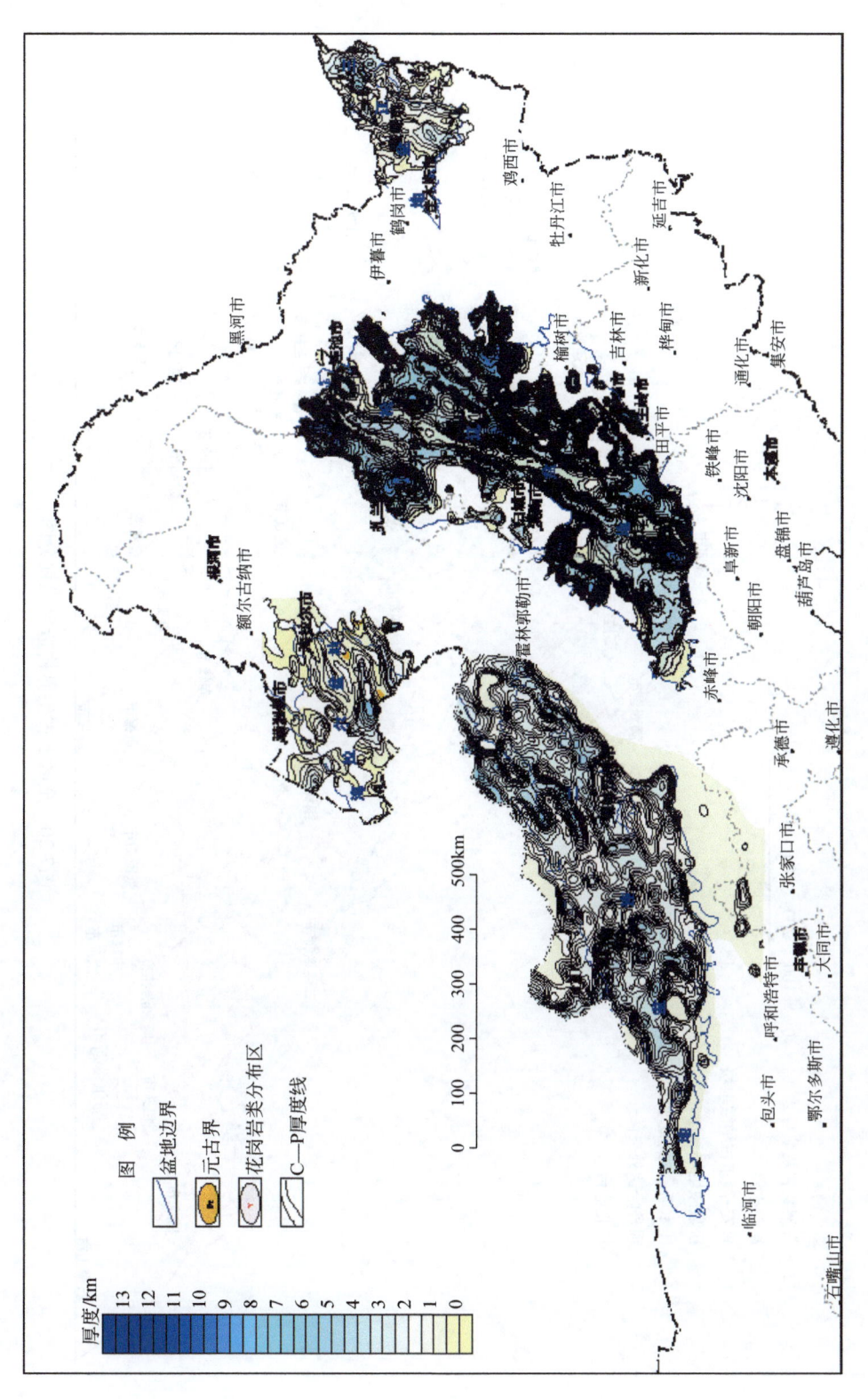

图 7.19 主要盆地上古生界等厚图

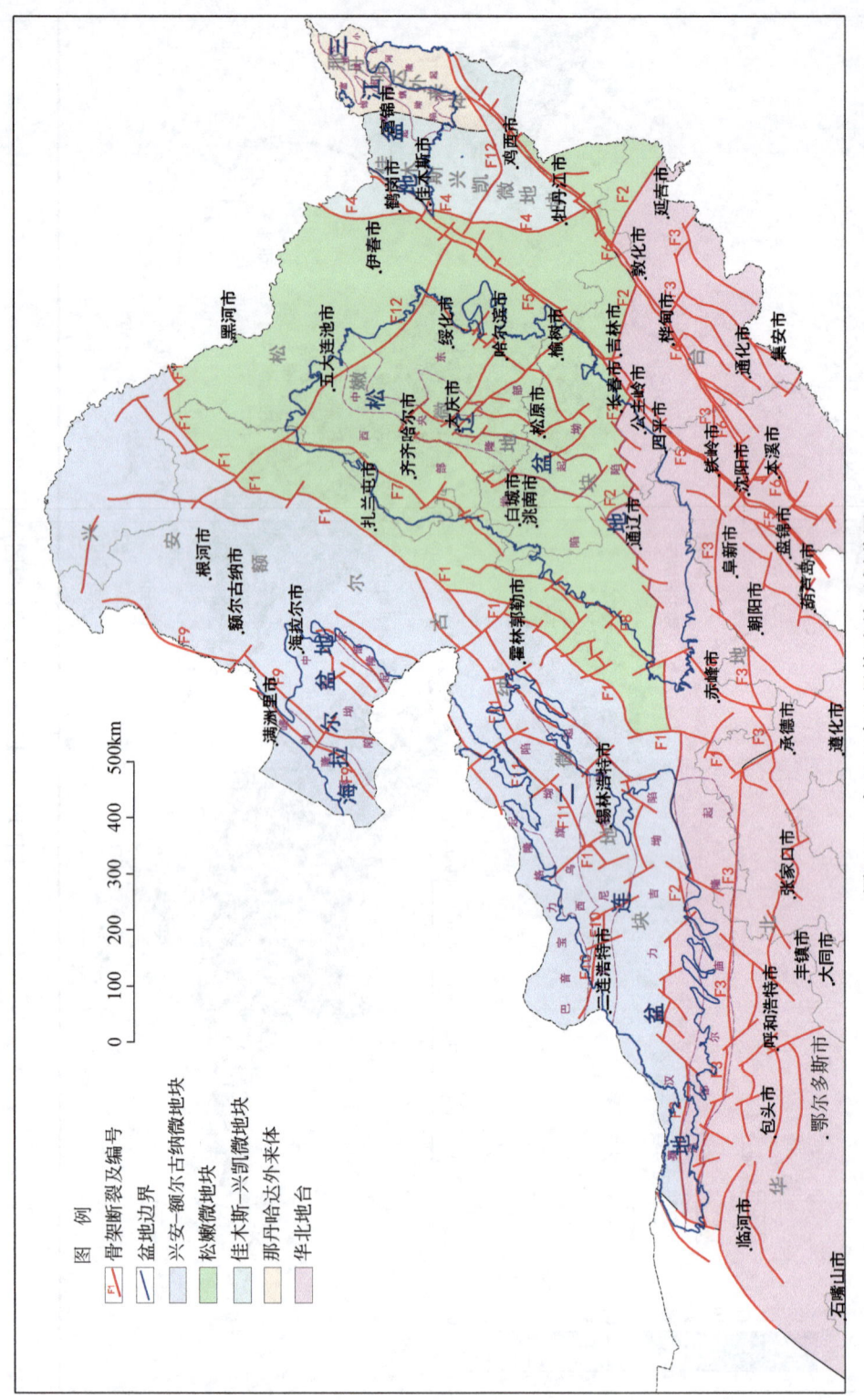

图7.20 全区上古生界构造单元划分图

第四节　构造单元划分

一、全区上古生界构造单元划分

全区共划分出Ⅰ级构造单元两个，即佳蒙板块和华北板块；Ⅱ级构造单元六个，即兴安–额尔古纳微地块、松嫩微地块、佳木斯–兴凯微地块、那丹哈达外来体、华北北缘增生带和华北地块，构造单元要素见表7.5和图7.20。

表7.5　全区大地构造单元划分简表

Ⅰ级构造单元	Ⅱ级构造单元	Ⅲ级构造单元	Ⅳ级构造单元	面积/km²
佳蒙板块	兴安–额尔古纳微地块	海拉尔盆地	嵯岗隆起	13315
			中部拗陷	28894
			东部隆起	3529
		二连盆地	巴音宝力格隆起	26100
			西乌旗拗陷	33000
			苏尼特隆起	70200
			赛汉乌力吉拗陷	76400
			温都尔庙隆起	52700
	松嫩微地块	松辽盆地	西部拗陷	95711
			中部隆起	32094
			东部拗陷	88299
	佳木斯–兴凯微地块	三江盆地	富锦隆起	17689
			农桥镇–宏桥镇拗陷	12065
			小佳河隆起	10849
	那丹哈达外来体			
华北板块	华北北缘增生带			
	华北地块			

本区控制构造单元划分的骨架断裂主要有：①西拉木伦河断裂划分佳蒙板块和华北板块；②大兴安岭断裂划分兴安–额尔古纳微地块和松嫩微地块；③牡丹江–嘉荫断裂划分松嫩微地块和佳木斯–兴凯微地块。

二、松辽盆地上古生界构造单元划分

松辽盆地隶属佳蒙板块松嫩微地块。松辽盆地为基本单元，又划分出三个Ⅰ级构造单元，即西部拗陷、中央隆起和东部拗陷，详见图7.21，构造单元要素见表7.6。

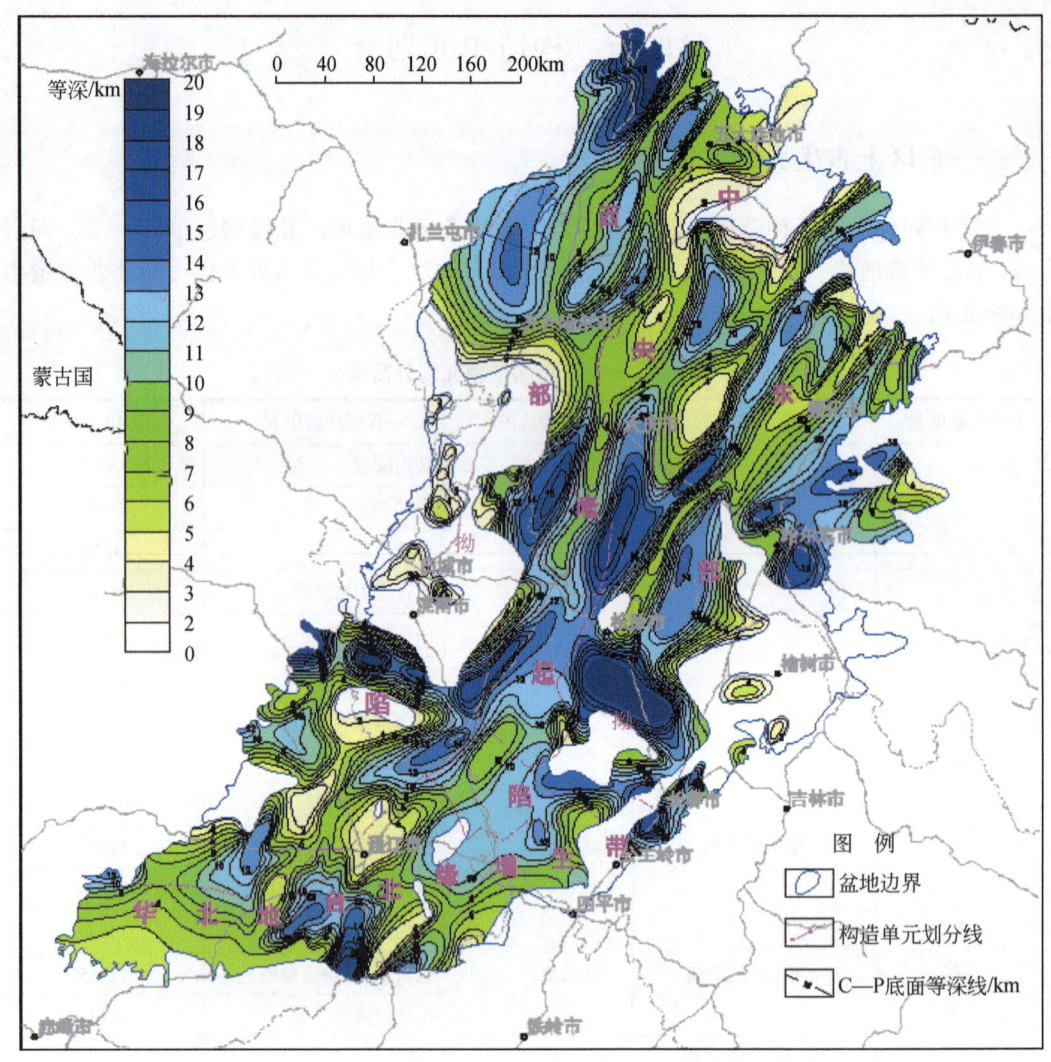

图 7.21 松辽盆地大地构造单元划分简图

表 7.6 松辽盆地大地构造单元划分简表

基本构造单元	Ⅰ级构造单元（面积）
松辽盆地	西部拗陷（95711km²）
	中央隆起（32094km²）
	东部拗陷（88299km²）

三、三江盆地上古生界构造单元划分

三江盆地隶属佳蒙板块佳木斯-兴凯微地块。三江盆地为基本单元，又划分出三个Ⅰ级构造单元，即富锦隆起、农桥镇-宏桥镇拗陷和小佳河隆起，详见图 7.22，构造单元要素见表7.7。

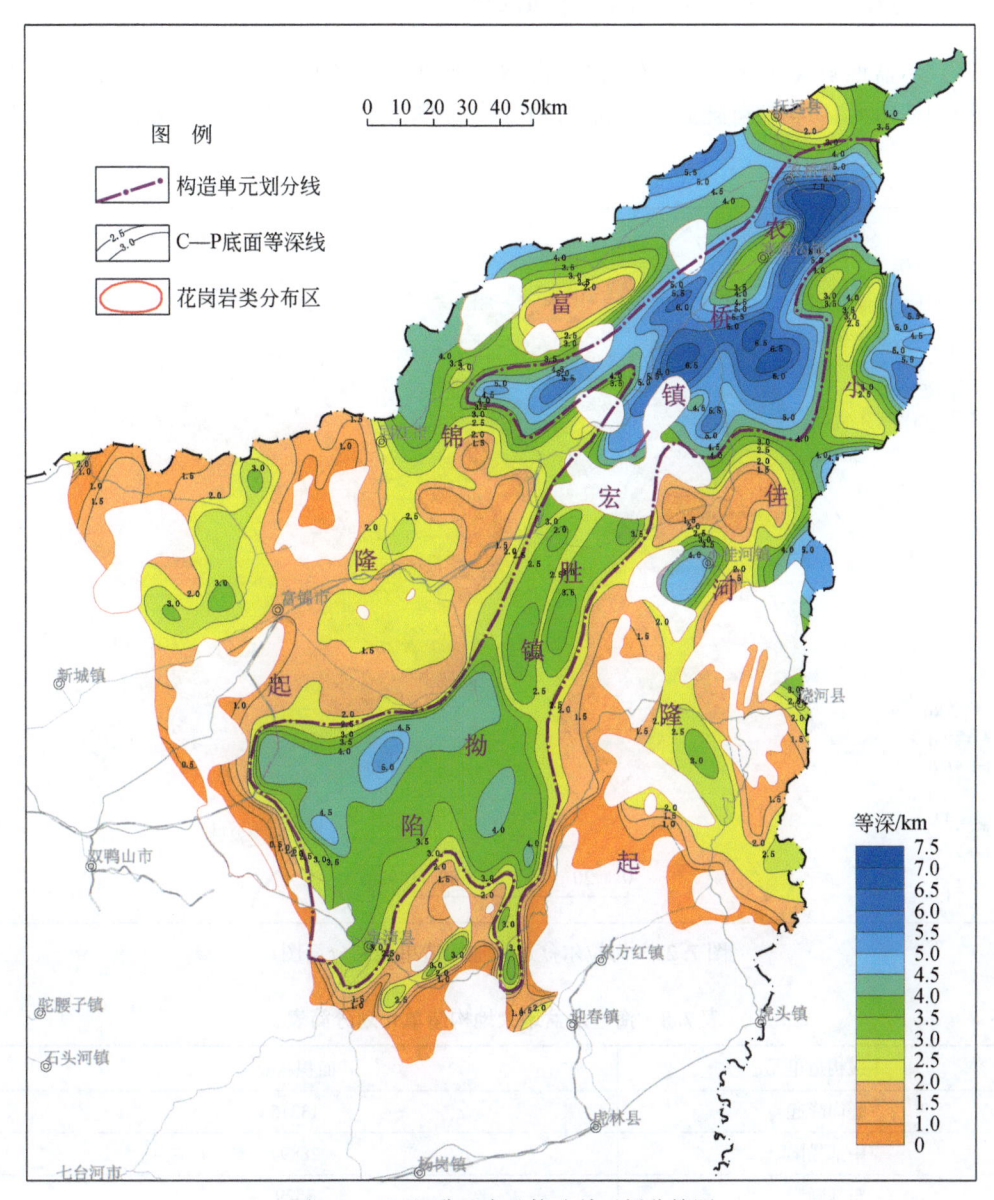

图7.22 三江盆地大地构造单元划分简图

表7.7 三江盆地大地构造单元划分简表

I级构造单元	面积/km²
富锦隆起	17689
农桥镇-宏桥镇拗陷	12065
小佳河隆起	10849

四、海拉尔盆地上古生界构造单元划分

海拉尔盆地隶属佳蒙板块兴安-额尔古纳微地块。海拉尔盆地为基本单元，划分出三个Ⅰ级构造单元，即嵯岗隆起、中部拗陷和东部隆起，详见图7.23，构造单元要素见表7.8。

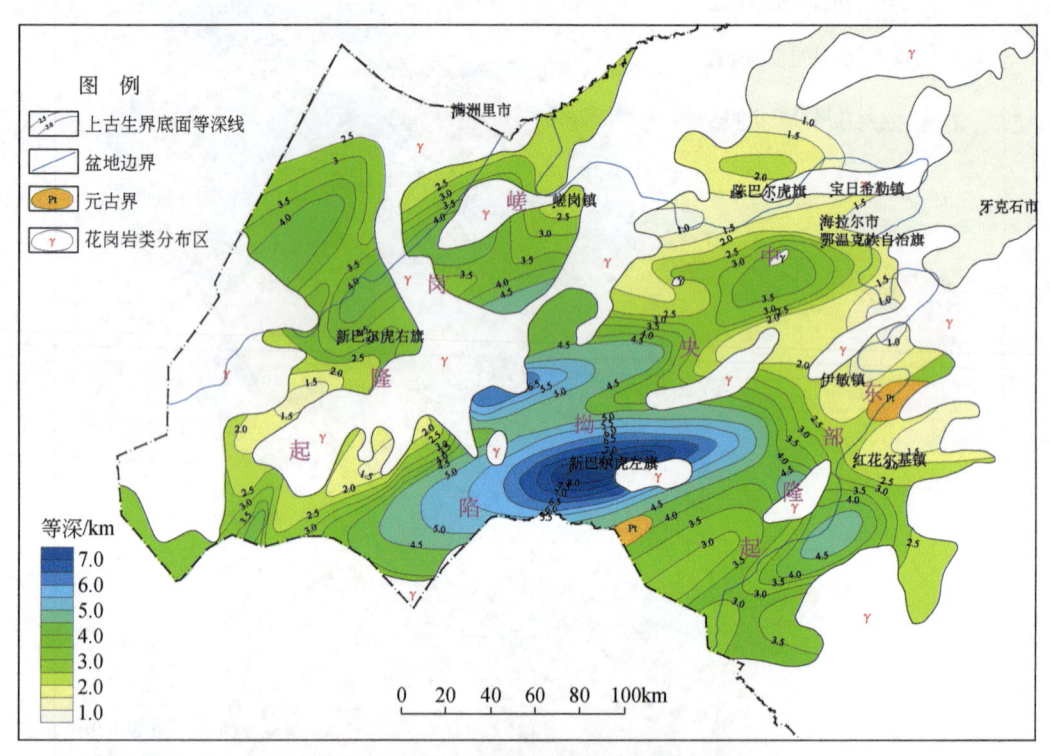

图7.23 海拉尔盆地大地构造单元划分简图

表7.8 海拉尔盆地大地构造单元划分简表

Ⅰ级构造单元	面积/km²
嵯岗隆起	13315
中部拗陷	28894
东部隆起	3529

参 考 文 献

陈建文，王德发，张晓东等．2000．松辽盆地徐家围子断陷营城组火山岩相和火山机构分析．地学前缘，7（4）：371～379

迟元林，王璞珺，单玄龙等．2000．中国陆相含油气盆地深层地层研究——以松辽盆地为例．长春：吉林科学技术出版社

大庆油田石油地质志编写组．1993．中国石油地质志——大庆、吉林油田（上册）．北京：石油工业出版社

高福红，王东坡，张新荣等．2003．安达断陷深部火山岩识别及其意义．新疆石油地质，24（5）：400～402

黑龙江省地质矿产局．1993．黑龙江省区域地质志．北京：地质出版社

侯启军，赵志魁，王立武．2009．火山岩气藏——松辽盆地南部大型火山岩气藏勘探理论与实践．北京：科学出版社

侯启军．2005．松辽盆地北部深层断陷地质结构及演化研究．北京：中国科学院研究生院博士学位论文

侯遵泽，杨文采．1997．中国重力异常的小波变换与多尺度分析．地球物理学报，40（1）：85～95

吉林省地质矿产局．1993．吉林省区域地质志．北京：地质出版社

李瑞磊．2005．松辽盆地（南部）深层构造特征及油气富集规律研究．长春：吉林大学博士学位论文

刘天佑，朱铉．2006．综合地球物理数据处理新方法在西部油气勘探中的应用．勘探地球物理进展，29（2）：104～108

刘天佑．1993．松辽盆地构造演化的重磁场特征分析．地球科学——中国地质大学学报，18（4）：489～496

刘云祥，何展翔，张碧涛等．2006．识别火成岩岩性的综合物探技术．勘探地球物理进展，29（2）：115～118

罗静兰，邵红梅，张成立．2003．火山岩油气藏研究方法与勘探技术综述．石油学报，24（1）：31～38

内蒙古自治区地质矿产局．1996．内蒙古自治区岩石地层．武汉：中国地质大学出版社

庞庆山，方德庆，翟培民等．2002．松辽盆地北部基底石炭-二叠系的分布．大庆石油学院学报，26（3）：92～94

任战利，萧德铭，迟元林．2006．松辽盆地基底石炭-二叠系烃源岩生气期研究．自然科学进展，16（8）：974～979

石油地质志编写组．1987．中国石油地质志卷二（下）．北京：石油工业出版社

王家林，王一新，万明浩．1991．石油重磁解释．北京：石油工业出版社

燕守勋，田庆久，吴昀昭．2002．极低级变质作用及其研究方法．现代地质，（1）：37～44

杨宝俊，张梅生，王璞珺等．2002．论中国东部大型盆地区及邻区地质-地球物理复合尺度解析．地球物理学进展，17（2）：317～324

杨高印．1995．位场数据处理的一项新技术——小子域滤波法．石油地球物理勘探，30（2）：240～244

杨辉，戴世坤，牟永光等．2004．三维重力地震剥层联合反演．石油地球物理勘探，39（4）：468～471

杨辉，王家林，王小牧等．1999．重力异常视深度滤波及应用．地球物理学报，（3）：416～421

杨辉.1998.重力、地震联合反演基岩密度及综合解释.石油地球物理勘探,33(4):496~510
于鹏,王家林,吴健生等.2006.地球物理联合反演的研究现状和分析.勘探地球物理进展,29(2):87~93
余和中,蔡希源,韩守华等.2003.松辽盆地石炭-二叠系分布与构造特征.大地构造与成矿学,27(3):277~281
余和中,李玉文,韩守华等.2001.松辽盆地古生代构造演化.大地构造与成矿学,25(4):389~396
张兴洲,周建波,迟效国等.2008.东北地区晚古生代构造-沉积特征与油气资源.吉林大学学报(地球科学版),38(5):719~725
朱德丰,任延广,吴河勇等.2007.松辽盆地北部隐伏二叠系和侏罗系的初步研究.地质科学,42(4):690~708